生命之河系列丛书

中国环境流研究与实践

陈进 等著

中国水利水电出版社
www.waterpub.com.cn

内 容 提 要

本书主要介绍了国际通用的环境流基本概念、国内外环境流研究和管理现状，论述了中国主要河流面临的环境流问题，中国的环境流确定方法、发展方向、制度建设和实现途径，并以长江和黄河两大河流为例，论述了其环境流管理的现状、存在的问题、科学研究成果和管理实践经验，最后提出了改善中国环境流管理的建议。

本书可作为水利水电、水环境和生物多样性保护等相关部门行政管理和科技人员的技术参考，可供相关专业大专院校师生阅读参考，以及作为普通公众了解河流生态环境保护的科普书籍。

图书在版编目（CIP）数据

中国环境流研究与实践 / 陈进等著. -- 北京 : 中国水利水电出版社, 2011.5
（生命之河系列丛书）
ISBN 978-7-5084-8628-4

Ⅰ. ①中… Ⅱ. ①陈… Ⅲ. ①水资源管理－研究－中国 Ⅳ. ①TV213.4

中国版本图书馆CIP数据核字(2011)第094855号

审图号：GS（2011）425 号

书　　名	生命之河系列丛书 **中国环境流研究与实践**
作　　者	陈进　等著
出版发行	中国水利水电出版社 （北京市海淀区玉渊潭南路 1 号 D 座　100038） 网址：www. waterpub. com. cn E - mail：sales@waterpub. com. cn 电话：（010）68367658（营销中心）
经　　售	北京科水图书销售中心（零售） 电话：（010）88383994、63202643 全国各地新华书店和相关出版物销售网点
排　　版	中国水利水电出版社微机排版中心
印　　刷	北京瑞斯通印务发展有限公司
规　　格	184mm×260mm　16 开本　11.5 印张　272 千字
版　　次	2011 年 5 月第 1 版　2011 年 5 月第 1 次印刷
印　　数	0001—2000 册
定　　价	**40.00** 元

序　一

环境流这一概念，最早是从西方发达国家开始提出并开展研究的，目前我国对于环境流的认识还比较粗浅，研究起步也较晚。它与我们习惯的简单、片面地侧重人类生活生产需水而为河流设定最小流量或者水质目标不同，环境流强调不但要维持流域生态环境健康和生活服务价值，而且要符合一定水质、水量和时空分布规律要求，强调一个完整的水文过程。

就河流生态系统而言，其本身对水的需求值得我们更加重视。随着近几十年来人口的剧增，城市、集镇以及工矿企业的大量涌现，经济的发展和繁荣，一些流域的生态环境已经承受着不堪负担的重压。如果还片面侧重人类生产生活而忽视生态系统的需求，将可能对生态系统造成不可逆转的破坏。

就水文过程而言，例如洪水过程就是环境流的一部分，它可以带动泥沙和营养物的输移；可以促进河流周边湿地生态系统的稳定，保持河流横向连通性；塑造生物栖息地，促成水生生物的产卵、迁徙。特别对于一些淡水鱼类而言，研究结果已经清楚表明，如果没有合适的洪水过程，它们的产卵率将明显下降。而洪水过程则明显不属于“最小流量”这个定义的范畴。

因此，在我国系统地介绍环境流概念，阶段性小结我国相关单位已经开展的环境流研究成果和初步实践经验，对于统一对环境流的认识，在未来研究和实践中获得指导，就显得十分重要。应该说，此前我国还没有这样一本书，能够较全面地为广大科研工作者、河流管理者、决策者，包括普通的环保人士，作较有深度而不乏科学普及意味的介绍。《中国环境流研究与实践》的出版将及时弥补这个空白，几家单位为此付出的努力的确非常可贵。

WWF（世界自然基金会）在将环境流理念和经验介绍到我国来的过程中再次发挥了创新性、科学性的作用。2008 年 6 月，在 WWF 流域综合管理核心专家组的支持下，环境流专家工作组成立，为了推广环境流理念，近年来 WWF 与相关政府和研究单位组织了多次环境流的高层研讨会和相关培训，同时与中国相关机构合作，翻译出版了《自由流淌的河流——经济上的奢侈还是生态上的必需?》、《国外流域综合规划技术》等“生命之河系列丛书”。新著《中国环境流研究与实践》不但介绍了国内外对环境流的认识和确定方法，分析了我国环境流面临的问题，还专门分别对长江和黄河的环境流研究和实践作了详细小结，最后还提出了对我国环境流管理的针对性建议。

衷心希望此次《中国环境流研究与实践》的出版能更加丰富我国对环境流领域的了解，推动我国在环境流领域研究的投入，并对我国未来环境流需求纳入流域管理的具体目标发挥积极的作用。环境流的实践在本质上还是一个社会性的选择，取决于政府和公众的生态文明观，取决于我们如何对待人类自己生存的家园。期望WWF通过与相关机构的密切合作，继续推动环境流的理论研究和政策倡导工作，真正实现人与河流的和谐共处。

国家自然科学基金委员会主任
中国科学院院士

2011年4月

序　二

水是生命之源，人须臾离不开水。河流作为全球淡水系统的首要组成部分，它的演化与人类发展的历史息息相关。人类逐水而居，依水而盛，享用着河流带来的种种好处，也不时感受它的狂放与肆虐。人类兴建了诸多水利工程，以兴利除弊，更好地利用河流来服务于人类的福祉。

随着人类征服自然力的能力提高，人口数量成几何级数增长；随着现代社会生活水平的改善和提升，个人对淡水数量和质量的要求也今非昔比。这双重的因素造成了人类对淡水资源的掠夺性开发，加重了河流的危机，许多河流的自然特性加速减退。单一围绕人的需求开发水利的传统模式，在一定程度上忽视了地球生态圈中其他多样性需求，使河流生态系统的完整性受到严重威胁。河水污染、江河断流，水生生物消亡……，任其发展下去，流之不继，河将不河。这些河流生态系统的频频告警，使人类开始研究恢复和保留部分必要的河流自然生态特性，试图取得对河流水资源利用和保护的平衡。环境流研究作为这种努力的重要部分，吸引了水生科学家、环境科学家、水利工程师，甚至社会学家、经济学家，一起参与进来。

发展阶段的不同，导致国内环境流研究起步相对较晚，但国内的科学家和管理者已经认识到环境流对河流健康和社会经济可持续发展的重要性，近20年来，深入开展生态环境需水、环境流确定方法和实现途径研究的同时，也陆续开展了白洋淀湿地补水、引江济太、黄河调水调沙、塔里木河生态调水等基于环境流概念的引水和调水实践，有关环境流管理的要求也逐步纳入国家政策、法规和技术导则。参照国外环境流研究的理论和实例，对国内基于环境流概念的工程和管理的实践进行小结，催生了《中国环境流管理与实践》。这本书在清晰定义环境流概念及内涵的同时，针对中国不同流域河流特点和环境流问题进行了深入分析，以长江、黄河流域作为典型案例，系统描绘了中国河流环境流研究与实践进展，在此基础上，对中国环境流研究、管理与实践提出了建议。三峡水利枢纽作为长江流域的关键性工程，尚处于初期运用、试验性蓄水阶段，一部分环境流相关的初步研究与实践工作在本书中也有所体现。

这是中国长江三峡集团公司与WWF第二次以环境流为题的出版合作。集团公司科技环境部、国际合作部与WWF中国部的青年员工曾邀请他们的孩子们一起创作了环境流科普画册，在2010年上海世博会WWF展台上作为宣传品发放。小朋友们把关于河流、工程、自然的想象用童真的色彩和线条勾画出来，他们在创作过程中表现出来的对环境保护的理解和期望，仍在给我们带来欣喜和感动，激励着我们把维护河流健康的事情做好，为实现孩子们的愿望，为他们的幸福成长，为人类社会的可持续发展。

中国长江三峡集团公司副总经理　**林初学**

二〇一一年五月二十日

序　三

“水是生命之源、生产之要、生态之基”，2011年中央一号文件的第一句话就道出了水对于人类社会生存发展及人类赖以生存的自然生态系统所不可替代的作用。我们很高兴看到中国政府将水的问题提到如此高的议事日程上，也很欣赏中国政府实施最严格水资源管理的决心以及在“十二五”规划里加大水利投入的重要承诺，同时，也期盼政府对水利事业的投入能够建立在审慎科学的决策基础上，在保证经济、社会、环境效益最大化的前提下，在开发中保护，在保护中开发。第四届长江论坛的主题是“长江与区域发展”，由此可以看出河流的开发和保护仍然是社会各界普遍关注的热点，如何平衡这两者之间关系是摆在每个流域管理决策者面前的难题。

河流孕育了文明，造福了人类，可是人类却往往忘记了河流自身的需求，忽视了河流的健康。中国是一个飞速发展中的发展中国家，为了满足人类日益增长的物质文化需求，人们对自然资源的索取也在不断地增加，对河流的开发和利用程度越来越高，星罗棋布的大坝、水闸在满足人类发电、航运、防洪等生产生活需求的同时，也破坏了淡水生态系统的完整性，给生活在河流中的水生生物带来了一系列负面影响。联合国《千年生态系统评估》数据显示，全球淡水生态系统的退化比所有其他生态系统的退化都更为严重。联合国环境署在2010年发布的《绿色化用水法》报告称：“人类不可持续的淡水使用模式已经成为全球生物多样性减少的罪魁祸首，是全球河流、湖泊及湿地生态系统日渐枯竭的最主要成因。”

WWF（世界自然基金会）多年来的经验表明，环境流这一评估工具可以帮助我们平衡河流的开发和保护需求，我们这里所谈的环境流不是狭义上理解的生态流、生态基流等概念，而是广义的环境流内涵，即同时满足河流生态系统本身需求以及人类社会生产生活所必需的水量、水质和时空分布这样一个动态的水文过程，这里的环境流不是一个绝对的科学研究结果，而是一个多利益部门共同协商和互相妥协的结果。

本书是在世界自然基金会支持的“中国河流生态与环境流研究”、“中国流域开发相关环境影响评价现状及发展方向研究”、“三峡工程对长江中下游重要生态敏感区及越冬水鸟的影响与对策”、“黄河水量调度的社会经济及生态环境效应评估研究”等课题研究的基础上整合而成的。本书既从国际的视角介绍了环境流的不同内涵、评估方法及国际上的应用现状，又从国内的视角分析了在中国可行的环境流研究方法，并结合现有的环境流研究成果及黄河的生态调度经验提出了在中国恢复环境流的不同途径和路线图，进而从流域管理的角度提出了环境流管理的具体建议。本书是国内首次环境流相关研究成果的发布，我们期待它能为推动中国的环境流政策研究、加强相关部门间合作、促进河流生态健康起到积极的作用，确保“水是生态之基”做到实处。

在此之前，为了更好地推广环境流理念和绿色水电、可持续水电等工具，WWF已经与中国相关机构合作，翻译出版了生命之河系列丛书中的《绿色水电与低影响水电认证标准》、《自由流淌的河流——经济上的奢侈还是生态上的必需?》、《国外流域综合规划技术》等。WWF还与中国长江三峡集团公司签订了五年合作备忘录，力求在可持续水电、长江环境流等方面开展长期深入地合作。

本书是在WWF的支持下，由水利部长江水利委员会长江科学院、黄河水利委员会、中国长江三峡集团公司、中国科学院南京地理与湖泊研究所和中国科学技术大学等单位共同合作完成的，前期也得到环境保护部环境工程评估中心的支持和帮助。特别感谢长江科学院的陈进副院长、黄薇所长和常福宣高工为本书所做的大量整合协调和技术指导工作，对以上单位为本书做出卓越贡献的专家和领导深表感谢！

关德辉（Jim Gradoville）

世界自然基金会（瑞士）北京代表处　首席执行官

2011年4月

前 言

环境流指维持河流生态环境需要保留在河道内的基本流量及过程，不仅包括枯季最小流量，也包括汛期的洪水过程；不仅包括水量过程，也包括水动力过程及水的物理化学变化过程。本书所指环境流主要关注河流及周边湖泊湿地生态环境需水过程及需水量，以维持河流水域生态系统循环需要的基本水流过程。确定环境流的目的是为河流水资源配置、河流水生态环境保护、水库生态调度和河道生态修复提供技术依据。

我国虽然对主要河流开展了一些环境流的研究和管理实践，但按照国际通用概念对环境流开展研究不多，相当多河流的环境流确定主要集中在枯季最小流量或者河流基流上，实际上主要考虑下游人类生产和生活用水需求，较少考虑河流生态系统及水生生物全生命过程需要的环境流量。我国河流众多，河流自然环境和生态系统差别大，特别是人类开发利用程度不同，采用统一标准确定环境流难度较大，需要根据不同河流及生态保护目标的不同，区别对待。对于像长江和黄河这样的大河，环境流的确定不仅要考虑上游、中游、下游河段的差异性，也要考虑上游与下游，支流与干流环境流的连续性和水利工程可调度能力等问题，所以，从我国实际情况出发，参照发达国家研究成果，从整体上开展中国环境流研究十分必要。

本书由陈进统稿，第六章由黄河水利委员会黄锦辉、韩艳利编写，第五章第三节由中国长江三峡集团公司、中国科学院南京地理湖泊研究所和中国科学技术大学等单位编写，其他各章由长江科学院陈进、黄薇和常福宣编写；WWF（世界自然基金会）马超德、沈兴兴、张诚参加部分内容的编写和书目编排工作。

本书研究成果得到水利部、环境保护部、国家林业总局和WWF等相关部门和机构的指导和大力支持，主要编写单位包括长江水利委员会长江科学院、黄河水利委员会水资源管理与调度局、WWF、中国长江三峡集团公司、中国科学院南京地理与湖泊研究所和中国科学技术大学等单位，并得到了环境保护部环境工程评估中心的支持和帮助。

详 细 摘 要

我国虽然河流众多，但由于人口多，人均水资源量仅为世界平均水平的 1/4，属于水资源严重短缺的国家，近 30 年来我国经济快速发展，人类河道外用水量越来越大，河道生态环境用水，即环境流越来越少，大量梯级水电站的建设和运行，显著改变了我国河流水文和物质输移过程，大量废污水未经处理直接排入河流，河道岸线大量开发利用，使我国河流及河岸生态系统退化严重，河流环境流问题突出。

目前国内对河流生态系统演变规律和价值的认识比较粗浅，虽然开展了一些环境流的研究和管理实践，但按照国际通用概念对环境流开展研究不多，环境流确定方法大多直接采用国外现成的方法，结合各河流生态环境特点的研究不多。环境流的管理主要停留在水质保护和“最低流量”管理的阶段，没有认识到环境流不仅是一个基本的流量，而且是一个完整的水文过程和水的物理化学过程，本书在借鉴国际环境流研究和管理经验基础上，以长江和黄河环境流研究和管理实践为例，探讨我国的环境流问题及解决策略。

一、环境流应作为水资源保护和河流管理的重要内容

天然河流不存在环境流问题，由于人类对河流的开发利用和用水需求的增加，占用了自然生态系统依赖的河道水流，改变了河流自然的水文节律和水体物理化学性质，这才出现了环境流问题。环境流是指维持河流生态环境需要保留在河道内的基本流量及过程，不仅包括枯季最小流量，也包括汛期的洪水过程；不仅包括水量过程，也包括水动力及水的物理化学变化过程。环境流是人类在进行水资源配置和管理中分配给河流生态系统的流量，具有维持河流连续性、保证河流自净扩散能力、维持泥沙营养物质输移和水生生态系统平衡等作用，并可为水库生态调度和河道生态修复等提供依据。

西方发达国家开展环境流的研究较早，不仅开展了长时间的河流生态监测和科学研究，提出了许多有价值的环境流计算方法和较为成熟的环境流评价方法，而且开展了大量河流生态修复和环境流管理实践，取得了大量的工作经验。国内对环境流问题的研究历史不长，环境流管理则处于起步阶段，有关环境流的认识存在较大的差异或误区，很多人没有认识到环境流是一个全水文过程，环境流管理中仅仅强调水质和“最低流量”管理，或者仅试图保护一些特殊物种或环境条件，很难达到保护河流生态系统稳定和完整性的目的。因此有必要根据我国河流特点，通过调查分析我国河流生态环境存在的主要问题，提出我国河流环境流的确定方法，并结合我国河流保护的现状提出实现环境流管理的方法、途径和制度保障，为我国流域管理和河流保护提出有针对性的对策措施。

二、我国河流面临的主要环境流问题

我国幅员辽阔，河流众多，地区分布不平衡，河流地貌和水文特征地区差异大。不同地区的河流具有强烈的地域性特点，其经济社会发展水平和水资源开发利用程度也各不相同，各河流具有不同的生态环境敏感问题，不同的河流或河段具有不同的生态环境保护目标，相应的也会有不同环境流需求。

我国陆地降水量和径流深大致呈现自东南沿海向西北内陆递减的趋势，但是在西部受

青藏高原的影响纬度地带性受到一定程度的干扰。人类活动对河川径流量的影响，在湿润地区相对不大，半干旱地区和部分处于半湿润气候的平原地区干预程度很大，在干旱地区人类活动的干预强度则反而不如半干旱地区大。

河道外用水使河道内径流量显著减少甚至断流，水污染，水库建设使河流的连续性遭到破坏、水文特性发生明显改变引起的生态环境问题是中国目前所面临的主要环境流问题。从各个流域来看，由于自然条件的不同和人口经济社会发展的不平衡，各有其不同的生态环境问题。在南方，如长江、珠江，由于水资源相对丰富，河道径流量变化不大，部分山丘地区河流和局部地区存在干旱缺水问题，环境流问题主要表现在水利工程的建设和运行，影响河流的纵向和横向连通性、江湖阻隔，水文过程和输沙过程改变、水污染严重。在北方，如黄河、海河流域，由于水资源少，人类用水供需矛盾很大，不仅河道径流减少甚至断流，而且缺乏输送泥沙和营养物质的水流，使河流及周边湿地生态功能退化严重，入海水量减少引起河道和河口湿地萎缩，水污染严重。西北内陆河地区生态环境脆弱，主要问题表现在河道干涸，湖泊湿地萎缩，甚至消失，天然绿洲退化，土地盐碱化和荒漠化严重。环境流问题不解决好，不仅影响河流生态系统，也影响人类的生存环境和可持续发展能力。

三、有必要结合中国河流特点研究适合于不同河流的环境流确定方法

目前各种环境流的确定方法的计算结果不同，有时差别较大，如何确定一条河流的环境流，存在较大的争议。如何选择适合中国河流特点的确定方法，往往更多地取决于对河流现状和未来河流生态系统状况的考虑。环境流的确定首先需要从自然和人类社会两方面综合考虑确定河流保护的目标，由保护目标来选择环境流的确定方法。

根据中国河流地带性分布特点，本书提出了分区分类的思想，由各河流所处地理位置和所在河段进行环境流分区，针对不同位置的河流和河流类型，分别采用不同的环境流确定方法。根据国内外研究成果和中国河流生态系统特点，将环境流问题划分为全国范围、流域范围和水功能区三个空间层次，其中每个层次又分为两个亚层共六个亚层。在全国范围内考虑河流所处的地理位置，根据气候分布、下垫面条件和七大水系的流域界线将全国分为南方片、北方片与内陆三大片区，在各大片区内可以进一步划分为不同的流域。流域范围主要考虑在流域中所处河段，分为河源段、上游段、中游段、下游段和河口段等河段，各河段也可以根据国家主体功能区分类进一步细分为不同开发功能河道。第三层次为水功能区，水功能区又分为一级区和二级区两个亚层。此外，根据河流大小还可以分为中小河流与干流（或主要支流）等。

根据河流所处位置和类型，对河流进行分区分类，以便分别对不同类型的河流建立生态——物理耦合模型，通过生境模型实验结果，并结合典型河流的现场调查以及长期观测数据，分别确定不同的计算方法。环境流的确定在本质上还是一个社会性的选择，取决于政府、社会的自然生态观和重视生态文明的程度，是人类在进行水资源配置和管理中分配给河流生态系统的水量，应结合流域和区域的水资源总体规划，从维持河流生态系统健康和为人类提供经济社会服务功能两方面综合考虑确定。

四、环境流的管理途径包括工程措施和非工程措施，其中非工程措施最为重要

环境流的管理目标是为了提供一个能够满足河流及其水生生态系统在质、量和时空分

布方面可以持续发展的流态。一条河流的环境流取决于河流管理要实现的价值目标，需要决定采取何种工程建设、技术手段、政策法规等措施来平衡社会、经济和环境的期望与水资源利用的关系。环境流管理的途径包括工程措施和非工程措施。

工程措施是在对水利工程（包括修建水库、堤防和河道整治等）进行规划和设计时考虑环境流的下泄方式，如环境流下泄通道的设计应该考虑以下几点要求：①水流最好是无压或者是低压状态，如采用明渠或无压泄流，保证生物过坝的基本生存条件；②过流通道进水口最好采用分层取水结构形式，保证水库能够下泄接近河流自然水温的水流和溶解氧水平；③进水口最低高程应该能够保证一般枯水时期和水库死水位时也能下泄环境流，进水口高程应在接近水库死水位以下，保证环境流的连续下泄；④最好采用双通道或者双闸门控制，保证通道在检修和维修期间也能够下泄环境流。另外，在进行河道整治、岸线利用和河道采砂时，考虑重要水生生物栖息地、生物通道和岸边植被的保护，维持河道栖息地的多样性和生态走廊特性。

非工程措施包括在流域综合利用规划中开展规划环境影响评价和绿色水电站论证，充分考虑生态环境敏感河段，设立更长、更连续的保护河段，建立河流保护的法律法规、技术标准体系和公众参与环境管理的机制，推行基于科学观察和综合评估基础上的适应性河流管理的制度等。

水利工程生态调度在我国具有十分重要的现实意义。从水资源管理的现实来看，在各种环境流保证措施中，考虑生态保护要求的生态调度是目前保障河流环境流比较直接的方法。生态调度的核心内容是将生态因素纳入到现行的水库多目标调度中，并将其提到相应的高度，根据具体的工程和河流特点制定相应的调度方案。国外很多国家进行了大量的水库生态调度实践活动，而国内生态调度的实践还处于尝试和摸索的阶段，其调度往往是在特定时段采取应急调度的方式为河流或湿地进行应急补水。此外在河流中下游的平原水网区，为了防洪、供水、灌溉等目的修建了大量的堤坝闸口工程，这些工程对于河流水系以及江湖连通性具有一定的阻碍作用。因此，也需要对闸口的功能重新定位，调度规则进行调整，以增加江湖连通性。

欧美一些发达国家面对水电开发所带来生态环境问题的教训进行反思，认识到必须采取具有针对性的河流生态恢复措施。瑞士的绿色水电和美国的低影响水电认证标准，正是他们为缓解水电站负面影响所采取的措施。在我国，生态环境问题正逐渐成为水电站建设和运行管理的重要制约因素之一。越来越多的有识之士意识到了应该充分考虑水电站引起的生态环境问题，但是对于我国是否需要建立绿色水电认证制度则存在一定的争议。一种观点认为虽然我国中小水电开发存在一些问题，但是大型水电开发都是由政府投资，出现问题较少，出现的问题也可以通过加强监督管理来解决，而并非需要建立这样一种认证制度。另外一些学者和组织则认为绿色水电认证对中国水能资源的可持续开发具有至关重要的作用。水电可持续评价规范（HSAP）已被很多业内人士和环保人士公认为评价水电可持续性的权威标准，该标准如何在中国推广并进行试点，是未来需要进一步探索和实践的。

五、长江的环境流需要分区分类确定和管理

长江流域面积广大，地形地貌变化大，各区域自然环境差异大，水文特征彼此迥异，受人类活动的影响也各不相同，由江源至河口，不同河段的河道生态环境敏感问题的重点各异，环境流保护目标也各不相同。河源段地处高原，人口稀少，生态环境脆弱，需要严格保护，应尽量减少水资源开发；上游河段的问题主要是水电站建设与珍稀鱼类的保护矛盾突出，需规范水电站的开发行为，保留一些支流不开发，并通过水库群的生态调度，保证珍稀鱼类所需要的环境流；中下游人类活动的影响大，需正确处理好水资源开发利用与生态保护之间的关系，协调好江湖关系，通过长江干支流控制水库和中下游闸口的运行调度保证"四大家鱼"、洄游性鱼类产卵所需要的环境流，并推动江湖连通；河口段受人类活动的影响十分强烈，且会受到外海咸水入侵的影响，需正确处理好流域水资源开发利用与河口咸水倒灌、水污染、泥沙冲淤与河口生态保护之间的关系，维持河口健康地生态系统。本书在长江流域不同典型河段选择典型实例进行了环境流计算，包括綦水西渡河坝（中小河流类型）、汉江中下游（干流和主要之流类型）、长江河口（河口段类型）、雅砻江锦屏（水电站下泄环境流）。

长江的环境流管理需要加强研究，加强制度建设，加强宣传与公众参与程度，将环境流纳入相关流域规划，并与水资源管理相结合，以流域综合管理与适应性管理实现河流的环境流管理。根据长江流域的特点，近期环境流管理需要重点开展以下几个方面的工作：①通过长江上中游控制性水库联合生态调度，保障河流的环境流；②编制长江流域的主要干支流和重要区域的水量分配方案，为长江流域的水量分配的实施和环境流的确定与管理提供技术支撑文件；③根据长江流域环境流问题分区，在各区域之间设置相应的控制断面，以断面流量控制保证河道的环境流。

六、三峡工程对长江中下游水文情势的调控作用导致对中下游水文形式的改变，特别是在 6 月的加大泄水期和 9～10 月的蓄水期。长江及其中下游湖泊组成了世界上独特的江一湖复合型湿地，也是世界水鸟最重要的越冬地，由于三峡工程的调节作用，中下游的主要通江湖泊洞庭湖、鄱阳湖都受到一定的影响。

长江及其中下游湖泊组成了世界独特的江一湖复合型湿地，冬夏水位的巨大落差是该湿地最典型的特征。长江中下游的湿地是我国最重要的生态系统之一，具有防洪，涵养水源，提供食物、交通和电力等功能，并具有重要的生态服务功能，维持着令世界瞩目的生物多样性，是世界水鸟最重要的越冬地。由于三峡工程对长江干流径流的调节和两湖流域大型水库的调节作用，中下游的主要通江湖泊洞庭湖和鄱阳湖都受其水情调节的影响，但两湖（洞庭湖、鄱阳湖）的问题还需要放到整个长江的联合调度中去考虑，相对三峡本身的影响，"四水"、"五河"对两湖的影响也很大。由于湿地演变是一个相对缓慢的过程，对外界条件变化的响应也有一个较长的过程，虽然三峡工程蓄水运行后鄱阳湖北部湖区湿地演化进程改变明显，但确定其影响还需要开展更长时期的观测与更为系统的研究。

21 世纪以来长江中下游重要生态敏感区越冬水鸟变化研究结果表明，食块茎物种依赖沉水植被生存，其分布范围不断缩小，往鄱阳湖集中；白额雁依赖苔草带生存，它们在鄱阳湖和洞庭湖的数量都在下降。由于影响沉水植被带的原因很多，如水污染、水域富营养化和水产养殖等，如何将三峡蓄水运行的影响区分开来尚待研究，水位变化对苔草带和白额雁分布变化的影响机制也尚待研究。

七、黄河是我国的母亲河，几千年来孕育和延续了中华文明，大量的河道外引调水，使河流面临断流危险，输沙水量不足，河道萎缩，中下游及河口生态系统退化等是黄河环境流管理的主要问题。黄河通过水量统一调度，经过 12 年的实践，调度手段得到全面加强和完善，积累了宝贵的经验，实现了连续多年不断流，不仅取得了巨大社会和经济效益，也改善了黄河下游及河口生态环境，是中国环境流管理的重要实践。

黄河水资源在中国国民经济和社会发展中具有重要的战略地位，自 20 世纪 70 年代以来，黄河流域水资源供需矛盾不断加剧，下游频繁断流，黄河断流问题引起了国内外普遍关注和忧虑，1998 年 12 月国家计划委员会、水利部联合颁布实施了《黄河可供水量年度分配及干流水量调度方案》和《黄河水量调度管理办法》，授权黄河水利委员会统一管理和调度黄河水资源。黄河水量统一调度的范围是黄河干流，开始时是上游刘家峡水库至头道拐和下游三门峡至利津两个河段。从 2001～2002 年度开始，将调度河段扩展到刘家峡以下干流全部河段。黄河水量统一调度是一个逐步深化的过程，总的趋势是在依法调度的前提下，调度目标逐步提高，最终实现黄河健康生命。调度手段包括行政、工程、技术、经济和法律等方面的综合措施。

黄河水量统一调度具有良好的生态环境效益。水量统一调度对黄河水环境质量有明显的改善作用，水量调度改变了水量的年内分配，非汛期水质得到明显改善，水功能区达标率迅速提高。黄河水资源的统一调度初步扼制了黄河频繁断流的局面，使黄河下游非汛期保持一定的流量，在一定程度上保证了下游河流生态系统功能的发挥，使黄河真正起到了连通流域内各种生态系统斑块及海洋的“廊道”，使下游河道湿地与水生生物多样性得以修复。通过实施科学的水量统一调度，在确保黄河不断流的情况下，根据每年黄河主要来水区来水情况适时增加进入河口地区的水量，最大限度地满足河口地区的生态环境用水，使黄河口三角洲湿地面积逐渐恢复，有效地抑制了黄河口新生淡水湿地的逆向演替，使其朝“纵向演进”过程和黄河冲淤填洼的“扇形展开”过程进行，保证了新生湿地内生态系统的顺向演替方向，系统更加稳定。黄河水量调度实施以后，改变了营养盐入海量的时空分布，保证了鱼类生长繁殖季节（3～6 月）有一定的营养盐入海，使黄河口近海的海洋初级生产力水平得到提高，海洋浮游植物增多，相应的鱼类饵料也增加，鱼类的生存环境在一定程度上得到了恢复和改善，海洋渔业资源也逐渐得到恢复。

通过黄河水量统一调度，实现了黄河连续 11 年不断流，保证了中游水库调水调沙用水，保障了国民经济供水安全，促进了节水型社会的发展，经济社会效益十分可观。

由于黄河水资源紧缺以及水资源和生态之间的关系等基础研究缺乏，黄河水量调度仍存在诸多问题，因此黄河水量调度还有很多工作亟待开展，需综合考虑各种功能用水需求，加强大型水库生态调度，提高农业配水的精度，进行水量水质的联合调度，加强水情、墒情和生态信息监测，建立监测评估指标体系，强化基础研究，建立水量调度评估反馈系统，并建立健全水量调度管理制度。

八、中国环境流管理建议

河流保护与管理涉及政治、经济、文化、水文、生物、工程、环境、管理等各个方面，需要在科学研究基础上，通过制度化建设，既需要立法的支持，鼓励公众的广泛参与，更需要不同部门、不同地区及不同利益相关者的合作。针对中国河流保护与管理的现状，根据国外的经验，未来应重视以下几个方面的工作：①学习和吸收国际经验与科学研究成果，提高政府官员、河流管理者和社会公众对保证河流环境流重要性的认识，提高研究和管理水平；②全面制定中国的环境流管理战略，转变水资源开发、利用和管理方式；③搭建各相关利益方共同参与的合作平台，成立各部门、各种组织和机构对话平台，畅通交流对话渠道，注重公众教育和公众参与；④流域规划中要注重环境流的规划与管理，使保护河流健康成为流域规划的主要目标和工作内容之一；⑤加强生态调度的适应性管理，推动建立水利工程生态调度的协调机制，完善水生生物等环境流因子的监测网络，通过观测与分析研究，对于已建控制性水库，调整调度目标、调度规则和运行方式，不断完善，以适应性管理的方法实现河流环境流下泄和河流的综合管理和保护战略。

目　录

序一
序二
序三
前言
详细摘要

第一章　环境流概述 …… 1
第一节　环境流定义和内涵 …… 1
第二节　国内外研究和实施现状 …… 6
第三节　环境流管理的需求 …… 8
第四节　小结 …… 9
参考文献 …… 9

第二章　中国河流特点及面临的环境流问题 …… 11
第一节　中国河流特点与分区 …… 11
第二节　中国主要河流面临的环境流问题 …… 22
第三节　小结 …… 37
参考文献 …… 37

第三章　中国环境流确定方法 …… 39
第一节　环境流目标确定与难点 …… 39
第二节　国内外主要方法比较 …… 41
第三节　适合我国河流特点和管理水平的方法 …… 49
第四节　小结 …… 58
参考文献 …… 58

第四章　实现环境流管理的途径 …… 60
第一节　基本框架和综合措施 …… 60
第二节　水利工程生态调度 …… 64
第三节　建立我国绿色水电认证制度的探讨 …… 71
第四节　推进中国环境流管理的路线图 …… 75
第五节　小结 …… 81
参考文献 …… 81

第五章　长江流域环境流研究 …… 83
第一节　长江典型河段环境流问题与保护目标 …… 83
第二节　长江典型河段环境流确定 …… 89

第三节 长江环境流研究典型案例——以三峡工程为例 …… 93
第四节 推动长江流域环境流管理的建议 …… 124
第五节 小结 …… 129
参考文献 …… 129
第六章 黄河水量统一调度与环境流实践 …… 133
第一节 黄河水量统一调度 …… 133
第二节 水量统一调度的生态环境效益 …… 142
第三节 水量调度的经济社会效益 …… 154
第四节 小结 …… 157
第七章 中国环境流管理建议 …… 159

第一章 环境流概述

第一节 环境流定义和内涵

一、环境流问题的提出

河流是陆地表面上经常或间歇有水流动的线形天然水道，是陆地水流及其载体的总称，是地球水循环、物质循环和生物循环的主要通道。河流在我国称谓很多，较大的河流称为江、河、川、水，较小的河流称为溪、涧、沟、曲等。河流是地球系统水循环中最活跃的环节，无论在自然环境还是在人地关系中，都扮演着举足轻重的角色。河流是实现物质迁移的载体和动力条件，河水流动以及河水中泥沙与溶解性物质的传输，为河流中的水生生物提供了养分。河流及其与之相联系的湖泊、沼泽等湿地为鱼类、底栖动物、水草、藻类等水生生物的栖息、繁衍和生长提供了场所和条件。河流中携带的营养物质与泥沙注入湖泊与海洋，对于湖泊与海洋生物群落的生存与演化也有着深刻的影响。

河流与人类的关系也极为密切，因为河流暴露在地表，河水取用方便，是人类可以依赖的最主要淡水资源、交通通道，河流的水能则是一种可再生的能源。自古以来，人类的生存都离不开水，进入近代，特别是工业化时代以来，河流更成了经济社会发展必不可少的前提条件。从历史的角度，河流在人类社会的进化过程中起着重要的，甚至是核心的作用。人类许多早期的文明都发源于沿河区域，如发源于尼罗河流域的埃及文明，发源于两河流域的美索不达米亚文明，发源于恒河流域的印度文明，发源于黄河流域的中华文明等。在现代社会，几乎所有的城镇都沿河而建或者位于滨海滨湖临水地区，很多的大型灌区都需要从大江大河中引水或者抽水灌溉。在一些缺水地区，河流的水源甚至成为各方争执乃至冲突的缘由。随着经济社会的发展和人口的增长，人类社会将更多地依赖于河流及河流中的水源。从河流功能来讲，既具有支撑自然生态系统平衡的能力，同时对于人类社会也有着重要的服务作用。通过治理和开发，河流可以为人类提供灌溉、供水、排水、能源、交通、水产、休闲娱乐等诸多服务功能。人类与水和生态系统密切相连，人类通过用水等活动改变着河流及其生态系统，同时也改变了人类自身的生存环境，在此过程中三者应处于相互和谐状态。河流具有支撑生态系统平衡和服务人类社会两种功能，水是维持河流系统和谐状态并使之发挥正常功能的介质和动力，人类则是保持这种状态是否和谐的主因。

在人类历史相当长的一段时间里，由于经济社会用水量较少，并未造成与自然生态环境争水的现象，生态环境需水可以得到保障，生态环境保持着良性循环，人类在利用水资源的过程中并未考虑生态环境需水这一组成部分。工业革命后，劳动生产率大幅度提高，增强了人类利用和改造自然的能力，人类的活动领域逐渐扩大，用水规模逐渐增加，同时，工业生活排放出大量废污水，污染河流及相关水域，与水相关的生态环境的组成和结构发生了大规模的改变，生态环境中物质的循环系统也发生了变化，带来了水污染和水生态系统退化等新的生态环境问题。从第二次世界大战以后，随着世界经济的高速发展，人类社会从大规模河流治理和开发中得到了丰厚的经济回报，水力发电增加了能源供给，灌溉农业使农作物大幅增产，供水促进了工业和城镇的发展，大坝和堤防等防洪工程使洪水受到约束，减轻了洪灾的损失，河道疏浚和整治满足了航运的需求。随着经济社会的发展，对防洪、水、电等的需求不断增长，一条又一条的河流的自然状态因受到人类活动的影响而在不同程度上发生了改变。目前世界上大多数河流都面临着人类活动的过度干扰和胁迫，很多河流出现了生态系统退化等健康问题。

过去在对河流进行开发建设的过程中，考虑较多的是对区域经济发展的支撑作用和水力发电效益，而对于保护河流生态环境则考虑相对较少，其不利后果表现为河流径流减少甚至断流，水生态系统受到严重破坏，生物多样性降低，生态系统退化；河流流量减少，排污量增加，河水污染严重；地下水超采严重，造成环境地质问题；湿地萎缩，湿地生态系统遭到破坏；入海水量减少，海水入侵，河口生态系统退化等一系列的生态环境问题。河流生态环境遭到破坏，反过来又制约了人类社会进一步从河流及生态系统中受益，阻碍了经济社会的持续发展。

20 世纪 90 年代以来，随着经济社会的高速发展，人类用水与生态环境需水的矛盾日益突出，经济社会的高速发展已经建立在大量挤占生态环境用水的基础上。这种“忽视水资源与生态环境系统之间的关系”的水资源利用模式直接导致了严重的生态环境问题。如何采取管理和保护措施，修复已经损害的河流生态系统，引导河流生态系统的良性循环，维持健康的河流生态系统，已成为全世界水资源管理者面临的重要问题。世界各地都在尝试保护或恢复河流的自然生态系统，主要从两个方面进行：一个是截污治污，改善水质；另一个是保证河道内必要的生态环境水流过程（以下简称为环境流）。在改善水质方面，经过大量的研究和努力，已经有了许多成熟的做法和经验，如欧洲许多河流的治理，在水资源保护的实践和管理中取得了很大的成绩，在我国也有明确的水质标准和较为成熟的控污治污措施。但是对于如何保证河道的环境流，则存在较大的争议和困难，首先关于河道环境流的确定就是一个较大的问题，这是由于学术界对于河流生态系统认识较为肤浅，认为定量确定河流生态系统需要的水文过程难度较大。因此，对于河流到底需要多少水量和怎样的水流过程，才能维持正常的河流生态系统存在较大的不确定性。如何确定河流的环境流与如何维持河流的环境流，成为河流管理部门和生态环境学家需要认真思考和解决的问题。

环境流的研究和管理实践在西方发达国家发展较快，不仅开展了长时间和比较系统的生态监测和科学研究，而且初步建立起确定环境流利益相关方的协调机制，生态学家、水利工作者、水库管理者和钓鱼者协会等利益相关者一起研究和讨论，通过工程和非工程的措施保障环境流下泄和监督管理工作，并且通过流域综合管理和适应性管理方法不断完善环境流的保障措施。20 世纪 90 年代以来，中国也开始重视环境流问题，如黄河实施统一的水量分配制度，保证了黄河从 20 世纪 90 年代来再没有出现断流；通过调水调沙实验，初步起到了输送泥沙、维持河床和保护下游与河口生态环境的作用。但是目前国内有关环境流的研究与维持良好河流生态系统的目标还有较大的距离。很多人认为只要保证河道在枯季不断流就可以了，水资源保护管理主要强调水质和“最低流量”的管理。由于不了解河流生态系统特征，在实践中往往采用一个固定的流量值进行管理，而没有认识到环境流是一个水文过程，因此很难达到保护特定水生物种及需要的栖息地环境的目的。此外，国内的大量研究都关注于确定生态环境需水的量，而对于如何保证生态流量的下泄，如何控制和管理环境流则研究较少。即使通过研究提出了特定河流的环境流，如何与目前大规模的梯级水电站建设和运行以及河道外用水问题相协调，通过综合措施去实践环境流的管理，还没有一套科学可行的方案。

二、环境流定义

20 世纪 70～80 年代以前，国际上制定的关于河流生态环境需水的标准大都集中在最小流量上，这是由于当时的生物学家通常认为河流的低流量和水位是限制水生生物健康的最基本因素，在小流量期间，河流中流淌的水越多，对于河流本身及鱼类的健康越有利；甚至许多生物学家认为枯季时，人类给河流留下的水若比自然界所能够提供的水还多，则可以提高河流的功能。到了 20 世纪 80 年代，在一些大学和研究机构从事水生生物研究的生态学家有了一些重要发现，提出了新的生态学理论，与一般应用生物学家所定义的最小生态环境需水量这种单一水流条件的方法大不相同，新的生态理论认为河流需要各种各样的水流条件才能维持河流健康与水生生物良性循环，生态环境需水量不能仅用一个最小流量值来表示，在时间上它应该是一个流量过程，这就引出了环境流的概念。

对于天然河流（人类没有开发利用的河流）不存在环境流问题，因为水生生物本来就是根据河流生境和自然的水文节律产生、成长和繁衍，它们适应自然的水文和水动力过程。由于人类对河流的开发和利用，在河道内（如水电站建设、航运）和河道外（如引水灌溉、跨流域调水）用水需求日益增加，占用了河流生态系统依赖的河道内的水流、河道和河岸，显著改变了自然的水文节律，这才出现了环境流问题。

环境流定义可以分为狭义和广义两种，前者为维持河流生态环境所需要的水流及过程，主要针对维持河流自然生态系统的需要；后者为狭义环境流叠加下游人们生产生活用水量及过程，除了满足自然生态系统的需要外，还要包括河流下游人类取水、用水、航运、稀释废污水、景观与旅游等方面需求。如果从河流具有支撑生态系统平衡和服务人类社会两种功能的角度，环境流则可以采用广义的定义。环境流对于不同的河流、不同水资源开发利用程度和不同的国情是不一样的，必须根据具体河流特点研究确定。在一些西方发达国家或人口稀少国家的河流，由于人均水资源量较高，对于维持河流自然生态系统需水的标准较高，一般在满足狭义的环境流要求时，同时也可以满足下游人类用水需求，所以，目前发达国家提出的各种计算环境流的方法主要针对狭义环境流而确定。而对于像中国这样的人口众多、经济发展对水资源需求高的国家来讲，人类用水与河流生态环境用水之间往往存在冲突，对于环境流的管理需要平衡河流生态环境需水和人类用水需求，双方都需要作出一定的妥协。因此，我国河流的环境流的确定不能简单地直接引用发达国家狭义的环境流确定方法，必须结合我国河流特点和人类用水需求综合考虑。

目前国内外关于环境流存在许多种不同的定义。童国庆认为环境流量（即环境流）就是保留或者释放到河流生态系统中的流量，其目的是为了管理生态系统的条件，如果不能保持河流的环境流，将会导致水生态系统退化。在澳大利亚，Megan 等人将环境流定义为在有竞争性用水需求的河流、湿地和沿海地区，除了获取水的社会经济效益之外，在尽可能的范围内实施水量调配以保证可以维系生态系统健康状况及其效益的水流过程。以上定义根据对环境、社会和经济的评价进行调配最终满足环境所需要的流量，而不仅仅强调自然的生态系统。目前由于世界上大多数的河流都受到人类活动的影响，要完全保留或者恢复自然状态是不现实的，完全限制人类用水也是不现实的。

本书将环境流定义为维持河流生态环境需要保留在河道内的基本流量及过程。此定义有两层意思：一是河流生态环境需要留在河道内的基本流量，目的是维持河流基本的生态环境；二是需要保留在河道内的流量，“保留”一词强调人类主观行动的意愿，这是从人类水资源配置的角度而分配给河流生态系统的流量。

该定义将环境流的范围和内容进行了限制，使概念比较明确和容易确定。环境流的主要范围在河道内及周边湿地，不考虑森林、草地等陆面植被及农田生态环境需水。如果需要考虑陆地生态环境用水，采用生态环境需水量则比较合适，而环境流主要限制在河流、湖泊等水域上。环境流的内容主要指生态环境用水，下游人类生产和生活用水则是一个水资源分配和管理的问题，不仅涉及技术问题，也涉及管理问题，具有较大的弹性。对于流域管理者，可以根据环境流和下游人类生产生活用水的需求，选择两者的外包线进行河流流量的管理。

与生态环境需水量相比，环境流更强调流量过程，前者的重点在于需水总量，两者之间的重要区别是，生态环境需水量在水资源管理中往往采用维持生态环境功能所必需的最小水量，而环境流则强调维持河流生态系统功能所需要的流量过程。由于生态系统在不同时段具有不同的功能和需求，其需要的流量也是不一样的。

环境流问题，发展中国家与发达国家由于国情和发展阶段不同，强调的重点也有所不同。发达国家，由于基本解决了经济用水问题，目前主要关注如何满足特定水生生物（如鱼类）生存习惯的生态流量问题；而发展中国家首先考虑的是如何建立更多、更大的控制性水库，保障防洪安全和增加水资源综合利用的能力，满足经济发展用水的问题。因此，从本质上来讲，环境流是人们在水资源管理中为保护水生生态系统而对人类用水所设定的限制性条件。由于不同部门、社会群体和个人所处地位的不同，对于保护水生生态系统的认识也各不相同，水资源保护管理的目标和目的也各不相同，环境流的确定强烈的受到人类认识偏差和水资源管理目标的影响，具有较大的不确定性。此外，由于目前对河流生态系统研究深度不够，对于河流生态环境用水的认识也十分有限，一条河流的水生生态系统到底需要多大的流量，其需要的水流过程到底怎样，精确确定存在较大的难度。

三、环境流的内涵

21 世纪以来，随着对河流生态系统的长期监测和研究，科学家对环境流的认识不断深化，对于环境流评价方法从传统的单纯水文评价，扩展到包括水文、水质、生物栖息地质量、生物完整性指标等综合评价方法，相应出现了“河流健康”的概念。河流健康的基本要求就是河流生态系统完整和河流环境系统良好，“河流健康”所需要的水量和水流过程就是环境流。根据环境流的定义，为维持河流生态环境需要保留在河道内的流量过程。健康河流生态系统需要的环境流，其内涵包括以下几方面。

1. 河流的枯水、洪水及全年的水文过程

河流枯水和洪水过程都有积极的生态环境功能，河流枯季低流量过程，使河岸周边出现大量滩地和缓流区，有利于水草、浮游动物、底栖动物、两栖动物和鸟类的生长；控制优势物种，维持生物多样性；有利于底质污染物质的分解等。洪水过程可以带动泥沙和营养物质的输移；塑造生物栖息地；刺激鱼类产卵、迁徙；消减优势物种，促进水生生物的多样性。洪水上滩可以促进河流周边湿地生态系统的稳定，保持河流横向连通性。只有包括枯季最小流量和汛期各种频率洪水脉冲流量的水文过程才能称为一个完整的环境流。

2. 水量、流量、流速、水位变幅等水文和水动力学要素

环境流不仅指流量一个参数，还包括流速、水位及其变幅等水文、水动力参数。随着不同时段流量过程的变化，其他的水文和水动力参数也会发生相应的变化，这样才能满足河流生态系统健康发展的要求。如长江四大家鱼只有在水位急剧上升和水温 18℃以上才大量产卵，而无脊椎动物则在低流速下才可以安全地生长。

3. 水量、水质、天然水体物理化学特性和营养物质输移

水生生物不仅需要水，而且对水体的物理化学性质和营养水平有要求。水体矿化度、浑浊度、pH 值、含沙量、溶解氧、水温、营养水平和有机污染程度等对河流生态系统的健康状态都是十分重要的，河流健康所需要的环境流除了水文过程和水动力学特征外，还需要考虑河流水体的物理化学特性和物质输移的特征。

4. 不同河流或者河段有不同的标志性生态环境保护目标

不同的河流或河段会有不同的生态系统，也可能会有不同的人类社会服务功能，因此不同的河流具有不同的生态环境保护对象和目标。有的河段需要对珍稀和特有物种进行保护，有的河段需要保护经济鱼类的产卵场，对于生物多样性丰富的水域或环境敏感地区可能需要保护整个栖息地，有的河段需要重点治理污染，有的河流甚至需要保留河道内最小的流量以保证不断流。总之，没有确定的保护对象和保护目标，河流管理者较难确定环境流。

河流健康是生态系统健康概念的一种派生，作为人类健康的类比概念。对于河流健康的涵义存在着多种看法，一种观点认为原始状态的河流才是健康的；另一种观点认为河流健康应包含人类价值。提倡河流健康概念的学者进一步指出它是河流管理的一种工具，“出于河流管理的目的，重点考虑在河流及流域上建立起一种基准状态，由这个基准出发，评估河流出现的长期变化，判断在河流管理过程中产生的影响”。还可以通过建立一种协商机制，在河流的开发者、保护者及社会公众之间达成健康标准的共识，平衡水资源开发与生态环境保护之间的利益冲突。

四、环境流管理的意义

环境流作为一个过程不但体现了环境流的时间性，而且具有空间性。不同区域的河流，不同的河段，其水生生态系统具有不同的特点，受到人类活动的影响也各不相同，环境流管理具有不同的作用和意义。

1. 保证河流所需要的自净扩散能力

河流本身就具备有一定的污染物自净和扩散能力，因此都具有容纳一定污染物质的能力。人们在生产活动和生活过程中必然有污染物排出，如果其污染物排放量在河流纳污能力范围之内，河流就可以保持健康状态，如果大于河流纳污能力，河流的饮水功能、工农业生活、景观功能和生态功能等则会逐渐丧失。

2. 保证维持水生生态系统平衡所必需的水量

水生生物受到外界非生物环境的影响，河流水质和流态对于维持水生生态系统平衡具有重要作用。一些鱼类在水中溶解氧充足的环境中才能进行正常呼吸，不同种类的鱼对水温、水深、流速等有不同的适应范围。河流周边湿地水位及陆地地下水位与河流水位具有较强的相关性，维持河道内环境流，对河边地区生态系统有重要作用。为了防止入海河口泥沙淤积以及咸水入侵，维护河口地区生态环境，也需要保持一定的河道内径流量和入海水量。

3. 保证水动力状况不发生重大变化

流量变化会引起水动力条件的一系列变化，如修建水库后水速变慢、水深加大，喜急流鱼类和漂流性生物生境被破坏，河道原有的冲淤平衡被破坏，水库湾汉可能出现富营养化以致影响水库中水生生物的种类和结构等。流域河道外用水过度，使入海水量减少可能会引起河口段的咸潮入侵问题等。健康河流的环境流需要保证河流水动力状况的稳定性和变化的连续性，不能变化过快，以给予河流生态系统充分的反应时间和适应过程。

4. 维持河流健康和可持续利用

对于河流及其周边湿地生态系统而言，水量平衡是保持生态系统稳定和河流健康的前提。对于一个流域或区域而言，实现水量平衡，是保证河流生态环境质量的重要标准，河流生态环境的破坏对水资源的形成和运动产生不良影响，引起流域或区域的水资源供需失衡，使得河流水资源的开发利用不可持续。

5. 为水库生态调度和河道生态修复等保护措施提供依据

传统水库调度主要考虑水库的经济和社会目标，很少考虑河流生态环境的需求，大部分水库主要考虑下游人类生产和生活用水需求，下泄最小基流没有考虑完整的环境流。水库建设等人类水资源开发利用方式对河流生态系统产生明显影响，有很多是不利的影响，引起河流生态系统退化。通过环境流的管理确定，则可以为水库的生态调度和河道生态修复提供依据。

第二节　国内外研究和实施现状

一、国外研究和实施情况

环境流的研究始于20世纪40年代，美国渔业和野生动物保护组织为避免河流生态系统退化而规定需要保持河流最小的生态流量。从20世纪80年代起，英国、澳大利亚，以及亚洲、非洲、南美洲的许多国家逐渐接受这一概念。环境流的研究主要集中在河流生态环境需水量方面，这是由于人类活动对河流的影响最为直接，因此在河流研究方面开始相对较早，也最为活跃。对于环境流的研究总结起来可以分为3个阶段：①20世纪60年代之前为河道内生态环境需水量理论的萌芽阶段，主要针对满足河流的航运等人类服务功能进行研究，缺乏成熟的理论和方法；②20世纪70年代至80年代末期，河道生态环境需水及其相关概念得到人们的普遍认同，开始从不同的角度对其进行系统研究，提出了许多基于水文学、水力学和生境模拟的生态环境需水计算方法，但这些方法关注于河流生态保护的某个方面，从水量上进行计算；③20世纪90年代之后，随着河流连续体思想的提出，环境流理论开始完善，出现了一些新的研究方法，其中最为突出的是南非BBM法和澳大利亚的整体研究法，其特点是注重对河流生态系统整体的考虑，并关注于河流生态系统需水的时间过程。此外，还出现了一些其他方法，例如从满足河流污染物质稀释和自净能力等功能出发的研究方法。

在环境流管理方面，20世纪70年代初期，美国依据水资源法案和国家环境法案将河道需水列入了地方法案，1978年完成的第二次全国水资源评价中除考虑河道外用水，也估计了水生生物、水力发电、航运、旅游等河道内需水，其中生态环境需水被作为主要的河道内控制性用水。1991年的瑞士《水保护法》规定了针对不同平均流量，必须维持或在某些具体情况下，基于地理或生态因素，应当增加相对应的最小流量值。法国在1992年颁布了水法以保证水资源的统一管理和保护，明确将河流最小生态环境需水放在了仅次于饮用水的优先地位。1998年南非通过的水法依据“大众委托”原则，建立了用水分配中“保留水量”的概念。2000年欧盟颁布一项指令，该指令确立了有关水政策的框架，并提出了划分河流生态状况的标准，要求各成员国采取措施保证河流生态至少达到良好状态，并防止水体生态状况恶化。最近几年澳大利亚各州通过新水法以维持淡水生态系统的生态过程、生物栖息地和生物多样性，在墨累—达令河流域的水量分配中实施引水量“封顶”的方法以防止河流健康状态的恶化。

1998年，南非通过的《水法》认为水资源是一种公共财产，由国家控制，国家政府是水资源的保管人，作为公共委托对象行使权力，使用水资源则需获得许可，此即“大众委托”原则。将“大众委托”原则与恢复天然河流水量目标结合起来，建立了“保留水量”的概念，它包括两部分：第一部分是用于南非人最基本的用水需求，如饮食、洗涤等，这部分是必需的没有商量余地的；第二部分是为了维护河流生态多样性、保障生态系统使其能为人类提供价值功能。

二、国内研究和实施情况

国内对环境流问题的研究历史不长。在20世纪70年代末我国才开始探讨河流最小流量问题，主要集中于最小生态环境流确定方法的研究，长江水资源保护研究所编写的《环境用水初步探讨》是其典型代表。1988年，方子云主编的《水资源保护工作手册》已提出要把河流维持流量作为合理利用河流和维持河流功能的标记。1989年，汤奇成等在分析塔里木盆地水资源与绿洲建设问题时首次提出了“生态环境用水”的概念。长江流域水资源保护局在20世纪70年代末期至80年代初期开始的三峡工程生态环境评价中，就很关注水生生物与径流条件的关系，对于三峡工程对鱼类，特别是珍稀鱼类和四大家鱼的影响作了系统评价。黄河水利委员会在20世纪80年代编制的《黄河水资源利用规划报告》

和《黄河水资源保护规划报告》中提出了一些重要断面的最小控制流量。到20世纪90年代，随着研究的深入，我国生态环境需水量的研究取得了丰硕的成果。我国学者开展了一系列针对河流水系生态环境需水研究工作，特别是在干旱、半干旱地区的河流水系生态环境需水研究取得了大量的成果。近年来，在南方水资源相对丰富地区的河流水系，生态环境需水研究也在逐步开展。

2002年我国通过的重新修订的《中华人民共和国水法》明确规定“开发、利用水资源，应当首先满足城乡居民生活用水，并兼顾农业、工业、生态环境用水以及航运等需要”。目前刚完成的全国水资源综合规划中，在计算地表水可利用量时明确首先要扣除河道内生态环境需水量，将生态环境用水作为水资源配置的重要内容。最近水利部通过的《水量分配暂行办法》规定“水量分配应当……统筹安排生活、生产、生态环境用水”。水利部组织编写的《建设项目水资源论证导则》，规定了涉水工程必须保证最小下泄流量的有关要求；《全国水资源综合规划》中提出了河流生态环境需水量的成果；水利部组织编写了《河道内生态需水评估导则》。一些省（自治区、直辖市），针对小水电开发方式出现的问题，提出了保证河流生态流量的要求，如陕西省发出《关于农村水电站保证最小下泄流量有关问题的通知》。为了解决河流和湖泊湿地生态环境问题，各级政府及水利部门也开展了一些引水和调水实践，实施生态环境补水，如向扎龙、白洋淀等湿地补水，引江济太、黄河调水调沙实验、塔里木河生态调水等。长江科学院结合水资源综合规划的专题研究了长江下游水量分配方案，对长江下游特枯情况下生态流量进行了初步研究，同时开展了汉江、金沙江及嘉陵江的环境流计算和管理方面的研究。

第三节 环境流管理的需求

我国河流众多，河流水资源利用程度高，生态环境问题突出，如海河流域水资源利用率超过95%，平原河道几近干涸；自20世纪70年代开始，黄河下游频繁断流，进入90年代，几乎年年断流，且断流河段长度和持续时间越来越长，近些年来通过水量统一调度和管理，才保证不出现断流，但不断流的最低流量依然很低，没有基本的流量是北方河流环境流最突出的问题之一。长江作为我国最大的河流，水资源较为丰富，但是由于水资源利用方式不科学，也存在环境流等生态环境问题。长江流域的河道外用水虽然不到20%，但我国近50%的耗水工业和化学工业布置在长江干流和主要支流沿岸，构成水污染巨大的压力，大量河道内和河道外用水使长江水流的水文、水动力过程和水体的物理化学特性改变，严重影响到河流生态系统的功能和完整性；长江上游干支流正在进行世界范围内最大规模的梯级水库及水电站的建设，这些工程将显著改变河流自然的水文过程；长江中下游干流沿岸已经和正在建设大量直排式火电厂，排出大量温水，明显提高江水天然水流的温度。如何维持河流水系连通性、比较自然的水文过程、水体的生态特征和江湖关系，保护珍稀和经济鱼类等水生生物是长江流域面临的突出问题。所以，无论是北方河流，还是南方河流，都面临着较为突出的环境流问题，推行环境流的管理都是十分必要的。

我国目前有关环境流的认识存在较大的差异或误区，很多人没有认识到环境流是一个全水文过程，水生生物不仅在枯季需要最小流量，而且在汛季需要洪水过程，在鱼类产卵时期需要适宜的水温和水流脉动等。水资源保护管理中仅仅强调水质和“最低流量”管理，试图保护一些特殊物种或环境条件。由于对河流生态系统完整性等特征了解不足，很难达到系统保护水生物种及其环境的目的。因此有必要根据中国河流特点，通过调查分析中国河流生态环境存在的主要问题，结合中国河流生态环境问题，从确定和管理环境流的角度，提出中国河流环境流的确定方法，并结合中国河流与环境保护管理的现状提出实现环境流管理的方法、管理的途径和制度保障，为我国流域管理和河流环境保护提出有针对性的对策措施建议，为流域经济社会的可持续发展提供保障，以实现流域的健康和谐发展。

为解决日益复杂的水资源问题，节约资源、保护环境，我国将实行最严格的水资源管理制度。这一制度的核心是建立水资源管理三条“红线”：一是明确水资源开发利用红线，严格实行用水总量控制；二是明确水功能区限制纳污红线，严格控制入河排污总量；三是明确用水效率控制红线，坚决遏制用水浪费。

第四节 小　　结

天然河流不存在环境流问题，由于人类对河流的开发利用和用水需求的增加，占用了自然生态系统依赖的河道水流，改变了河流自然的水文节律和水体物理化学性质，这才出现了环境流问题。从其定义来讲，环境流涵盖了生态需水范畴，并从人类利用河流的角度对其内涵进行了扩展，是人类在进行水资源配置时为了维持河流生态环境需要保留在河道内的基本流量及其过程。环境流的内涵包括了河流的枯水、洪水及全年的水文过程，包括了水量、流量、流速、水位变幅等水文和水动力学要素，也包括了水量、水质、天然水体物理化学特性和营养物质输移。维持河道环境流的主要目的是使水体具有自净水体、维持水生生态系统平衡、维持水沙平衡、营养物质平衡、河口水盐平衡等功能目标，不同河流或者河段则会有不同的标志性生态环境保护目标，在进行水资源配置时，需要根据该河段管理的保护目标确定环境流，并采取相应的管理措施，以保护或维持河流生态环境，支撑国家经济社会发展，实现河流的可持续利用。

参 考 文 献

[1] 汤奇成，熊怡. 中国河流水文 [M]. 北京：科学出版社，1998.

[2] 崔树彬. 关于生态环境需水若干问题的探讨 [J]. 中国水利，2001 (8)：71-74.

[3] 杨志锋，张远. 河道生态环境需水研究方法比较 [J]. 水动力学研究与进展，2003，18 (3)：294-301.

[4] 王珊琳，丛沛桐，王瑞兰，金炯球，马振兴. 生态环境需水量研究进展与理论探析 [J]. 生态学杂志，2004，23 (6)：111-115.

[5] Sandra Postel，Brian Richter 著，武会先，王万战，宋学东译. 河流生命——为人类和自然管理水 [M]. 郑州：黄河水利出版社，2005.

[6] 童国庆. 美国的环境流量评估 [J]. http：//www.eedu.org.cn/Article/ecology/ecologyth/ecosystem/200810/30301.html.

[7] Megan Dyson，Ger Bergkamp，John Scanlon 著，张国芳，孙凤，孙扬波，李跃辉，薛云鹏，等译. 环境流量——河流的生命 [M]. 郑州：黄河水利出版社，2006.

[8] 宋兰兰，陆桂华. 生态环境需水研究综述 [J]. 水利水电科技进展，2004，24 (3)：57-61.
[9] Karr JR. Defining and measuring river health [J]. Freshwater Biol.，1999 (41)：221-234.
[10] Schofield NJ，Davies PE. Measuring the Health of our Rivers [J]. Water，The Australian Water Association，1996 (5，6)：39-43.
[11] Simpson J，Norris R，Barmuta L，et al. AusRivAS-National River Health Program：User Manual Website version [M]. Queenslan government，1999.
[12] Norris R H，Thoms M C. What is River Health? [J]. Freshwater Biology，1999，41：197-209.
[13] Ladson，A. R.，White，L. J. 2000. Measuring stream condition. In Brizga，S. and Finlayson，B. River Management，The Australasian Experience [M]. John Wiley and Sons，Chichester，265-285.
[14] 倪晋仁，崔树彬，李天宏，金玲. 论河流生态环境需水 [J]. 水利学报，2002 (9)：14-19，26.
[15] 宋进喜，李怀恩. 渭河生态环境需水量研究 [M]. 北京：中国水利水电出版社，2004.
[16] 长江流域水资源保护局. 长江流域（片）生态环境需水量初步研究报告 [R]. 2006.
[17] 黄薇，陈进. 长江干流河口地区枯水季水量分配研究 [J]. 水利水电技术，2006 (10)：3-6.
[18] 陈进，黄薇. 长江的生态流量问题 [J]. 长江科学院院报，2007，24 (6)：1-5.
[19] 常福宣，陈进，张洲英. 汉江上游生态环境需水量研究 [J]. 长江科学院院报，2007，24 (6)：18-21，13.
[20] 陈进，黄薇. 长江水库群联合调度可能性分析 [J]. 长江科学院院报，2008，25 (1)：1-5.
[21] 常福宣，陈进，黄薇. 河道生态流量计算方法综述及在汉江上游的应用研究 [J]. 南水北调与水利科技，2008 (1)：11-13，17.
[22] 徐杨，常福宣，陈进. 水库生态调度研究综述 [J]. 长江科学院院报，2008，25 (6)：33-37.
[23] 陈进，黄薇. 长江环境流量问题及管理对策 [J]. 人民长江，2009 (8)：17-19.

第二章　中国河流特点及面临的环境流问题

我国河流数量众多、地区分布不平衡、河流地貌和水文特征地区差异大。不同地区的河流具有强烈的地域性特点，其经济社会发展水平和水资源开发利用程度也各不相同，各流域具有不同的生态环境问题，不同的河流或河段具有不同的生态环境保护目标，相应的也会有不同的环境流需求。

第一节　中国河流特点与分区

我国幅员辽阔，国土面积960万km^2，疆域内河流众多，流域面积在100km^2以上的河流约有5万多条，1000km^2以上的河流有1500余条，超过1万km^2的河流有79条。我国的河流按与海洋关系可以分为外流河与内流河，注入海洋的称为外流河，流域面积约占全国陆地总面积的64%，河流水量占全国河流总水量的95%；流入内陆湖或消失于沙漠、盐滩之中的称为内流河，流域面积约占全国的陆地总面积的36%，但水量较少，不到全国河流总水量的5%。按流域自北向南分别为黑龙江流域、辽河流域、海河流域、黄河流域、淮河流域、长江流域和珠江流域，此外还有最终注入印度洋的西南诸河、注入北冰洋的额尔齐斯河、东南沿海诸河，以及西北地区的内陆河流等。中国流域水系如图2-1所示。

长江是我国第一大河，全长6300km，长度仅次于非洲的尼罗河和南美洲的亚马孙河，为世界第三长河，流域面积180万km^2；黄河为中国第二大河，全长5464km，流域面积79万km^2；珠江为中国南部的大河，全长2214km，流域面积45万km^2（其中我国境内44km^2）；黑龙江是中国北部的大河，全长4350km，其中3101km流经中国境内；新疆南部的塔里木河是中国最长的内流河，全长2179km；除天然河流外，中国还有一条著名的人工河——京杭大运河，全长近1794km贯穿我国的南北，北起北京，南抵杭州，沟通海河、黄河、淮河、长江、钱塘江五大水系。

一、中国河流水文的地带性分布特点

河流是地理、地质、气候和生物等自然因素的产物，自从人类社会产生以来，人类活动对河流演变影响日益加剧。在影响河流水文特征诸多因子中气候是最重要的，降水、气温、空气湿度及风速等气候因子决定了径流量多少及其季节变化，植被和土壤等下垫面因素也与各气候因子密切相关。我国经纬度跨度很大，自然地带齐全，自北向南跨越从寒温带到热带的所有温度带，从西向东则有从干旱区到湿润区的水分递变规律。我国大部分地区的水汽来源于太平洋的东南季风和印度洋的西南季风，此外在我国的西北还有来自大西

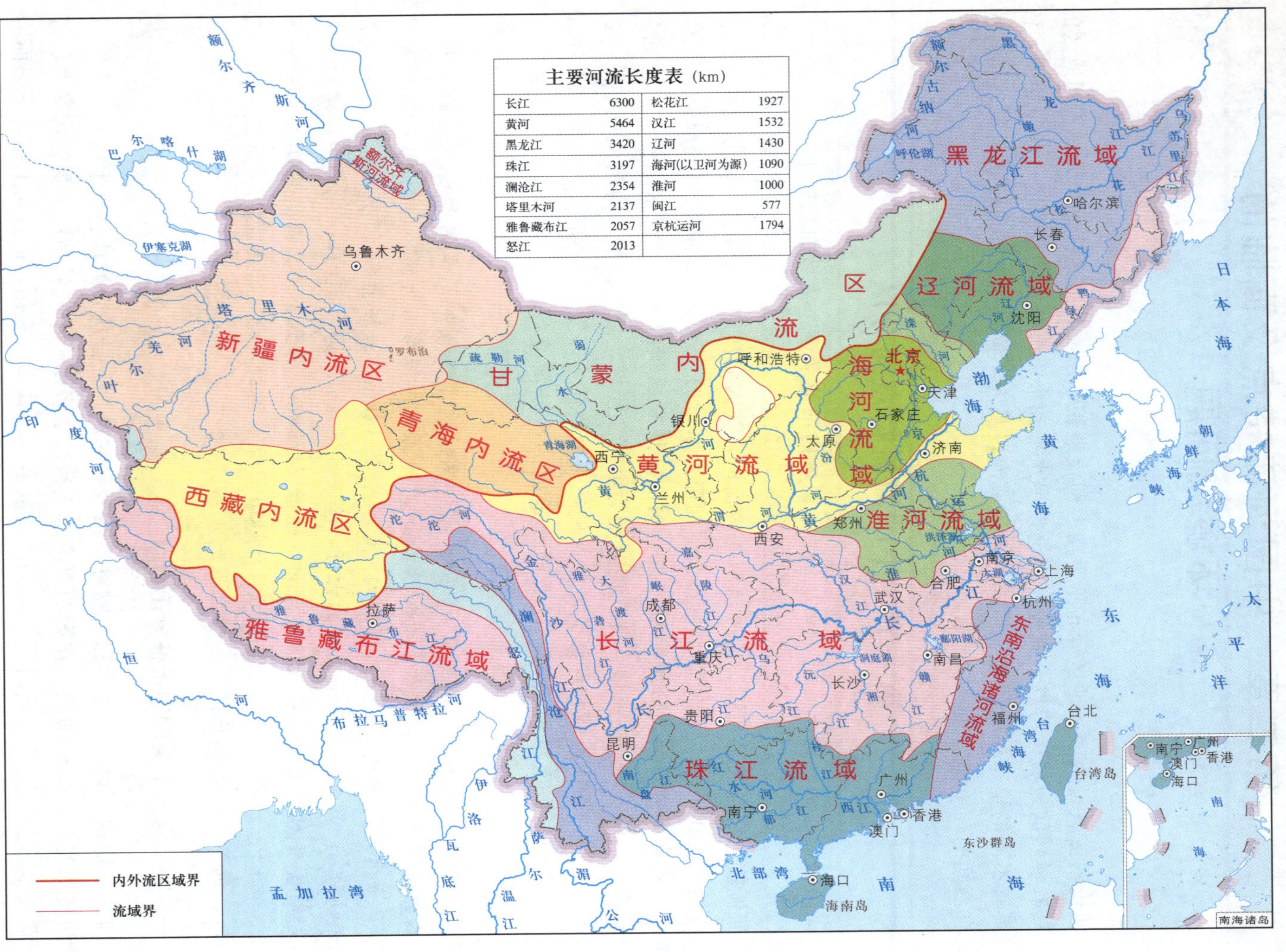

主要河流长度表（km）

河流	长度	河流	长度
长江	6300	松花江	1927
黄河	5464	汉江	1532
黑龙江	3420	辽河	1430
珠江	3197	海河(以卫河为源)	1090
澜沧江	2354	淮河	1000
塔里木河	2137	闽江	577
雅鲁藏布江	2057	京杭运河	1794
怒江	2013		

图 2-1　中国流域水系图

洋和北冰洋的水汽。在主要水汽来源的控制下，我国降水量大致呈现自东南沿海向西北内陆递减的趋势，中国气候分区如图 2-2 所示。

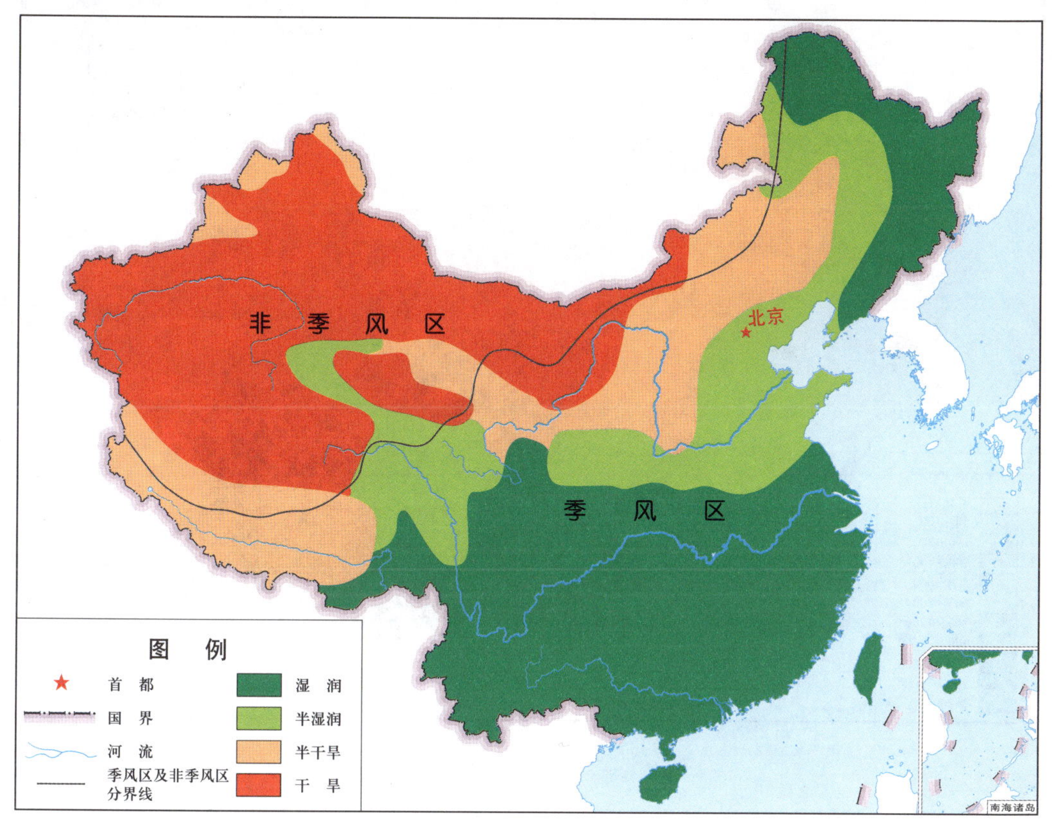

图 2-2 中国气候分区

在气候等自然地理环境因素的控制下，我国河流水文特点表现出十分鲜明的区域和地带性分布特征。受降水量分布影响，我国年径流深的地带性分布也十分明显。年径流深分布的总趋势是自南向北递减，近海多于内陆，山地大于平原，与降雨量分布趋势基本一致。年径流深为 50mm 的等值线自东北的海拉尔起，经齐齐哈尔、赤峰、张家口、延安、兰州，止于西藏南部，自东北至西南斜贯全国，与 400mm 降水等值线走向基本接近。这条线把我国分成东西两部分，东部湿润，地表径流丰富；西部干旱，地表径流很少。在此基础上，可以将我国划分为 5 个径流地带，从东南向西北依次为：丰水带、多水带、平水带、少水带和干涸带。中国降水量分布如图 2-3 所示，中国年径流深分布如图 2-4 所示。

除了季风等气候因素的控制以外，由三个巨大阶梯构成的陆地地貌格局，也对我国径流深的经纬度变化起着重要的作用，因为地形的抬升作用，将导致降水量的垂直变化。由于我国西部地区南北地势差异很大，西南为世界最高的青藏高原，处于三级阶梯的第一级，西北为高度较低的高原和盆地，处于三级阶梯的第二级，因此纬度地带性在西部受到一定程度的干扰，西部径流的南北差异十分巨大。而在我国东部地区，地形地貌类型主要是平原和低山丘陵，处于三级阶梯的第三级，纬度地带性规律十分明显，降水和径流主要

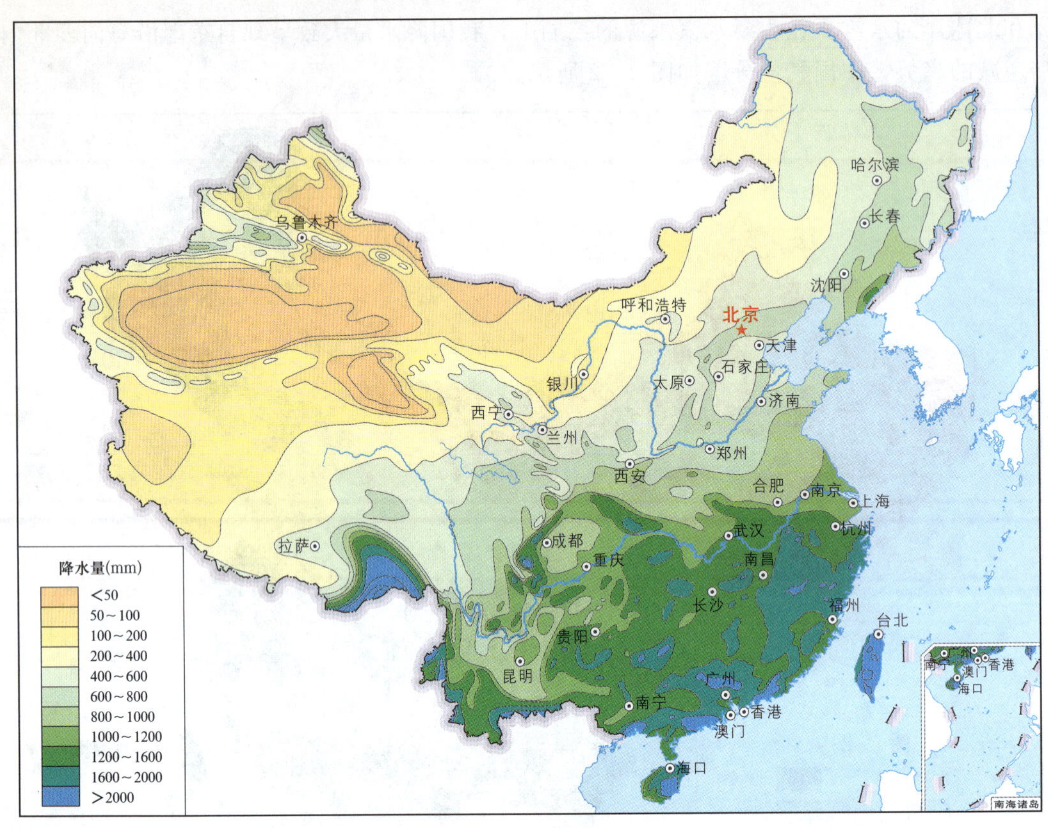

图 2-3　中国降水量分布

受到太平洋东南季风的影响，基本呈现了从南到北递减的趋势。因此，从自然地理宏观结构上，可以将我国划分为 3 大区，即东部季风区、西北干旱区与青藏高原区。中国地形如图 2-5 所示。

二、人类活动对河流的影响

当今世界大多数河流都或多或少地受到人类活动的影响。中国是一个历史悠久的国家，中华民族的文明史，就是在开发水利、防治水害的过程中形成的。20 世纪 80 年代，随着经济社会的快速发展，人类对河流干涉的广度和深度都在急剧增加。目前我国几乎每一条河流都程度不同地受到人类活动的影响。人类通过修建堤防、水利工程、围滩造田、引水灌溉、森林砍伐等，对河流水循环过程造成干扰，改变了径流在时间和空间上的分布情况；工农业生产和城乡生活取用水，减少了河道内的水量；人类生活和生产活动产生的废污水排放，污染了河流的水质等，可以说人类活动对河流的影响是全方位的。

（一）水库对河流的影响

人类修建水库为防洪、发电、灌溉、供水等方面带来了巨大的经济效益，但是水库大坝的修建阻碍了河流基本的连续性，通过水库调度调节径流，改变了径流的时间分配过程。水库通过拦截洪水、削减洪峰，增大枯水流量，使径流过程在时间上趋于均一化。此外，水库本身就是一个人工湖，增加了水面面积，水面蒸发增加，这在一定程度上会减少

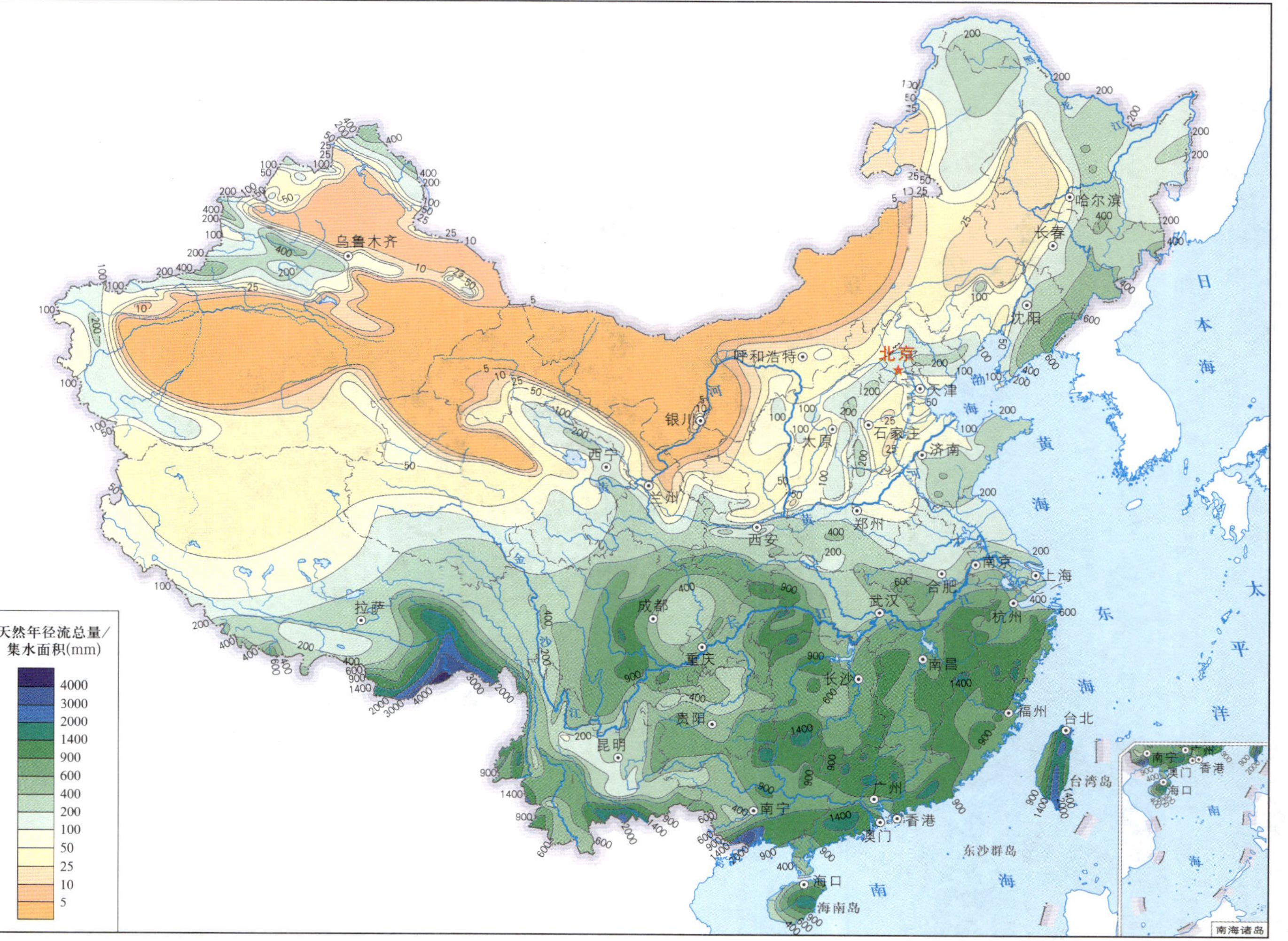

图 2-4 中国年径流深分布

高度表（m）
6000
5000
4000
3000
2000
1500
1000
500
200
0
东北平原
华北平原
长江中下游平原
黄土高原
内蒙古高原
青藏高原
云贵高原
四川盆地
塔里木盆地
准噶尔盆地
柴达木盆地
天山山脉
阿尔泰山脉
昆仑山脉
祁连山
喜马拉雅山脉
冈底斯山
唐古拉山
念青唐古拉山
横断山脉
黄河
长江
渤海
黄海
东海
南海
台湾岛
海南岛
东沙群岛
台湾海峡
鄱阳湖
洞庭湖
洪泽湖
青海湖
珠江三角洲平原
南海诸岛

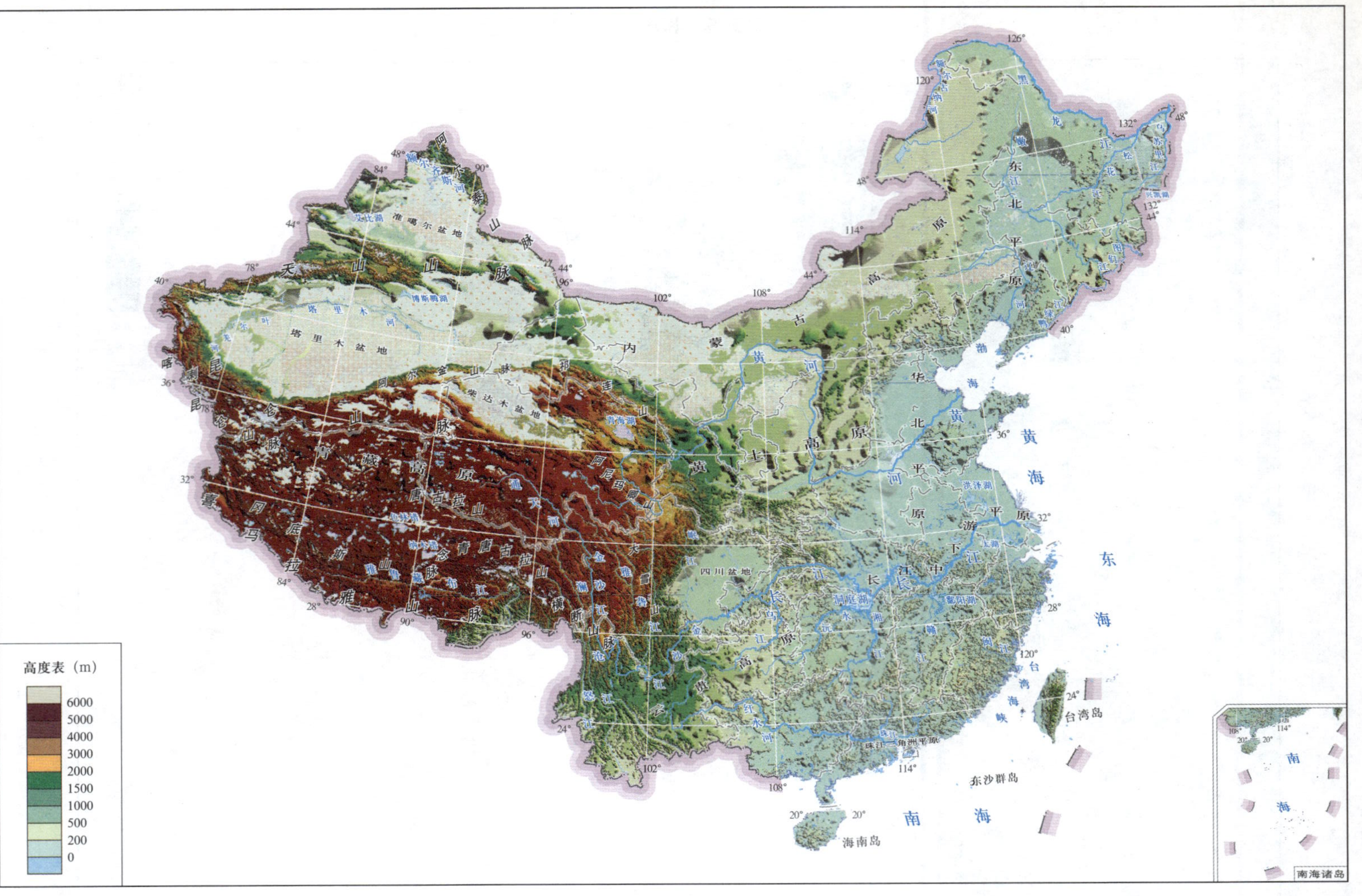

图 2－5　中国地形图

河流的年径流量，如在河流上进行梯级开发形成水库群，对于河流径流量的影响则较为明显，如果水库用于蓄水灌溉，则对年径流的减少更为显著。水库建设影响了正常的水沙、水盐运动，水库截流泥沙和盐类物质，清水下泄使大坝下游水流挟沙能力增强，水流对河岸和河床的冲刷加剧，可能引起河势变化，河流廊道的营养物质输移扩散规律也将改变。汛期洪水的减小，一方面降低了下游河道的输沙能力；另一方面减少了河水对下游滨河湿地和地下水的补给，造成季节性泛滥湿地面积减小。另外，水库拦蓄径流、泥沙、营养盐类，又会造成这些物质的入海通量减少，影响河口的成陆作用，甚至造成海浪侵蚀陆地，也会影响河口的盐度和营养物质浓度，这些因素都会使生物栖息地特征发生改变，影响生物的种类和分布。此外，修建水库使库区原有流动的河流变成了相对静止的人工湖泊，流速、水深、水温结构及水流边界条件等都发生了重大的变化，库区的生物群落和生态系统结构将发生根本性的变化。

水库是江河治理的重要组成部分，目前我国已建成水库8万多座，总库容约4500多亿m^3，水库数量居世界之首。这些水库不仅在历次洪水中发挥了拦洪削峰的重要作用，而且还为农田灌溉、城乡供水、发电提供了宝贵的水源和水能资源，但梯级水库的建设改变了河流的连续性、河流水文节律，影响了水生态系统。

（二）跨流域调水对河流的影响

如果说水库通过调度改变了河流径流的时间分配过程，那么跨流域调水则改变了径流的空间分布。我国水资源和土地资源的空间分布极不平衡，北方耕地面积广，径流量少，南方则与此相反，北方水资源的供需矛盾十分尖锐。南水北调工程可在一定程度上缓解华北地区的水资源供需矛盾。按照规划有东、中、西3条线路，每条线路的年调水量都在100亿m^3以上，目前东线和中线工程正在加紧建设。作为一个宏伟的跨流域调水工程，南水北调工程将会对长江、淮河、黄河、海河及其若干支流的水文特性产生深远的影响，同时还会在广大的地区对自然环境产生广泛的影响。南水北调对长江干支流的影响，主要发生在引水口附近及其下游河段。中线调水主要影响丹江口水库以下的江汉河段，东线调水主要影响长江下游三江营至河口。南水北调还有可能对有关河流的水质及输沙过程产生影响，东线调水可能加重河口地区的盐水入侵、拦门沙增加及水质污染等问题。对于调入区，由于增加了调入区的水量，可以减轻本区域的缺水程度，增加生态环境用水量和河道内水量，有利于改善河流生态环境；但是也有可能导致交叉河流和湖泊的水位升高，增加防洪风险，水资源增加引起地下水位上升出现盐碱化或者沼泽化，用水量增加从而排污量增加，以及由于调水引起的生物入侵等不利影响。

除了规模巨大的南水北调工程外，我国还有很多的跨流域调水工程。据不完全统计，我国目前已经、正在或将要实施的跨流域调水工程有30多项，并有越来越多之势，包括西安黑河引水、福建北溪引水、引江济太、新疆的引额济克（克拉玛依）、引黄入淀、江苏江水北调工程、天津引滦入津、广东东深供水、河北引黄入卫、山东引黄济青、甘肃引大入秦、山西引黄入晋一期工程、辽宁引碧入连、甘肃景电扬水、云南以礼河调水、河北引青济秦、吉林引松（松花江）入长（长春）、山西引黄入晋二期工程、新疆的引额济乌（乌鲁木齐）、辽宁的东水西调（引太子河水供沈阳、抚顺等地）、陕西的引汉入渭（渭河）、引江济汉、北水南调（松花江调入辽河）、胶东引黄调水、引江济淮等。这些跨流域调水工程对调出区和调入区的生态环境都会造成很大影响。

（三）灌溉等引水对河流的影响

我国灌溉历史悠久，灌溉面积广大，七大江河流域灌溉面积占流域内耕地总面积的比重已超过50%，灌溉引排水对河流的影响巨大。为了从河流中引水灌溉，虽然一部分水可以回归河流，渗入地下的部分水量也可能通过地下水再补给到河道中去，但是大量的灌溉水消耗于土地蒸发和作物蒸腾作用，将使被引水河流的年径流量不同程度地减少。近年来，随着我国经济社会的快速发展和人们生活水平的提高，工业用水量不断增加，生活用水比重逐渐加大，城乡生活和城镇工业大量地从江河取水，减少了被引水河流的水量。河道内流量减少给河流带来一系列的生态环境问题，甚至某些河流出现了断流的极端情况。黄河、海河天然径流的减少十分引人注目，都出现了河道断流现象；黑河与塔里木河中游地区的灌溉引水也一度造成下游河道断流和尾闾湖泊的干涸；近年来随着社会和政府对于断流问题重视，通过生态调度等措施才使问题有一定程度的好转。相对而言，南方河流虽然灌溉引水量很巨大，但是由于水资源总量丰富，天然径流的减少的程度则要小得多。

（四）土地利用对河流的影响

人类为了生存发展需要大量的空间和土地，如修建房屋用于居住和生产活动，开垦土地从事农业生产获得食物，城镇建设以发展经济提高生活水平。这些土地利用活动将改变地球上的土地形态和理化性质，从而对水循环过程与河流径流产生影响。砍伐森林与植树造林、土地耕作、修筑梯田、筑沟开渠等活动改变了土地特性和覆盖类型，影响河流的径流变化过程及径流量。城市化建设使下垫面硬化，减少下渗水量，增加地表径流，并加快暴雨洪水的汇集过程，使河流水位陡涨陡落。围湖造田等活动大幅度减少湖泊的数量和面积，影响河流水系的水量调蓄能力，水面面积的变化可能改变局部小气候，影响径流量。此外，施用农药和化肥则是河流非点源污染的主要来源。

城市化是一个地区的人口在城镇和城市相对集中的过程，城市化也意味着城镇用地扩展。目前，我国正处于快速城市化的进程中，城市面积不断扩大，中小城镇不断涌现，集镇变城市，小市变大市，如长三角和珠三角地区成片的城市带，城镇建设不但占用了大量的良田，大片地面被硬化，极大地改变了当地的径流过程和地下水循环过程，一旦发生暴雨则极易在城区发生洪涝灾害。

（五）人类活动对河流水质的影响

人类直接或间接地把物质和能量引入水体的生产或生活活动，如矿山的开采、工业生产排放的废水和废渣，农田喷洒大量的化肥和农药，动力工业和其他行业的温排水，城镇居民的生活污水等，这些都可以引起江河、湖泊、海洋和地下水等水体的水质发生变化，使水体水质变坏，造成水体污染。人类活动对河流水质的影响包括点源污染与非点源污染，两者都会导致河流水质的恶化。人类生活和生产活动中任意排放的废弃物是点源污染物质的主要来源，施用农药和化肥则是非点源污染的主要来源。根据《2008年国民经济和社会发展统计公报》，全国废水排放总量已达到570亿t，再加上农业生产中大量使用的农药和化肥所产生的非点源污染进入河流。目前我国的长江、黄河、淮河、海河、珠江、松花江等河流都受到了不同程度的污染。

（六）人类活动对河流影响的地带性分布

我国水土资源和人口的空间分布很不平衡（见图 2-6），由于这种不平衡，不同自然地带内的人类活动对河川径流的影响存在着程度上的差异。在湿润地区，由于河川径流丰沛，同时天然降水亦能满足农业生产上的大部分用水需求，故人类对天然径流的干预程度相对不大。半干旱地区和部分处于半湿润气候的平原地区，由于水资源相对短缺，且天然降水不能满足农业生产上的需要，故人类转而大量利用河川径流，人类对径流的干预程度很大。在干旱地区，水资源更少，但因为人口密度较小，开发利用程度低，故人类活动对天然径流的干预强度反而不如半干旱地区大。

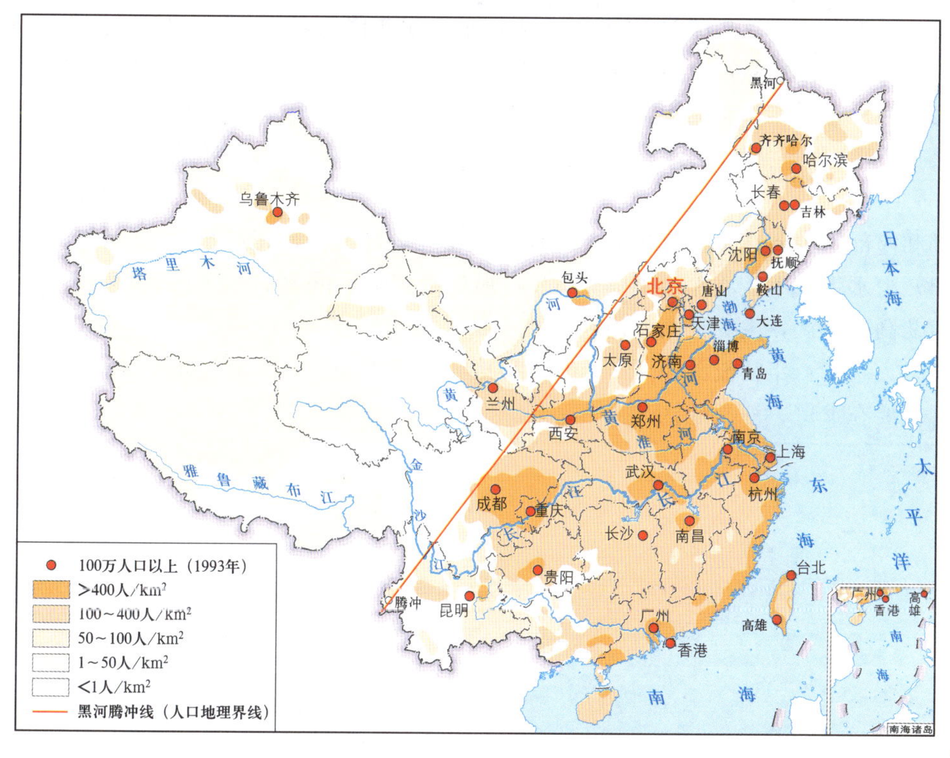

图 2-6　中国人口密度分布图

受气候、地形等自然因素的影响，我国的河流表现出强烈的地带性分布特征，人类活动对河流的影响也具有地带性分布特点。我国人口空间分布与经济空间分布，在地域上都呈现出极不平衡的特征，其中东南部人口高度稠密，经济相对发达；西北部人口则远为稀疏，经济也相对落后；人口密度和经济发达程度也都呈现出自东南沿海向西北内陆递减的趋势。在东部各大河流的中下游平原地区，人类活动强烈，对河流干扰很大；西部人口稀疏，除局部地区外，河流受人类活动相对较小。

三、已有河流分区方法

由于研究目的和关注的着力点的不同，根据我国河流的地带性分布特点，已经有很多不同的分区方法。

（一）按气候带分区

河流是气候和地理等自然地理环境因素的产物，气候是影响河流水文的最重要因素。大气降水是河川径流的唯一源泉，河川径流量取决于降水总量及其消耗于蒸发量的多少。据统计，我国多年平均年降水深 648mm，河川径流深 284mm，径流系数 44%。降水量分布总的趋势是由东南向西北减少，地表径流量的分布趋势与降水量的基本一致，亦是东南多，西北少。按照降水量的多寡，可将全国划分为 5 个降水带，自东南向西北方向依次为十分湿润带、湿润带、半湿润带、半干旱带和干旱带。按照径流深的多少，可将全国划分为 5 个径流带，自东南向西北依次为：丰水带、多水带、平水带、少水带、无水带，它们分别形成于一定的降水带内（见图 2-7）。

（1）丰水带：年径流深在 900mm 以上，形成于年降水量 1600mm 以上十分湿润的热带和亚热带地区。主要在我国台湾、东南沿海、西南诸河及长江和珠江流域的部分地区。

（2）多水带：年径流深为 200～900mm，形成于年降水量 800～1600mm 的广大的湿润亚热带范围内。主要在长江、珠江、淮河、松花江与西南诸河流域的部分地区。

（3）平水带：年径流深为 50～200mm，形成于年降水量 400～800mm 的半湿润温带的东部和南部，主要在黄河流域大部分地区、西北内陆河及松花江与辽河的部分地区。

（4）少水带：年径流深为 10～50mm，形成于年降水量 200～400mm 的半干旱温带西部和西北高山地区，主要在西北内陆河。

（5）无水带：年径流深小于 10mm，形成于年降水量 200mm 以下的西北广大干旱盆地内，主要在戈壁、沙漠地区。

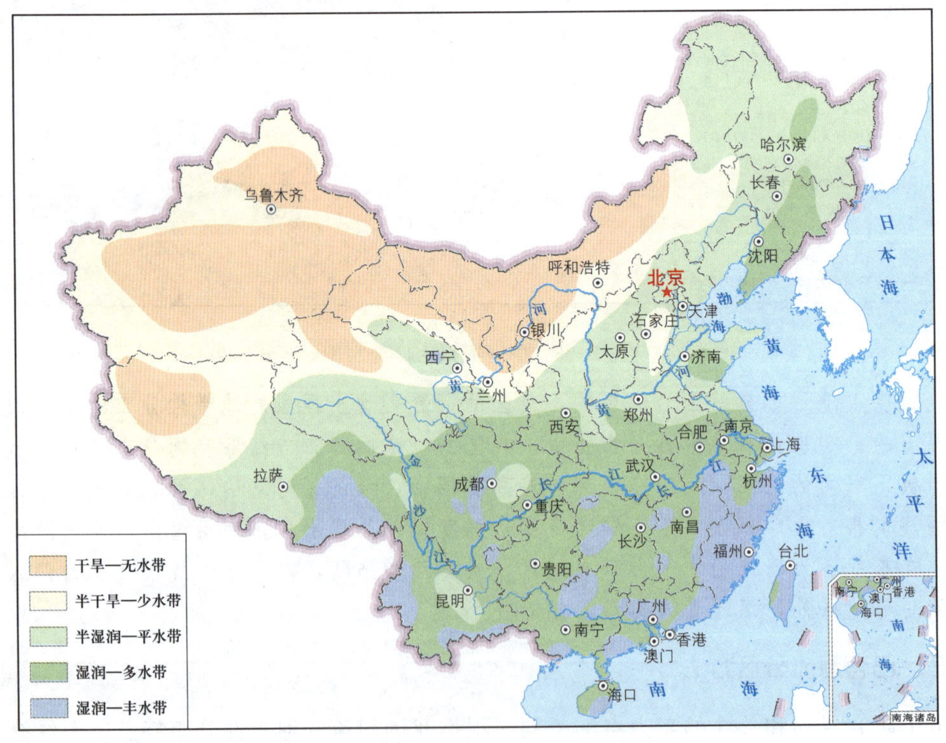

图 2-7　中国的干湿地区与河川径流带

（二）水资源分区

水资源分区的目的是结合全国流域水资源综合规划，便于水资源供需平衡分析计算，为江河流域水资源配置提供依据。根据最近完成的水资源综合规划，全国共划分为10个水资源一级区；在一级区的基础上，按基本保持河流完整性的原则，划分为80个二级区，见表2-1。其中黄河流域、长江流域分别分成8个和12个二级区。三级区则以较大支流和干流河段为划分基础，四级区则主要考虑上游、中游、下游及山区、丘陵、平坝地貌特征。

表2-1　　全国水资源分区

水资源一级区	水资源二级区
松花江区	额尔古纳河、嫩江、第二松花江、松花江（三岔河口以下）、黑龙江干流、乌苏里江、绥芬河、图们江
辽河区	西辽河、东辽河、辽河干流、浑太河、鸭绿江、东北沿黄渤海诸河
海河区	滦河及冀东沿海、海河北系、海河南系、徒骇马颊河
黄河区	龙羊峡以上、龙羊峡至兰州、兰州至河口镇、河口镇至龙门、龙门至三门峡、三门峡至花园口、花园口以下、内流区
淮河区	淮河上游、淮河中游、淮河下游、沂沭泗河、山东半岛沿海诸河
长江区	金沙江石鼓以上、金沙江石鼓以下、岷沱江、嘉陵江、乌江、宜宾至宜昌、洞庭湖、汉江、鄱阳湖、宜昌至湖口、湖口以下干流、太湖
东南诸河区	钱塘江、浙东诸河、浙南诸河、闽东诸河、闽江、闽南诸河、台澎金马诸河
珠江区	南北盘江、红柳江、郁江、西江、北江、东江、珠江三角洲、韩江及粤东诸河、粤西桂南沿海诸河、海南岛及南海各岛诸河
西南诸河区	红河、澜沧江、怒江及伊洛瓦底江、雅鲁藏布江、藏南诸河、藏西诸河
西北诸河区	内蒙古内陆河、河西内陆河、青海湖、柴达木盆地、吐哈盆地小河、阿尔泰山南麓诸河、中亚西亚内陆河区、古尔班通古特荒漠区、天山北麓诸河、塔里木河源流、昆仑山北麓小河、塔里木河干流、塔里木盆地荒漠区、羌塘高原内陆区

（三）水功能区划

水功能区划是通过对水资源和生态环境现状的分析，根据国民经济发展规划与江河流域综合规划的要求，为满足水资源合理开发利用和有效保护的需求，根据水资源的自然条件、功能要求、开发利用现状，按照流域综合规划、水资源保护规划和经济社会发展要求，将江河湖库划分为不同使用目的的水功能区，并提出保护水功能区的水质目标。在整体功能布局确定的前提下，对重点开发利用水域详细划分多种用途的水域界限，以便为科学合理开发利用和保护水资源提供依据。作为水资源保护规划的重要内容，水功能区划先对规划范围内的水体进行功能区划分，然后根据不同水体的功能要求提出相应的水质控制要求和污染物排放量控制要求。水功能区分两级区划，一级区划主要解决地区之间的用水矛盾，二级区划主要解决部门之间的用水矛盾。

1. 一级区划

一级功能区分保护区、保留区、开发利用区和缓冲区。

保护区指干流及主要支流源头区，重要的调水水源区，重要供水水源地，以及对自然生态与珍稀濒危物种的保护有重要意义的水域。功能区水质标准根据具体情况需要，执行《地面水环境质量标准》（GB 3838—2002）Ⅰ类、Ⅱ类水质标准或维持水质现状。

保留区指目前开发利用程度不高，为今后开发利用和保护水资源而预留的水域。该区内应维持现状不遭破坏。功能区水质类别控制标准一般不低于现状水质类别。

开发利用区主要指具有满足工农业生产、城镇生活、渔业和娱乐等多种需水要求的水域。功能区水质标准按二级区划分类相应的水质标准执行。

缓冲区指为协调省际间、矛盾突出的地区间用水关系而划定的水域。

2. 二级区划

二级区划仅在一级区划中的开发利用区进行，二级功能区包括饮用水源区、工业用水区、农业用水区、渔业用水区、景观娱乐用水区、过渡区和排污控制区。

饮用水源区指满足城镇生活用水需要的水域。功能区水质标准根据需要执行《地面水环境质量标准》（GB 3838—2002）Ⅱ类、Ⅲ类水质标准。

工业用水区指满足城镇工业用水需要的水域。功能区水质标准执行《地面水环境质量标准》（GB 3838—2002）Ⅳ类标准，或不低于现状水质类别。

农业用水区指满足农业灌溉用水需要的水域。功能区水质标准执行《地面水环境质量标准》（GB 3838—2002）Ⅴ类标准，或不低于现状水质类别。

渔业用水区指具有鱼、虾、蟹、贝类产卵场、索饵场、越冬场及洄游通道功能的水域，养殖鱼、虾、蟹、贝、藻类等水生动植物的水域。功能区水质标准执行《渔业水质标准》（GB 11607—89），亦可参照《地面水环境质量标准》（GB 3838—2002）Ⅱ类、Ⅲ类标准。

景观娱乐用水区指以满足景观、疗养、度假和娱乐需要为目的的江河湖库等水域。功能区水质标准执行《景观娱乐用水水质标准》（GB 12941—91），亦可参照执行《地面水环境质量标准》（GB 3838—2002）Ⅲ类、Ⅳ类标准。

过渡区指为使水质要求有差异的相邻功能区顺利衔接而划定的区域。功能区水质标准以满足出流断面相邻功能区水质要求选用相应控制标准。

排污控制区指接纳生活、生产废污水比较集中，接纳的废污水对水环境无重大不利影响的区域。

（四）其他分区方法

我国过去还曾经进行过多种其他的分区，包括：①按流域进行分区，即以长江、黄河、珠江、淮河、海河、辽河、黑龙江等江河为主体，纳入邻近的独流入海和出境河流，各成一片，另将浙闽台诸河、西南诸河以及内陆诸河也分别连成一片；②以水量（用年流深表示）为分区标准，将全国划分为13个水文区；③以水量和气候带为依据，主要是以水量（用径流带表示）为标准，同时还考虑了与其相应的气候带，将全国划分为11个水文地区。

第二节　中国主要河流面临的环境流问题

从1978年改革开放30多年以来，我国经济社会高速发展，工农业用水和城镇生活用水逐渐增加，生活废水和工农业污水排放量逐年加大，水质污染和生态环境问题较为突出。我国河流水生态环境主要存在以下几个方面的问题。

（1）水质污染是我国最严重的河流水环境问题。根据《2008年国民经济和社会发展统计公报》，全国废水排放总量571.7亿t，比上年增加2.7%，其中工业废水排放量241.7亿t，城镇生活污水排放量330.0亿t。大量的废污水排放，使我国的大部分河流都不同程度地受到工业、城市废污水和农业面源的污染，其中在北方缺水地区和经济发达地区水质污染特别严重。

（2）径流量减少，河道功能退化成为一个严重的问题。在北方缺水地区，由于河道外用水量增加，河道径流量大幅减少，部分河道断流及平原河流干涸，成为我国北方河流最严重的生态环境问题。如海河流域水资源利用率超过95%，大量的河道外用水，使得流域内4000多km的平原河道已全部成为季节性河流，永定河自1965年以来连续断流。

（3）湖泊的生态环境也不容乐观，出现了富营养化、水质污染、湖面萎缩等问题，如长江流域的太湖、巢湖、滇池等都受到水质污染，富营养化严重，鄱阳湖和洞庭湖也受到富营养化的威胁。

（4）地下水也出现了水位下降、水质污染、沿海地区咸水入侵等问题，这在北方的华北平原尤为突出。

（5）河流生态系统受到极大影响，生物多样性面临严峻挑战，大部分珍稀水生物种处于濒临灭绝的地步。

（6）水环境保护管理中存在水环境相关管理部门协作不够、流域水资源保护机构的法律地位不明确、地方矛盾冲突需要进一步协调解决等问题。

除水质污染外，农业灌溉和城市供水使河道内径流量显著减少，大量挤占了生态环境用水；梯级水库的建立使河流连续性破坏，河流水文特性发生明显改变等引起的生态环境问题是我国目前所面临的主要环境流问题。

一、长江流域

长江是我国最大河流，流域面积180万km^2，跨越19个省（自治区、直辖市）。长江流域地域辽阔，其中大部分地区开发历史悠久，人类活动对自然生态系统影响强烈。特别是近几十年来，人口剧增，城市、集镇以及工矿企业大量涌现，土地垦殖指数不断提高，这些既促进了流域经济发展和繁荣，同时也使部分地区的生态环境承受着不堪负担的压力。由于长江流域水资源相对丰富，目前大部分河段河道内外用水矛盾不是十分突出。长江流域水生态环境问题主要表现在：洪涝灾害威胁未完全解除；城市附近河道及湖泊水质污染严重，长江流域干支流主要城市近岸水域污染状况日趋严重；主要湖泊富营养化趋势未得到有效控制；江面“白色污染”和农业面源污染的威胁逐步加大；上游水电站及水库建设使洄游性鱼类通道阻隔，水文过程发生显著变化；上游部分地区水土流失严重；中下游河湖连通通道被人为阻隔，湿地保护及河口生态环境问题等。

1. 上游梯级水库建设对河流连续性的影响

长江上游主要干支流正在建设大规模的梯级水电站，电站大坝不仅直接阻隔了洄游性鱼类的通道，而且由于水库调节径流，对河流生态系统有以下几方面的影响：①河水和周期性的洪水形成了河流和洪泛区栖息地，这是水生生物赖以生存的环境，由于水库调度使某种水情消失，将破坏甚至毁灭物种赖以生存的环境；②水生生物通过进化已经习惯了自然的水文和河流环境，根据自然的水循环来完成自己的生命循环，梯级水库建设使自然水循环过程改变或消失，相应的物种也会减少或消失；③许多生物在特定时间需要特定水深和流速，来完成自己的迁移（上下游迁移、上滩、进入湖泊湿地等）、生产或育肥，如果没有这样的时机，生物将很难生存和繁殖；④梯级水库建设使水情发生变化，可能不利于本地物种，而适宜外来物种，对当地物种产生严重影响。

长江上游水力资源丰富，但是近年来部分河段的水电过度、无序开发问题严重，已经影响到当地的生态平衡。由于小水电大多为引水式开发，一些小水电站在规划建设中，未考虑生态用水和下泄生态流量，缺乏相应的泄水建筑物和合理的调度方案，导致坝下出现脱、减水河段，造成河槽裸露，河床干涸，山区河流水生生态系统受到毁灭性破坏。

据21世纪初国家环境保护总局调查，四川省石棉县小水河，全长34km的河道两岸，已建和在建的水电站达17座之多，平均2km一座，结果河水被大量引走后，地表水基本断流，河床大面积干涸，部分与河段相连的山体开始出现滑坡；岷江右岸某一级支流，已建和在建的5个电站大量引水后，使60km长的河道成为时段性脱减水河段。

2. 中下游平原区生态环境问题

长江中下游平原区面积12.6万km^2，有耕地600万hm^2，人口7500万人，是我国重要的商品粮、棉、油基地，又是经济比较发达的地区。由于平原区地面高程普遍低于洪水位几米至十几米，主要依靠3600余km长江干堤和30000余km的支堤保护，防洪形势十分严峻，是长江流域洪涝灾害最集中、最严重、最频繁的地区。随着三峡工程的建成，长江中下游的防洪形势有所好转，抗御中小洪水的能力已有很大提高，但大洪水威胁依然存在。为防洪修建的堤坝工程则对河流生态环境具有很大的影响，如长江中下游修建的江堤阻断了长江干流和洪泛区之间的季节性水力联系，汛期防洪调度则主要考虑减少洪灾损失，没有考虑河流生态系统的要求，也可能对河流生态环境造成不利影响。

长江中下游平原由于地面高程普遍低于洪水位，在中下游干流河主要支流修建了上万公里的江堤进行保护。虽然这些江堤的防洪作用明显，但是由于修建江堤阻断了长江干流与洪泛区之间的季节性水力联系，也阻断了长江干流与通江湖泊之间的联系。目前长江中下游除洞庭湖和鄱阳湖与长江干流直接相通外，其他所有的湖泊都被江堤所阻断。这切断了洄游鱼类在长江干流与曾经的通江湖泊之间的洄游通道，也切断了两者之间的直接水力联系。

此外长江中下游的水质污染较为严重，特别是在一些平原支流。虽然目前长江干流水质总体仍然良好，但岸边水域已受到污染，不少支流的污染已相当严重，沿江城市几乎都面临水体污染的严重挑战，农村河网地区出现水质性缺水现象。在汉江中下游干流，“水华”事件时有发生。

长江中游枝城至城陵矶河段长约340km为著名的荆江，河道弯曲淤塞，素有“九曲回肠”之称（见图2-8）。弯曲的河道，江中多洲滩，复杂的河道地貌为水生生物提供了丰富多样的生境，也为鱼类提供了天然的栖息和繁殖的场所。长江水系不但渔产丰富，而且盛产“四大家鱼”等经济鱼类的天然鱼苗。在长江中上游干流以及湘江、汉江和赣江等支流，都有这些鱼类的产卵场。根据20世纪60年代中国科学院水生生物研究所、上海水产学院、山东海洋学院等单位的联合调查，从宜昌到城陵矶约400km江段内，分布有11个“四大家鱼”产卵场，产卵规模占全干流的43%，是长江最重要的家鱼自然繁殖区。“四大家鱼”自然繁殖的水文要求是江水温度保持在18℃以上时，连续数次洪水涨水过程的刺激。

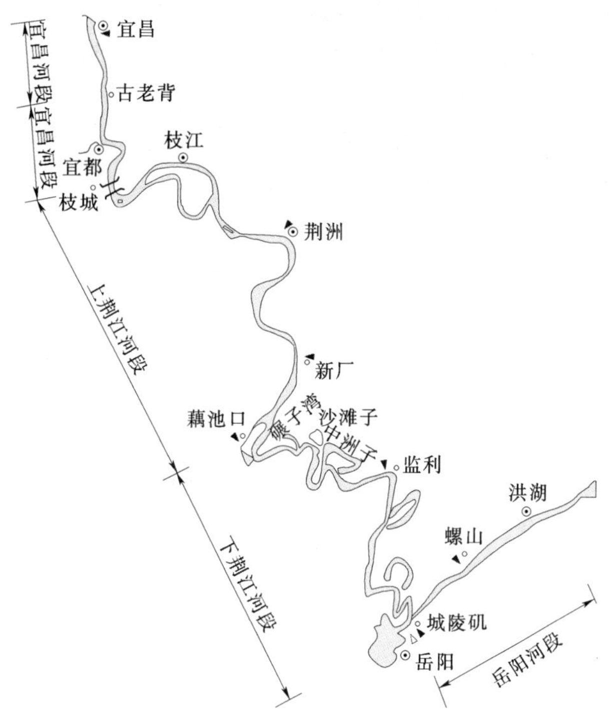

图2-8　荆江宜昌至城陵矶河段河势图

3. 河口生态环境问题

长江三角洲是沿海最重要的经济中心之一，工农业生产十分发达，长江口及其近海还是我国重要渔场。该三角洲突出的生态环境问题有以下几点：

(1) 河口及三角洲侵蚀与淤积。目前上海市有450km岸线，其中侵蚀岸线占48.4%，淤积岸线占37.9%，江苏省长江北岸也约有100多km岸线属侵蚀岸线。长江输送巨量泥沙，约50%在河口淤积，形成拦门沙和水下三角洲，使河口在继续外伸。近年来长江上游来沙量大幅度减少，三峡工程的建成运行会进一步影响长江干流来沙量，从而对河口及三角洲侵蚀与淤积产生影响。

(2) 盐水入侵与土壤盐渍化。河口段盐水入侵，一般发生在枯水期，北支较南支严重，目前北支已基本不能引水灌溉。盐水入侵给长江口两岸，特别是上海市的工农业生产和人民生活带来严重危害。1978年冬至1979年春的特枯水期，盐水入侵造成上海市44个工厂直接损失逾1400万元，间接损失难以估计。长江口沿岸盐渍化土地面积约23.3万km^2，局部地区由于盐水入侵，排水条件差，土壤盐渍化有扩大趋势。

(3) 鱼类资源衰减。长江口及其邻近海域是我国的重要渔场，由于捕捞过度和近海区污染，鱼类资源逐年减少，渔获物质量降低。

4. 中下游及河口湿地保护问题

长江中下游湖泊与河流组成了世界独特的江—湖复合型湿地，长江中下游的湿地是中国最重要的生态系统之一，具有重要的生态服务功能，同时维持着令世界瞩目的生物多样性，是世界水鸟最重要的越冬地。受围湖造田等人类活动的影响，过去几十年长江中下游的湖泊面积急剧萎缩，湿地破碎化程度加剧，生物多样性受到威胁。

长江流域水资源相对丰富，目前流域整体生态环境较为良好，但部分河流和局部地区存在问题。环境流研究及管理目标应基于维持健康河流生态环境，针对局部地区存在的生态环境问题采取相应措施，如上游规范水电站建设，加强规划与管理；中下游加强水库生态调度，保障河流湖泊湿地的生态环境，堤坝涵闸加强生态调度增加江湖连通性；河口地区需采用水资源配置和上中游梯级水库联合调度等措施解决盐水入侵问题，保护河口生态环境。

二、黄河流域

黄河是我国第二长河，流域面积 75 万 km^2，流经干旱、半干旱的西北、华北地区，跨越我国 9 个省级行政区，水资源供需矛盾和生态环境问题突出。黄河不同于其他大江大河的最大特点是：水少沙多，水沙异源，时空分布极不均匀；继而产生了下游的“地上悬河”及河口的摆动延伸等特点。这些特点无不与黄河流域的生态环境密切相关。流域水生态环境问题主要表现在：中游黄土高原的水土流失严重，河道泥沙淤积问题严重；下游河道断流，影响巨大，给下游沿黄地区工农业生产造成较大损失，对黄河防汛和河口三角洲生态环境和下游供水造成极大的不利影响；水质污染严重，水质恶化、功能退化甚至完全丧失。黄河的水生态环境目前主要存在以下几个方面的严重问题。

1. 黄河泥沙及栖息地变迁问题

黄河中游流经世界上最大的黄土覆盖区——黄土高原，黄土高原西起日月山，东至太行山，南靠秦岭，北抵阴山，海拔 800～3000m，是地球上最集中且分布面积最大的黄土区，总面积 64 万 km^2。由于黄土的特殊水土特性，极易产生水土流失，黄土高原严重的水土流失使大量的泥沙进入黄河，使黄河多年平均输沙量（陕县站）高达16 亿 t。每年约有 4 亿 t 泥沙淤积在下游河道，河床的抬高速率达每年 10cm 左右，形成了著称于世的“地上悬河”（见图 2-9），黄河下游防洪形势险峻不缓的原因就于此。大堤一旦决口将危及 12 万 km^2 的人民生命财产，严重影响社会安定及国民经济的正常发展，此外大片土地沙化也造成长期的生态环境问题。水沙输送是黄河健康的重要因素，在水沙输送和能量传递过程中，河床和河口形态及生物栖息地在水沙作用下不断发生调整，因此保证不同河段必要的输沙水量是黄河环境流最突出的问题。

根据 20 世纪 50、80 年代和 21 世纪黄河干流渔业资源调查结果表明，黄河干流生物群落结构表现出“生物结构简单、生物的种和量都较少”的显著特点。上游的浮游植物以硅藻为主，浮游动物以桡足类和轮虫为主；中游浮游植物以硅藻和绿藻为主，浮游动物很少；下游浮游植物以硅藻、甲藻和绿藻为主。浮游动物量多于上中游。黄河干流的底栖动物也以中游生物量较低，下游生物量较高，但总体上低于普通河流。黄河共有鱼类 191 种

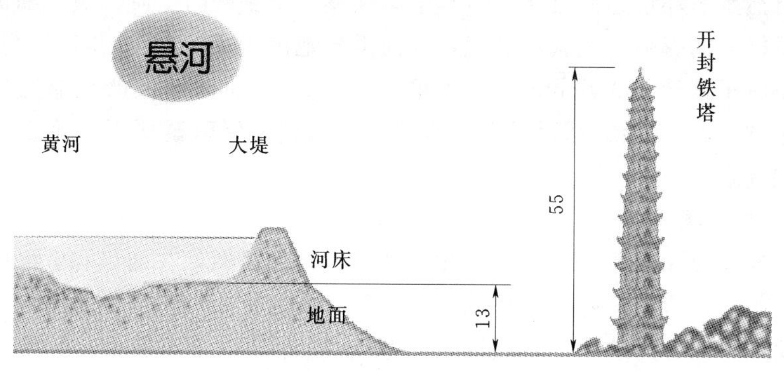

图 2-9　黄河下游的地上悬河（单位：m）

和亚种，隶属于 15 个目，32 个科，116 属。其种类组成以鲤科鱼类为主计 87 种，其次为鳅科鱼类计 27 种，缎虎鱼科 l5 种，银鱼科 8 种，其余各科种数都很有限。其中过河口性洄游鱼类 27 种，半咸水鱼类 23 种，淡水鱼类 141 种。鱼类分布在上游地区最少计 16 种，中游次之计 93 种，下游最多计 136 种。上游鱼类以裂腹鱼亚科和埘亚科、雅罗鱼亚科及条鳅亚科的鱼类为主，中游、下游鱼类大体相似，都是以鲤科鱼类为主，但甘肃干流中有较多的条鳅亚科和裂腹鱼亚科的鱼类。总体上，黄河干流生态系统生物资源比较贫乏，生态系统结构脆弱。21 世纪以来，受水质污染、水量减少及水利工程的影响，鱼的种类和数量减少的趋势非常明显，很多乡土或特有的鱼种已经多年没有发现，如北方铜鱼以前在黄河上中下游均有分布，但目前已难觅踪迹。

2. 黄河断流问题

黄河流域大部分属于干旱、半干旱的大陆性气候区，与南方河流相比，其水资源相对较少。因此水资源不足，且年内分配不均匀，年际变化大。流域多年平均降水量仅 476mm，径流的补给主要靠降水。目前流域内人口众多，农业发达，灌溉用水需求很大，水资源供求矛盾十分突出，最终导致黄河干流断流现象出现。黄河频繁的季节性断流始于 20 世纪 70 年代之初，从 1972 年山东利津断面断流开始，至 20 世纪末已有 19 年断流，累计断流 57 次，进入 20 世纪 90 年代之后，断流现象更为严重。从断流天数看，黄河断流的天数逐年增多，1972 年首次断流仅历时 15 天，1996 年断流 136 天，1997 年黄河断流 181 天；从断流河段看，黄河断流河道向上游延伸，断流河段逐年增大，1972 年断流仅产生于山东利津的下游，1995 年断流上溯至河南开封附近，断流 683km。20 世纪末以来，通过水量统一调度和管理，才保证不出现断流，但不断流的最低流量仍然很低。黄河断流引起河道萎缩，原来输入海洋的大量泥沙只能在沿岸地区沉积，由此抬高河床，不利于汛期洪水下泄，容易诱发更大的洪涝灾害。干涸河道中泥沙的骤然增多使河道潜在地有演变成一条巨大沙带的可能，久而久之，昔日黄河故道风沙弥漫的悲剧就可能会重现，沿岸土地缺乏水源保护，土地沙化、荒漠化的可能性增大。黄河季节性断流后，黄河三角洲地区缺乏足够的泥沙沉积使黄河三角洲海岸线变为以净蚀退为主，造成海岸后退。在河口地区，由于地表淡水补给减少和地下淡水用水量增加，地下水位下降，海水倒灌，咸水入侵，水质恶化，土壤盐碱化速度加快，生物种群多样化将丧失。总之，黄河断流会使黄河下游地区的自然生态环境趋向恶化，生态平衡失调，土壤肥力下降。黄河断流对沿岸人类活动也造成了极大的影响，因黄河断流，黄河下游地区1972～1996年每年平均损失14亿元以上，受旱农田累计500万hm^2，减少粮食100亿t，黄河断流严重地扰乱了沿岸人民的生活，山东省境内10余万居民长期供水不足。因此，保障黄河不断流成为黄河环境流问题的重要问题之一。

3. 河口生态问题

黄河每年向海洋输入巨量的淡水、泥沙和各种营养盐类，在河口和近海区形成了适宜于海洋生物生长、发育的良好生态环境，黄河口水域是重要的河口生态系统，是黄渤海渔业生物的主要产卵场、孵幼场、索饵场。20世纪70年代以来，由于陆源排污量的增多和黄河入海水量减少等原因，该海域环境质量下降，导致了经济海洋生物产卵场消失，渔业资源遭到破坏，底栖生物多样性急剧减少，海洋生态环境严重恶化。黄河来水来沙是黄河口湿地植被和生物生存的基础，水沙过程变异将影响湿地植被的发育和生长，同时危及湿地内各种软体动物、浮游生物以及鱼类的生长，从而间接切断了珍稀鸟类的食物来源。随着来水来沙的剧烈减少，河海动力的对比发生变化，海水沿尾闾河道长距离倒灌，尾闾河道两岸土壤严重返盐，地下水含盐量明显增大，原来茂密的中、轻度耐盐植被逐渐被稀疏的高度耐盐植被取代，许多地方由于含盐量较高成为了寸草不生的裸地。为保护河口生态环境，目前建有黄河三角洲国家级自然保护区，面积15.3万hm^2，为联合国环境署重点保护的全球13处湿地之一。近几年来，采取黄河输水输沙试验，保持黄河不断流，以及黄河三角洲自然保护区实施的湿地恢复工程，修筑围堤补充淡水、蓄积雨水等措施，使濒临退化的黄河口湿地得以逐渐恢复。

黄河流域的水资源相对较少，供需矛盾很大，生态环境问题十分突出，环境流研究及管理目标在于采取措施解决目前存在的严重问题。黄河水利委员会根据“维持黄河健康生命”的治河理念，将其作为黄河治理开发与管理的终极目标，形成了“一个终极目标”、“四个不”、“九条治理途径”和“三条黄河”的系统理论框架，即“1493”理论框架。该理论框架将“四个不”作为黄河健康生命的标志，即堤防不决口、河道不断流、水质不超标、河床不抬高；通过“九条治理途径”使黄河达到“四个不”的目标，即减少入黄泥沙的措施建设、流域及相关地区水资源利用的有效管理、增加黄河水资源量的外流域调水方案研究、黄河水沙调控体系建设、制定黄河下游河道科学合理的治理方略、使下游河道主槽不萎缩的水量及其过程塑造、满足降低污径比使污染不超标的水量补充要求、治理黄河河口以尽量减少其对下游河道的反馈影响、黄河三角洲生态系统的良性维持，这是黄河环境流的正确管理思路和发展方向。

三、海河流域

海河流域位于我国华北地区，流经8个省（自治区、直辖市），流域面积31.8万km^2，流域内拥有北京、天津等重要城市，是我国重要的政治经济区，还有山西等能源基地，在我国国民经济中占有重要地位。海河是我国七大流域中水资源量最少的，人均水资源量仅$300m^3$。长期以来，为满足经济社会发展，水资源过度开发、超载运行，使海河流域的水生态系统和环境日益恶化。洪涝灾害与水资源严重不足是本流域的两大问题；土地盐碱化也较为严重；水体污染严重，生态环境恶化，大部分河流枯季干枯，河道内鱼虾绝迹；地下水超采严重，水位下降地面沉降相当严重。

1. 河道断流问题

海河流域的水资源严重短缺，20 世纪 50 年代以来，由于人口增加及经济快速发展，海河流域对水资源的开发利用程度逐步提高，流域由丰水变为缺水，与其他六大流域相比水资源量减少最为明显。海河流域多年平均水资源总量为 372 亿 m^3，1985～1998 年平均年供水量达到 301 亿 m^3，目前已超过 400 亿 m^3，水资源开发利用率 95%以上，其中地表水开发利用率在 70%以上，远远超过国际公认的合理开发程度 30%、极限开发程度 40%的标准。20 世纪 60 年代中期以来，由于流域地表水被大量的开发利用，中下游河道失去了有源之水，相继枯竭断流，除北部的滦河常年有水外，4000 多 km 平原河道已全部成为季节性河流，其中断流 300 天以上的占 65.3%，有的河道甚至全年断流。永定河自 1965 年以来连续断流，一条大河波浪宽的情景已成为人们美好的回忆。河道的干涸使水生动植物失去了生存的条件，大量的水生物种灭绝；破坏了水的自然循环系统，失去了补给地下水、输沙、排盐等作用；还丧失了河道航运、景观等功能。由于地表水资源量严重不足，流域内大量开采地下水，使地下水过量开采，部分地区已经枯竭。目前全流域地下水超采范围已近 9 万 km^2，占平原面积的 70%。由于深层地下水过量开采，引起地面下沉。天津市区最大点沉降已达 3m 左右，其中塘沽区已有 8km^2 沉降到海平面以下。海河干流堤防平均沉降 1m 左右，防洪标准大大降低。沉降还引发了地裂和地面塌陷等生态地质灾害。

永定河是海河水系最大的一条河流，在北京市境内长达 170km，被誉为北京市的母亲河。1954 年官厅水库修建后，彻底拦住了永定河上游的来水，三家店以下的永定河河道常年干涸，自 1956 年 8 月官厅山峡产生一次暴雨洪水后，50 年来河床常年裸露，已成为北京的风沙源。河道植被以及自然和生态环境极度恶化（见图 2－10）。

图 2－10　干涸的永定河

2. 入海水量减少问题

由于流域内工农业用水大量地消耗河流水量，很多河道甚至出现断流，使海河的入海水量逐年减少，20 世纪 50～90 年代，年均入海水量依次为 163.8 亿 m^3、101.8 亿 m^3、59.1 亿 m^3、11.2 亿 m^3、26.9 亿 m^3，80 年代最少。从 1980～1998 年，海河年均入海水量为 18.5 亿 m^3，其中海河南系仅 5.8 亿 m^3，入海水量则主要是污水和汛期洪水，海河流域的水生生态系统已由开放型向封闭型和内陆型方向转化。入海淡水量的多少，直接影响河口与近岸海域生态系统的生存环境。由于水资源短缺，每年 4～6 月海河已基本无淡水入海，使近海盐度增高，不适合经济鱼类产卵、孵化、幼体生长及成鱼索饵，因此无渔汛发生，而汛期入海淡水带来的大量营养物又使赤潮频繁发生。由于入海水量减少，海河河口水生生物减少，甚至海洋生物大量灭绝，如大黄鱼和蟹类等已基本消失。同时，河口因入海水量过少，常年淤积致使河道行洪能力下降，涝年易成灾。随着入海径流的减少，入海沙量也锐减，使河口三角洲海岸岸滩侵蚀后退，具有重要生态功能的滨海湿地大面积丧失和滩涂资源减少。

近岸海域不同海洋生物对盐度的要求不同，河口主要为半咸水动物，对盐度的适应范围在 5‰～30‰之间。鱼虾幼体在初期发育的浮游期对自然环境的适应性很差，尤其是产卵盛期和鱼类早期生命发育阶段的胚胎和仔鱼阶段，盐度升高将严重破坏产卵场环境，造成鱼虾幼体大量死亡，影响种群资源的延续。在每年 4～6 月经济鱼类洄游，产卵孵化和幼鱼生长、肥育期需要保证一定量的入海淡水。天津市环保局于“七五”期间对近岸生物监测及水产资源情况进行了调查的结果表明小黄鱼、对虾、毛虾的产卵、肥育条件为：小黄鱼产卵在盐度 26‰～30‰，温度 18～24℃；对虾产卵在盐度 25.3‰～29.1‰，温度 12～16℃；毛虾产卵在盐度 25.8‰～29.5‰，温度12～16℃，其产卵与肥育条件与季节和入海径流密切相关，小黄鱼、对虾、毛虾产量与入海径流呈正相关的关系，产量随着入海径流的减少而下降。

3. 湿地萎缩问题

由于水资源开发利用过度、上游水库建设和近年来降水减少等原因，海河流域湿地大面积消失。海河流域的湿地面积已由 20 世纪 50 年代的近 1 万 km^2 降至目前的 1000 多 km^2，减少了 5/6。20 世纪 50 年代初，天然湿地在海河平原广泛分布，白洋淀、衡水湖、七里海、大港、永年洼等湖泊湿地，基本形成了白洋淀—文安洼等三大洼淀群。地处“九河下梢”的天津市，当年湖泊密布、湿地连片，湿地面积占总面积的 40%，如今湿地仅占总面积的 7%。流域内 194 个万亩以上天然湖泊、洼淀现已大多干涸。“华北明珠”白洋淀，自 20 世纪 60 年代以来出现 7 次干淀，干淀时间最长的一次是 1984～1988 年连续 5 年，为了避免消亡，从 1992 年开始从上游调水 12 次，靠人工补水维持着生命。作为“地球之肾”，湿地的萎缩大大降低了其调节气候、调蓄洪水、净化水体、提供野生动植物栖息地和作为生物基因库的功能。

4. 水污染问题

海河流域内河流纵横交错，污染源复杂，上游地区大量未经处理的工业污水、城市生活污水以及汛期农业排水直接进入河流、湖泊和水库，最终从下游平原地区的渤海湾沿岸入海，不仅污染了河流，同时对渤海也造成了不同程度水污染。目前，海河流域水污染已由20年前的局部河段发展到现在的全流域，由下游蔓延到中上游，由城市扩散到农村，由地表侵入地下。另外，由于常年干旱，上游地区的淡水资源被截流，致使下游主要河流全年大部分时间无来水补充，形成河道式水库，航运功能完全丧失，河湖水系的水环境容量和自净能力大幅度下降。同时下游地区的大量污水排放又使污染加剧，导致下游平原地区水环境日趋恶化，多数水体水质均劣于Ⅴ类水。永定河水系、子牙河水系、漳卫南运河水系和徒骇马颊河水系水质污染比较严重，污染类型以COD、N和P的有机营养盐污染为主。海河流域平原区水体功能不断下降，加上湖泊、湿地面积不断减少和消失，海岸带湿地系统严重退化，使各类物种栖息环境受到严重破坏，生物多样性减少。此外，污染物入海还使渤海近海5～10km的海域受到严重污染，污染指标超过规定的Ⅲ类水标准数倍至数十倍，渤海赤潮时有发生。

与黄河流域相比，海河流域的水资源短缺更为严重，生态环境问题更为突出，流域内很多河流出现断流，甚至全年干涸的情况。海河流域环境流研究和管理目标应该基于目前严峻的现状采取水资源综合管理措施，结合跨流域调水进行水资源的合理配置和使用，并进行水污染控制和生态修复工作，环境流管理则以能满足流域内河流湖泊湿地的最小生态环境需要为目标。

四、珠江流域

珠江是我国南方的一条大河，跨越南方6个省（自治区），以及香港、澳门两个特别行政区，流域面积45.37万km^2，其中我国境内面积44.21万km^2。流域水资源丰富，珠江三角洲有香港、广州等重要城市，是我国又一个重要的经济区。与长江等南方河流类似，由于流域水资源相对丰富，河道内外用水矛盾问题尚不突出。流域水生态环境主要表现在：水环境总体良好，但部分地区水质污染严重，水污染形势严峻，珠江水污染呈现两头重中稍轻的马鞍形；城市水源危机严重，大多数城市属于水质性缺水；上游水土流失及石漠化现象严重；河流生物多样性下降；珠江三角洲频受咸潮威胁。

1. 珠江三角洲咸潮入侵影响问题

咸潮是指海水从各口门侵入河道，使河水咸度超过供水水源咸度上限250mg/L，咸潮灾害一般在枯季大潮期间发生，珠江口每年都会发生不同程度的咸潮现象。从1999年开始有报道广州水源受咸潮入侵影响以来，冬季咸潮灾害频繁侵袭珠江三角洲的河口地区，给区域内居民生活用水和工农业生产带来不同程度影响，造成巨大的经济损失，破坏了河口生态环境，每年枯水期导致1500万人饮水困难。正常情况下，由于河流带来泥沙的不断淤积，珠江三角洲及河口都会向外海淤长，咸潮也会随之向外海推移，但自珠江三角洲经济快速发展和地区城市化以来，咸潮在枯季的活动范围已经向陆地“反向”迁移，咸潮活动范围比以前上推了约15～20km。2004年9月中旬咸潮便早早地侵袭到广州市番禺区的海鸥岛（距珠江虎门河口上游约20km），10月大潮期间测到最大盐度高达1.08%，已大大超过盐度0.3%的灌溉用水的盐度标准，往常这种盐度的咸水在这个季节一般只在虎门外的伶仃洋中活动。在珠江主要泄洪的磨刀门水道，在距河口上游约50km的中山市全禄水厂，2004年10月8日测到最高咸度达900mg/L，2004年初曾测到3500mg/L的咸度。随着经济社会快速发展，用水量不断增长，珠江三角洲地区水资源供需矛盾日渐突出，冬春枯水季节供水形势日趋严峻。受用水不断增长、流域持续偏枯、河道变化加速等因素的共同影响，珠江河口地区咸潮上溯加剧，对珠江三角洲地区人民群众的饮水安全构成极大威胁。香港、澳门、广州、珠海、中山和东莞等珠三角城市受珠江口咸潮上溯影响，冬春季节用水频频告急，各城市不同程度的停水，使部分企业停产，居民被迫饮用严重超标的自来水。

珠江水系的几条干流——西江、北江和东江，以及增江、流溪河和潭江，到了下游相互沟通，呈8条放射状排列的分流水道流入南海。入海口门从东向西有虎门、蕉门、洪奇沥、横门、磨刀门、鸡啼门、虎跳门和崖门。珠江口由于淡水径流量小、河口较宽，潮水比较容易进入，由于八门入海，珠江口的咸潮入侵规律比较复杂（见图2-11）。

图2-11 珠江口八门入海

2. 水污染问题

随着经济社会的快速发展，珠江流域的水环境问题日益突出，水污染形势严峻。广东是珠江流域经济最发达的省份，也是对珠江排污最多的省份。广东的GDP占到珠江流域总GDP的79.64%，进入广东的河流基本达到了Ⅲ类以上的水质，但进入珠江三角洲后，部分河流水质劣于Ⅴ类。珠江上游的广西、贵州和云南都是少数民族集中、经济欠发达地区，地方政府迫切希望发展经济，尤其是发展可以快速增加财政收入的工业经济，包括一些高耗水的钢铁、化工和电力行业，而受地形地貌限制和考虑取排水方便，这些省区的城市群和工业园区几乎都规划在珠江沿岸。珠三角对高能耗、高污染企业的限制与贵州、云南和广西等地发展经济的渴望，使一些污染企业从珠江下游顺利转移到了上游，工业废污水沿江而下，危害更大。2008 年珠江废污水排放在全国七大江河流域中仅次于长江流域，光广东省废污水排放总量就达 120.6 亿 t，致使 27.3%的河段水质超过Ⅲ类水标准，其中珠江三角洲 55.2%的河段水质劣于Ⅲ类水，20.1%的河段水质为劣Ⅴ类水，严重影响到城乡生产、生活饮用水安全。水质型缺水不仅在珠江三角洲加剧，而且在上中游北盘江、红水河也因水污染不断引发区域间的水事纠纷。

3. 水电开发缺乏统一规划

珠江流域内的水库多数分布在上游，主要功能为发电、灌溉，而且都有自身的供水对象。上游以发电为主要功能的水库在枯水期主要按照电网的要求进行调度，难以兼顾下游用水需求及河道生态环境需水。珠江上游天生桥、南盘江平班、红水河岩滩等水库都在枯水期蓄水，加上近几年连续干旱，上游水库下泄量越来越少，流域局部地区生态环境不断恶化。

与长江流域类似，由于水资源相对丰富，目前珠江流域整体生态环境较为良好。环境流研究及管理目标应基于维护健康河流生态环境，并针对局部地区的生态环境问题采取相应措施，如针对河口咸潮入侵采取上游水库联合调度增加下泄流量的“压咸补淡”措施。

五、淮河流域

淮河流域跨越我国中部 5 省，流域面积 27 万 km^2，流域总人口为 1.65 亿，平均人口密度为 611 人/km^2，是全国平均人口密度的 4.8 倍，居各大江大河流域人口密度之首。淮河流域是一个缺水地区，流域水生态环境问题主要表现在：水质污染严重，恶化趋势尚未得到有效遏制；地下水超采严重，且受到污染；水旱灾害频繁发生。

1. 水污染问题严重

由于淮河流域产业结构和布局不尽合理，企业规模小、生产力水平低、技术落后、污水处理难度大，使得淮河成为我国污染最严重的河流之一（见图 2-12）。淮河流域水质状况变化趋势不容乐观，根据近年来完成的全国河流水质评价，淮河 13706km 评价河长中Ⅰ～Ⅲ类水体比例仅为 26.3%，水质排在全国七大流域中的末位，超标河长达到 73.7%，Ⅴ类和劣Ⅴ类水质河长占 55%以上。淮河流域众多城市因地表水水质严重污染，城市用水不得不抽取地下水，淮河干流不时出现严重的污染团下泄，水体污染加重了水资源短缺和生态危机。20 世纪 90 年代以来淮河污染问题非常突出，淮河是我国第一条进行水污染综合整治的大河，1995 年国务院颁布了《淮河流域水污染防治暂行条例》。经过多年的治理，淮河流域水污染恶化的势头已得到初步控制，但是目前水污染形势仍然严峻，仍属于中度污染的河流。此外，由于地面水污染进而使地下水受到污染。据河南省 17 个城市的水质监测井监测结果表明不符合饮用水标准的占 50%；另据许昌、阜阳、菏泽等 10 城市统计，其地下水超采量为 37948 万 m^3，漏斗区最大埋深 60～65m，地下水位下降势必进一步加剧地下水污染。

2006 年 4 月下旬，淮河流域水资源保护局等单位组织并实施了淮河流域典型闸坝水生态调查，共查勘了 22 个闸坝和 29 个采样断面。根据调查结果，共有浮游植物 6 门，54 属；浮游动物经鉴定有 47 属，底栖生物 19 种。通过采用生物学指数与水生物指示环境结合的方法评价水体污染程度、生态系统稳定性与河流/水库的健康程度的评价结果为：颍

图 2-12　淮河的水污染

河中下游地区与沭河中下游地区水生态系统脆弱，河流多处于病态；涡河部分河段水生态系统不稳定，河流不健康；其余河流相对较好，河流域水生态质量西高东低，南高北低。

2. 水旱灾害频繁

淮河是我国南北之间的自然地理分界线，南北冷暖气团经常在此交汇、相持，大气环流极不稳定降水变差系数大，夏半年极易形成暴雨，冬半年又常干旱。自 12 世纪黄河开始南泛夺淮入海后，淮河日益变成一条多灾多难的河流，素有“大雨大灾、小雨小灾、无雨旱灾”之说。通过建国 60 年来的整治，淮河流域的水旱灾害得到了明显缓解，但隐患并没有根除。防洪、排涝、抗旱能力仍然较低。近 70％耕地不同程度地受到洪水威胁，淮河中游干流沿岸相当部分农田靠近或本身就是行、蓄洪区。为了防御洪水灾害，淮河流域修建了大量闸坝水利工程。闸坝建设在流域防洪、农业灌溉和供水等方面发挥了巨大效益。但是，经济建设过程中排污负荷控制的问题、闸坝工程的调度问题与水环境修复及保护之间的协调与矛盾问题十分突出。

淮河流域的生态环境问题十分突出，其主要表现在水污染问题十分严重。其环境流研究及管理目标应针对流域水污染严重的主要问题，采取控制排污，控制颍河、涡河上游污染物的排放；枯水期加大淮干以南及上游山区水库的下泄流量，保持河道畅通和一定的流速，提高水体自净能力；并合理进行闸坝工程的调度，协调好防洪与治污之间的关系，修复水环境。

六、松辽流域

松辽流域泛指东北地区，行政区划包括辽宁、吉林、黑龙江三省和内蒙古自治区东部的四盟（市）及河北省承德市的一部分，流域总面积 123.80 万 km^2。松辽流域位于我国东北地区，是我国的重工业基地，也是我国北方缺水地区。流域水生态环境问题主要表现在：湿地大幅度萎缩退化，生态功能严重衰退；水污染严重，水质呈恶化趋势；部分地区水土流失严重等。

1. 湿地大幅度萎缩退化，生态功能严重衰退

松辽流域是我国湿地的重要分布区，主要分布在三江平原、松嫩平原、辽河下游平原和滨海地区、呼伦贝尔高原、大小兴安岭、长白山区。湿地是松辽流域重要的生态屏障，在东北地区发挥了重要的生态环境功能：涵养水源，调蓄洪水，防止水土流失和净化水质，调节区域气候，维持生物多样性等。但新中国成立以来，由于大规模的农业开垦，流域内湿地面积锐减，加上水利工程建设等的影响，湿地景观丧失，破碎化严重。例如三江平原建国初期天然湿地面积约 534.5 万 hm^2，占平原总面积的 80.2%，60 多年来，由于大量移民相继涌入，该地区人口增长了 5 倍以上，大规模的农业开垦使湿地面积急剧萎缩。三江平原典型流域的研究表明，从 20 世纪 50 年代开始，湿地明显受到人类活动干扰，60 年代和 80 年代尤为明显。由于大规模开荒的基本上是天然的草甸湿地、沼泽化草甸湿地和沼泽湿地，导致三江平原湿地面积减少到 1994 年的 148.2 万 hm^2，目前则仅为 94.7 万 hm^2，大约丧失 80%。松嫩平原湿地也呈现明显萎缩态势，大面积的洪泛平原和内陆盐沼湿地被疏干用于发展农业和畜牧业。大规模的湿地农业开发从整体上直接改变了区域生态系统的自然属性，自然湿地景观演变成人工农田景观，残留的自然湿地景观破碎化程度高，适合野生动植物生存的自然生境急剧缩小，致使野生动植物种群数量减少，越来越多的生物物种，特别是珍稀物种因失去生存空间而逐渐处于濒危或灭绝状态，区域生物多样性急剧下降。流域湿地面积的减少还极大地削弱了湿地的水文和气候等环境调控功能，致使流域旱涝灾害增加，如嫩江流域 1998 年的大洪水。大规模的湿地农业开发导致流域“自然水空间”大幅度萎缩，同时也消耗了大量的地表水和潜层地下水资源，湿地涵养水源、补给区域地下水的功能急剧下降。松辽流域湿地所具有的抵御洪水、调节径流、蓄洪抗旱、调节气候、防止水土流失和净化水质以及维持生物多样性等方面的生态功能严重衰退。

扎龙自然保护区位于黑龙江省松嫩平原，乌裕尔河下游齐齐哈尔市东南的低洼地带，包括铁锋区、昂昂溪区、富裕县、泰来县、林甸县、杜尔伯特蒙古族自治县的交界地域，总面积 2100km^2。扎龙湿地具有明显的调节河川径流、净化湿地水体和调节局地气候功能，还是生物资源宝库。全世界有 15 种鹤，中国有 9 种，而在扎龙就有 6 种，以鹤类为主的生物多样性十分丰富。1996 年曾发现丹顶鹤 346 只、白鹤 404 只。大鸨作为国家一级保护动物在扎龙湿地也有繁殖的记录，扎龙湿地已被列入《国际重要湿地名录》。通过赵峰等人对扎龙湿地天然状态下与目前受控状态下水量平衡计算所得数据的分析，由于大面积开发水田，仅靠乌裕尔河和双阳河加上大气降水等来水量已无法满足湿地对水量的要求，需要从嫩江向扎龙湿地补水。

2. 流域水质污染严重，城市河段尤其突出

松辽流域的水污染问题相当严重。辽河流域是我国水污染最为严重的流域之一，70%以上断面为劣Ⅴ类，基本丧失环境功能。松花江流域河流水质超标率枯水期为 87.5%，平水期为 68.8%，丰水期为 75.0%。2004 年，松辽流域水质评价总河长中，四类以上(包括Ⅳ类、Ⅴ类、劣Ⅴ类）水质占 63%。2005 年，辽宁省 6 条主要河流中，除鸭绿江为

Ⅱ类水质外，浑河、太子河、辽河、大辽河、大凌河均为劣Ⅴ类水质，在36个省控干流断面中劣Ⅴ类水质的断面占69.4%。吉林省2004年监测数据也显示，16条主要江河的63个水质断面中好于Ⅲ类水体的占33.4%，Ⅳ类水体占20.6%，Ⅴ类和劣Ⅴ类水体占46%，其中辽河流域Ⅴ类和劣Ⅴ类水体占76.9%，松花江流域Ⅴ类和劣Ⅴ类水体占40%。东北地区污染性行业大多集中布局在城市密集区，使得城市河段污染突出。辽宁省的资料表明，浑河流经抚顺、沈阳两市后，水质由Ⅱ类恶化到劣Ⅴ类；太子河流经本溪、鞍山两市后，水质由Ⅳ类恶化到劣Ⅴ类；大凌河流经朝阳、锦州后，水质由Ⅱ类恶化到Ⅴ类，且多项指标超过Ⅴ类水质标准。

因此，松辽流域环境流研究及管理目标应为有效遏制水生态环境恶化，加强水资源保护，实施湿地应急补水，保护和修复流域水生态环境，特别是湿地生态环境。

七、西北内陆河地区

西北内陆河地区是指除黄河流域外的西北地区，土地面积337万km^2，约为全国的35%，是一个干旱缺水的地区，水资源总量仅占全国的5%。西北地区的生态环境在长期历史演变中出现种种问题，如干旱缺水、河湖干涸、水土流失、植被退化等，主要危机综合表现为土地荒漠化。在西北干旱区，由于干旱多风和疏松砂质土壤表层结构等自然因素，在水土资源过度开发利用的人类作用下，土地沙漠化十分活跃，现代沙漠化发展迅速，尤其是流域人工绿洲相对集中而高效的流域中游地区，土地沙漠化十分严重。

1. 河道干涸、湖泊萎缩、湿地消失

西北地区降水量小，径流主要由高山融雪补充，水资源贫乏，属于干旱区。由于人口增长过快，用水严重失控，西北内陆河地区现有人口是新中国成立初期的近3倍，耕地从121万hm^2增加到409万hm^2；年用水量由160多亿m^3增加到460亿m^3。为了供养不断增长的人口，大量拦截地表水，开拓新绿洲、扩大灌溉面积，造成下游地区植被枯萎、河道干涸、湿地消失。水资源的无序利用打破了内陆河地区水资源原有的天然平衡，下游地区发生灾难性劣变，造成末端湖泊萎缩，地下水位下降，河谷林与河道两岸自然植被衰败，严重破坏了流域的生态平衡。西北内陆河地区的多数平原湖泊属终端潴水入流而成的封闭式湖泊，流域水文情势的变化导致尾闾湖泊水生态环境发生变化。石羊河的尾闾由历史上浩瀚的潴野泽逐步演变为120km^2水面的青土湖，并于1952年干涸；黑河下游的东、西居延海以及疏勒河下游的哈拉诺尔等湖泊也都先后干涸；西北最大的淡水湖泊——新疆的艾比湖水面已从20世纪50年代的1200km^2萎缩到现在的500km^2；博斯腾湖水面减少120km^2，水位降低了3.54m；青藏高原有30%以上的湖泊干化成盐湖或干盐湖；准噶尔盆地的玛纳斯湖原水面550km^2，20世纪60年代初期干涸；台特玛湖原有水面面积88km^2，1972年干涸；罗布泊[1]在1962年还有水面面积660km^2，1972年干涸。西北内陆河地区水资源通过自身的循环和转化决定着环境状况和环境质量，随着河流湖泊的萎缩，

[1] 罗布泊曾是一个巨大的湖泊，历史上最大面积曾达5350km^2，1931年为1900km^2，1962年还有660km^2，1972年则完全干涸。罗布泊的消失，使罗布泊地区形成了死亡之海——戈壁沙漠，神秘的楼兰古国也消失在茫茫的历史记忆里。

直接导致绿洲因缺水而萎缩，造成荒漠化。此外，人工绿洲面积扩大则导致荒漠—绿洲过渡交错带面积缩小。20 世纪 70 年代以来，西北内陆河地区人工绿洲累计增加 1.53 万 km^2，增长 23%；天然绿洲面积则减少了 9%，而绿洲和荒漠之间的交错过渡带严重退化，累计减少 4.44 万 km^2，萎缩了 14%，荒漠化面积扩大了 5%。塔里木河流域中下游，1958～1993 年流动沙丘面积从占土地面积的 44.34%上升为 64.47%，强度和极强度沙漠化土地增加了 3.12%和 3.56%；黑河流域下游自 20 世纪 60 年代以来沙漠化从 5%上升为 6.8%。西北水土资源开发引起的植被衰退与土地沙漠化等生态环境问题是加剧沙尘暴发生与发展的主要原因。

2. 水质恶化

20 世纪 80 年代后，随着人类活动的加剧，大量废污水排入水体，水污染范围不断扩大，不合理使用农药、化肥，造成水生态系统破坏。石羊河、疏勒河等主要河段，已经受到严重污染，部分河段不能满足农业灌溉用水标准要求，有的已经成为黑臭河段，水质已属于Ⅴ类或劣Ⅴ类。黑河高崖、正义峡两断面水质污染较重，水质达Ⅳ～Ⅴ类。塔里木河干流上中游河道水质除 8 月矿化度小于 1.0g/L 外，其他月一般大于 1.0g/L。博斯腾湖由于上游灌区含盐退水不断入湖，仅仅 10 多年湖水矿化度上升 6 倍。内陆河下游土壤次生盐渍化、地质成化和工农业污染等问题越来越严重。

因此，西北内陆河地区环境流研究及管理目标应为维持河流基本生态流量，保证河流，特别是下游干流不断流，并向尾闾湖泊补充水量，以维持当地脆弱的生态环境，避免土地荒漠化。

第三节 小 结

我国河流众多，所处自然地带、地貌类型、岩石类型、植被类型和土壤类型异常丰富多样，河流形态、水文特征、生态环境，受人类活动的影响也千差万别。不同的河流受气候等自然因素与人类活动影响的不同，表现出不同的生态环境问题，表现出强烈的地带性分布特征。我国的河流除水质污染外，河道外用水使河道内径流量显著减少甚至断流，水库建设使河流连续性破坏、水文特性发生明显改变引起的生态环境问题是我国目前所面临的主要环境流问题。从各流域所呈现出来的问题来看，总体上南方好于北方，湿润地区好于干旱区，经济相对落后地区好于发达地区。环境流研究应结合我国河流的地带性分布特征、河流所面临的生态环境问题和水资源管理体制现状对河流分区分类，根据不同的河流类型及其所存在的生态环境问题采用不同的环境流计算方法和相应的环境流管理措施。

参 考 文 献

[1] 汤奇成，熊怡. 中国河流水文［M］. 北京：科学出版社，1998.

[2] 全国水资源综合规划编制工作领导小组办公室. 全国水资源综合规划编制工作文件. 2002.

[3] 成建国. 水资源规划与水政水资源管理务实全书［M］. 北京：中国环境科学出版社，2001.

[4] 长江水利委员会长江科学院. 三峡水库蓄水运用后生态径流调度措施研究报告［R］. 2008.

[5] 蒋晓辉，刘晓燕，张曙光，蔡庆华. 黄河干流水生态系统关键物种的识别［J］. 人民黄河，2005，27（10）：1-3.

[6] 纪大伟. 黄河口及邻近海域生态环境状况与影响因素研究 [D]. 青岛：中国海洋大学，2006.
[7] 姚勤农. 海河流域水资源和水生态环境问题刍议 [J]. 海河水利，2003 (6)：26-28.
[8] 龚秀英. 试谈永定河水系存在问题及建议 [J]. 北京水利，2005 (1)：11-13.
[9] 郑建平，王芳，华祖林，褚君达. 海河河口生态需水量研究 [J]. 河海大学学报（自然科学版），2005，33 (5)：518-521.
[10] 王明娜，秦大庸，尤嘉，鲁帆. 天津河口鱼类洄游产卵期最小需水量研究 [J]. 水利学报，2010，41 (9)：1108-1113.
[11] 孙志高，刘景双，李彬. 中国湿地资源的现状、问题与可持续利用对策 [J]. 干旱区资源与环境，2006，20 (2)：83-88.
[12] 吴光红，刘德文，丛黎明. 海河流域水资源与水环境管理 [J]. 水资源保护，2007，23 (6)：80-83，88.
[13] 罗宪林，季荣耀，杨利兵. 珠江三角洲咸潮灾害主因分析 [J]. 自然灾害学报，2006，15 (6)：146-148.
[14] 赵长森，夏军，王纲胜，晏维金，等. 淮河流域水生态环境现状评价与分析 [J]. 环境工程学报，2008，2 (12)：1698-1904.
[15] 赵峰，林学钰，张树军，杨意明. 扎龙湿地需水量分析 [J]. 东北师大学报自然科学版，2005，37 (2)：101-104.
[16] 刘文新，张平宇，马延吉. 东北地区生态环境态势及其可持续发展对策 [J]. 生态环境，2007，16 (2)：709-713.
[17] 郑利民，姜丙州，郭卫新. 对西北内陆河地区可持续发展问题的思考 [J]. 人民黄河，2006，28 (12)：1-3.

第三章　中国环境流确定方法

河流湖泊到底需要多少水量以维护健康的生态环境，涉及环境流的计算和确定问题，目前环境流确定方法很多，多达数百种，且各种方法计算的结果不同，有时差别较大，如何确定一条河流的环境流，存在较大的争议。对于中国的河流，如何选择适合中国河流特点的确定方法，往往更多地取决于对河流现状和未来河流生态系统状况的考虑。如果希望有一个完全的天然生态系统，那么环境流就需要是天然状态的，然而对于大多数河流系统而言由于或多或少地受到了人类活动的影响，很多河流还受到了人类的治理甚至于改造。因而人们必须接受这样的事实：河流对于人类生存与发展也是必需的。从河流健康状态的角度考虑，必须全面考察河流的生态环境价值和对人类社会的服务功能，因此河流环境流的确定和配置就必然是一种管理选择。环境流的确定必须首先需要从自然和人类社会两方面综合考虑确定河流保护的目标，即需要在维护河流生态环境健康与为人类服务功能两方面进行平衡，综合考虑确定的河流生态系统需要保持到哪种状态，进而确定各种河流流态下生态系统是什么样的，由保护目标来选择环境流的确定方法。

第一节　环境流目标确定与难点

为了让科学家和河流管理人员能很好地确定河流的环境流，保护河流的生态系统，必须首先要确定河流的保护目标。对于一条河流，怎样的健康状态，什么程度的河流健康才是我们能够接受的，什么又是可以牺牲掉的，如果河流已经退化，我们期望河流生态系统需要恢复到什么程度，这些都是河流的保护或者修复的目标。对于需要保护的河流生态系统，我们需要从自然生态与经济社会等因素综合考虑，确定明确的目标，以此为依据确定河流的环境流。而河流保护目标的选择则是一个复杂的过程，是利益相关方博弈的结果，也许要通过政府协调、用水户之间（包括生态环境用水）的谈判或者通过立法来确定。

欧盟的《水框架指令》要求各成员国保证所有的地表水和地下水都要达到“良好”状态，这里的良好状态既是指河流良好的物理化学状态，也是良好的生态状态，是两者的良性结合。“良好”的状态需要根据质量来规定，包括流域人口、鱼类、大型无脊椎动物、大型植物、底栖植物和浮游植物，以及河道形状、水深、河道水流、水质、水温等物理化学性质，而设定合适的环境流是获得“良好”状态的关键步骤。

在南非，水资源管理采用了类似的分类方法。20 世纪 90 年代，当南非的水管理人员开始实施生态学家所建议的健康生态水流“处方”（BBM 法）时发现，在某些情况下，因为灌溉、城市用水及其他用水需求的快速增长，科学家们提出的推荐方案即便能够做到，也难以收到满意的效果，这迫使管理人员又回到科学家那里去寻找修正的生态用水方案，同时要求给出这种方案可能带来的生态后果。生态学家们也同样感到困惑，“当我们给出一种生态用水方案后，他们就会提出因这样那样的需求要满足而让我们降低生态用水量标准；我们给出一个较小的生态用水量后，他们仍然会让我们降低标准，这种要求是无止境的”。这种反复修正生态需水量的做法既浪费时间又花费金钱，不但给科学家造成压力，也给水资源规划人员和管理人员带来巨大的困惑。因此需要一种具有更强交互式的，基于实际情况的方法，DRIFT 法诞生了。这种方法的核心在于对于河流不同的生态环境状况进行等级划分，他们将河流的健康状态划为“A、B、C、D”四个等级（见表 3－1）。在目标管理中首先需要确定河流的理想状态，然后确定临界流量，高于或低于临界流量时，河流的状态将发生很明显的变化。理想状态是河流生态健康的最高水平即“A”等，要求河流尽可能维持河流天然水流流态的完整性，低的等级则反映了由于受人类活动的影响河流的水流改变较大，致使河流的健康状态恶化。

表 3－1　南非河流健康状态生态管理目标等级

等　级	流　态	生　态　状　况
A	接近天然水流	对河道、河岸生境和生物区系的改变可以忽略
B	大部分属于天然水流，改变很小	生态系统基本处于良好状态，生物群落基本上未受影响
C	水流偏离天然状态的程度适中	几种敏感物种可能消失，物种数量可能减少，耐恶劣环境的物种及投机性物种增多
D	自然水流改变很大	生境的多样性和可用数量减少，只留下耐恶劣环境的物种，且这些物种已经染病；种群结构被打破，外来物种入侵

从实践的角度来看，只要人类对于河流生态系统的认识有限，对于河流临界流量的确定就必然保留有专家或政治判断的因素。在南非，河流生态学家、水资源管理人员、社会学家与当地的社区领导和政府领导一起决定每条河流所应得到的生态系统保护水平目标。在任何情况下，保护河流健康的愿望总是要考虑现在和将来人类对于用水的需求，以及将河流健康恢复到较高水平的可行性。在管理河流时，生态保护目标一旦被确定后，不管是理想状态的 A 等，还是退化了的 B、C、D 等，确定后就意味着允许河流退化的程度。一旦社会选择了河流保护的等级，科学家就可以或能够开出支持这种保护状态的生态水流“处方”，即确定出河流的环境流。

但是目前世界上大部分的河流系统都没有设定明确的生态保护目标，许多管理部门不得不在用水者需求和生态环境需求之间作平衡，在这种情况下，可供选择的办法是审核不同分水方案以便平衡各种目标的需求。在我国，由于对河流生态系统的研究做得十分不够，对于河流生态系统的认识也十分有限，对于河流生态保护目标的设定基本处于空白状态，除了在个别的特定的河段，如涉及自然保护区的河段，有一些关于鱼类保护的目标，但是对于这些河流环境流的设定也不是十分明确。目前国内对于河流水资源保护的重点在于水体水质的保护，即水体的物理化学状态，如水功能区的保护目标主要是设定了水质保护的目标，而对于生态系统保护的目标并不明确。这个问题的根本原因在于目前国内对于河流生态系统的监测和研究不够，对河流生态系统的价值认识不足。一个基本的事实是，我国尚未建立起系统的河流生态监测体系，没有对于河流水生生物的基本监测，就谈不上对于河流生态系统的完整全面的认识。随着我国生态环境问题的逐渐恶化，国家和社会对这一问题的逐渐重视，情况会有所好转。但是目前的状态还基本上停留在理论研究和思想认识的讨论上，离真正用于水资源保护管理的实践还有一段很长的路要走。

第二节　国内外主要方法比较

由于人类与河流关系密切，随着人类对河流的开发、利用和大量废污水的排放，河流生态环境问题日渐突出，河流环境流问题出现，河流生态环境需水研究逐渐成为了很多专家和学者研究的重点，出现了很多的生态环境需水确定方法。但是对于生态环境需水的确定，目前没有单一的最好方法或途径，不同的国家和地区已经采取了不同的方法来确定环境流。

一、生态环境需水的构成

生态环境需水主要包括河道内、河道外和维持娱乐景观等特殊功能的生态环境需水，由环境流的定义，本书重点关注于河道内生态环境需水。

（一）河道内生态环境需水

河道内的生态环境需水包括河流及连通的湖泊湿地、洪泛区范围内的陆地，其生态环境需水由以下几个方面组成：维持水生生物栖息地生态平衡所需的水量；维持合理的地下水位，以保护河流湿地、沼泽生态平衡，保持和地下水转换所必需的入渗补给水量和蒸发消耗量；维持河口淡咸水平衡和生态平衡所需保持的水量；保留每年一定次数和规模的洪水过程和降水过程以维持鱼类产卵、迁徙需要的水流过程；维持河流系统水沙平衡和水盐平衡的入海水量；使河流系统保持稀释和自净能力的最小环境流量；防止河道断流、湖泊萎缩所需维持的最小径流量。

岸边带即水陆交错带，是陆地生态系统和水生生态系统之间进行物质、能量、信息交换的重要生物过渡带。河岸、洪积平原和湿地等都可能属于岸边带。国内外大量研究证明，岸边带在涵养水源、蓄洪防旱、促淤造地、维持生物多样性和生态平衡，以及生态旅游等方面具有十分重要的作用。另外，岸边带生态系统具有廊道功能、缓冲功能和植被护岸功能，岸边带的植被吸收可以控制水体污染物质的输入输出等功能；岸边带还可以稳定堤岸，促进岸边的水土保持，为水生生物提供一个繁衍生息的场所，提高水域和陆地的生物多样性，岸边带对于河流生态系统而言具有十分重要的作用。但是，由于其巨大的利用价值，岸边带往往人类活动强烈，生态系统受到极大的干扰甚至破坏。河道水流流态变化对岸边带影响巨大，将影响甚至决定岸边带的植物群落及其生态过程。环境流除了要考虑河道内水生生物的需水外，还要考虑岸边带生态环境需水要求，注重河流与岸边的水力联系，如季节性洪水和地下水位。

（二）河道外生态环境需水

河道外生态环境需水包括天然森林、灌木、草地和人工植被、绿洲的耗水量，主要是地带性植被所消耗降水和非地带性植被通过水利供水工程直接或间接所消耗的径流量；水土保持治理区域进行生物措施治理需水量；维系特殊生态环境系统安全的紧急调水量等。

（三）维持景观、水上娱乐等环境需水

为保持自然景观功能、绿地、水上娱乐面积和水环境良好条件等所需保持的水量。主要包括保持水体调节气候、美化景观等功能的自然蒸发量；维持景观功能的新鲜水补充量等。

从维系生态系统平衡角度，不同的流域或区域生态需水量的组成依据地理位置、水资源数量和质量、时空分布等有所差别，且并不是上述各项需水量的简单相加，而是需要根据相互制约关系和需维持的基本生态功能目标及耦合效应确定。

二、环境流计算方法分类

目前环境流计算（即计算河道内生态环境需水量）的方法很多，已知的达到 200 多种，总结起来可以分为：水文学法、水力学法、水文—生物分析法、生境模拟法和整体分析法。其中最简单，最具代表性的是水文学法，该法主要利用长系列的历史监测数据给出河流环境流量推荐值，它们是维持不同标准下的河流生态环境功能的最小环境流量。该法又称作标准设定法或快速评价法，是根据简单的水文指标对河流流量进行设定，例如平均流量的百分率或者天然流量频率曲线上的保证率，代表方法有 7Q10 法（国内改进为 Q90 法）、Tennant 法、Texas 法、NGPRP 法、基本流量法（Basic Flow）等。目前，水文学法主要用来评价河流水资源开发利用程度，或作为在优先度不高的河段研究河道流量推荐值时使用。

从 20 世纪 70 年代起，在北美洲出现了一些区别于水文学法的方法，这些方法主要利用河流生境质量（如鱼类生活环境）和流量之间可计量的关系来计算环境用水需求，重点考虑保证鱼类的洄游、产卵和繁殖所需环境用水。

水力学法是根据河道水力学参数（如宽度、深度、流速和湿周等）来确定河流所需流量，这些水力学参数往往是通过对单一的、有限的河道（如浅滩等）断面测量获得的。该法的依据基于以下假设：保证一些被选定的水力学参数的阈值，将会保证生物区或生态系统的完整性。该法需要确定这些水力学参数与流量之间的关系，通常能够绘成一条光滑曲线，曲线的最低点被称为阈值，流量低于此值，生态环境质量就会降低，或者说此阈值即为保证生态环境质量不恶化的最小流量。所需水力参数可以实测获得，也可以采用曼宁公式计算获得，代表方法有湿周法、R2Cross 法等。

在水文和水力学方法的基础上，又开发出了水文—生物分析法和生境模拟法。水文—生物分析法是从河流流量与生物量或种群变化关系直接入手，判断生物对河流流量的需求以及流量变化对生物种群的影响，研究对象通常是鱼、无脊椎动物（昆虫、甲壳纲动物、软体动物等）和大型植物（高等植物）。通常采用多变量回归统计方法，建立初始生物数据（物种生物量或多样性）与环境条件（流量、流速、水深、化学、温度）的关系，代表方法有 RCHARC 法、Basque 法、流量—湿地树种关系模型等。生境模拟法是对水力学方法的进一步发展，它是根据指示物种所需的水力条件确定河流流量，目的是为水生生物提供一个适宜的物理生境。因为生境方法可定量化，并且是基于生物原则，所以目前被认为是最可信的评价方法，代表方法包括 IFIM/PHABSIM 法、CASMIR 法等，其中以 IFIM/PHABSIM 应用最为广泛。

1996 年 Tharme 首次对整体分析法进行了详细的论述，此后该法成为人们讨论的热点，并得到了快速发展，在短短几年的时间内就代替了生境模拟法，在南非、澳大利亚和

北美得到了广泛应用。整体分析法克服了水文—生物分析法和生境模拟法只针对一两种生物的缺点，强调河流是一个综合生态系统。它从生态系统整体出发，根据专家意见综合研究流量、泥沙运输、河床形状与河岸带群落之间的关系，使推荐的河道流量能够同时满足生物保护、栖息地维持、泥沙沉积、污染控制和景观维护等功能。因此，这种方法需要组成包括生态学家、地理学家、水力学家、水文学家等在内的专家队伍。整体分析法主要根据河流流量标准来确定满足整个河流生态环境功能需求的关键流量。这一过程主要通过两种方式来完成：宏观—微观筛选法、微观—宏观筛选法。大多数方法的基本原理是在逐月和逐组分析的基础上，采用筛选法来构建和修正流量体系，其中每个组分都代表一个满足特定的生态、地形、水质、社会和其他目标的环境流量特征。其中代表性的方法是南非的BBM 法和澳大利亚的整体研究法（Holistic Approach）。

国内对河流生态需水计算的研究起步较晚，关注干旱地区生态用水和水质条件变化对河流水生态影响的较多，但是迄今为止还没有明确一致的意见和公认的计算方法。一般采用的方法有 Tennant 法和 Q90 法等，如《建设项目水资源论证导则》建议可以采用 Tennant 法进行计算。也有采用 Q90 法，即采用最近 10 年最枯月平均流量或 90%保证率河流最枯月平均流量作为河流环境用水。在水资源利用规划中，目前主要采用以水功能区水质目标为约束的生态环境需水量计算方法，计算污染水质稀释自净的需水量，作为满足环境质量目标约束的城市河段最小流量；对于黄河，也采用河流输沙需水量法为主的方法，计算黄河生态环境需水。

至于河道外生态需水则主要针对天然植被和人工植被的生态需水研究较多，国外在 20 世纪 20 年代开始对农作物需水进行研究，以此为基础建立了不同条件下农作物、森林和草地生态需水的计算和预报模型，具有较成熟的理论和方法，可完成模拟土壤水分变化、植被（作物）生长需水过程的水平衡问题，进行需水预测。我国学者主要集中于对干旱区的生态用水的分类和计算方法的研究上，而对生态环境需水的概念和理论方法研究较少，研究的目标是进行干旱区水资源的宏观调控，计算的方法和理论多为水量平衡理论，面积定额法等，多以植物耗水量（植被蒸腾量）代替生态需水量。针对保持景观河流流量和水上娱乐功能所需的水面面积及流量等需水，美国等一些国家主要通过立法，将部分河流划定为自然风景类河流，供人们休闲娱乐和观光旅游使用，由此确定其需要保持的水量。在我国，部分城市进行城市规划时，常采用人均水面面积指标衡量和确定维持景观、娱乐水面面积和流量，以及绿地、美化环境等需水。

三、国内外常用的环境流计算方法

环境流（即河道内生态环境需水）计算方法很多，但是受基础资料等原因的限制，目前在实践中，特别是在国内，使用较多的主要是水文学法、水力学法，此外水文—生物分析法、生境模拟法和整体分析法也在一些科研项目中得到应用，下面介绍几种比较常用的方法。

1. Tennant 法

估计河流生态用水的常用方法是 Tennant 法[1]（又称 Montana 法），是目前最常用的

[1] Tennant 是最早尝试计算河流需要多少水量的科学家之一，他在 1958～1975 年间系统收集了美国诸多河流的生物数据和水文数据，并比较分析了河流水文条件与生物特征之间的关系，提出了著名的“Tennant 法”。

水文学方法。Tennant 法是一种非现场测定类型的标准设定法，其结果一般具有宏观的定性指导意义。Tennant 法是在考虑保护鱼类、野生动物、娱乐和有关环境资源的河流流量状况下，按照年平均流量的百分数来推荐河流基流的，流量大小只具有相对意义。Tennant 法推荐的河流流量基流判别标准见表 3-2。

Tennant 方法的计算过程相对简单，即只要计算出各河段的多年平均流量，利用表 3-2 即可确定出年内不同时段的生态环境需水量，对全年求和即可求得各河段全年的生态环境需水量。

Tennant 法不需要现场测量。在有水文站点的河流，年平均流量的估算可以从历史资料获得。在没有水文站点的河流，可通过一些水文数据处理技术获得。

Tennant 法的计算结果通常作为在优先度不高的河段研究河流流量推荐值时使用，或者作为其他方法的一种检验。

表 3-2　Tennant 法推荐的河流流量基流判别标准

流量级别及其对生态的有利程度	河流生态用水流量占多年平均流量的百分比（10 月至次年 3 月）（%）	河流生态用水流量占多年平均流量的百分比（4～9 月）（%）
最大	200	200
最佳范围	60～100	60～100
很好	40	60
好	30	50
良好	20	40
一般或较差	10	30
差或最小	10	10
极差	0～10	0～10

2. Q90 法

Q90 法来自于美国的 7Q10 法。7Q10 法是考虑水质因素确定河道内生态环境需水的方法，该法采用 90%保证率最枯连续七天的平均水量作为河流最小流量设计值。美国环境保护署（EPA）通过研究表明基于水文学的 7Q10 法和基于生物学的 4B3 法的计算结果十分接近，因而建议以此作为污染物排放对水生物长期影响效果的水质标准设计流量。此后，美国联邦政府和许多州通过立法将 7Q10 法作为确定河道内基流的计算方法。

7Q10 法在 20 世纪 70 年代传入我国并在许多大型水利工程建设的环境影响评价中得到应用。由于该标准要求比较高，鉴于我国的经济发展水平比较落后、南北方水资源情况差别较大的现状，我国对该法进行了修改，一般河流采用最近 10 年最枯月平均流量或 90%保证率最枯月平均流量。

Q90 也是一种水文学计算方法，即将 90%保证率的最小月平均流量作为河道内生态环境需水流量值。其计算过程也比较简单，首先由各河段水文历史资料，在各年中找出其月平均流量最小月的流量值，然后利用这些最小月平均流量进行频率计算，其 90%保证率的流量值即可作为河道内生态环境需水流量值，由此流量值即可求得各河段的生态环境需水量。

4B3 法是美国环境保护署（EPA）所建立的一种基于生物学的设计流量计算方法。生物学方法用于检验在一定时间内发生的低水流量事件。低水流量事件有两个标准，第一个标准为长期浓度标准（CCC），一般采用在 3 年内连续 4 天不可超标的浓度标准（也可以延长为 30 天），此即为基于生物学的设计流量法 4B3 法；第二个标准为短期突发事件的最大浓度标准（CMC），一般采用在 3 年内连续 1 小时不可超标的浓度标准，这一标准用于在突发水质事件中保护水生物的水质标准。由于基于生物学的设计流量方法是针对污染事件所制定的水质标准，4B3 法计算的设计流量可以认为是在水质污染条件下水生生物和水生生态系统所能忍受的极限流量。

3. 变化范围法

变化范围法（RVA）是 1997 年由 Richter 等人提出，该方法以与生态相关的天然流量特征的统计分析为基础，得到初始的环境流量目标，通过一系列的管理规则来实现该目标，同时监测河流生态系统影响，并进一步修正环境流量目标。该方法在分析水文变化指标（IHA）的基础上，总结未受干扰的时间序列中的流量范围作为环境流量范围。Richter 等在 1996 年提出 IHA，用于分析水文指标系列的变化情况，利用长系列的日水文数据，通过将其转换为一组与生态相关、更容易管理、具有代表性的、多参数的水文指标系列，来评价由于人类活动等原因引起水文变化的程度及其对生态系统的影响。IHA 以水文情态的 5 种基本特征 33 个参数为基础，这 5 种基本特征分别为：①流量：水流通过河流某个断面的量；②时间：特定流量出现的时间，如洪峰或极端枯水出现的时间；③频率：某个特殊事件如洪水、干旱出现的机会；④历时：某个特定流量条件持续的时间长度，如极端枯水出现的历时；⑤变化速率：流量随天数增加而上涨或下降的速度。

由于建坝取水等人类水资源开发利用活动，河流的水文情势将会发生变化，变化范围法是为了回答多大的水文变化可以接受的问题，其应用通常有 6 个步骤：

（1）用水文指标法（IHA）计算河流在受影响前、后的 33 个生态相关的水文参数。

（2）以河流未受干扰前的 33 个参数为基础，确定 33 个流量管理目标，通常该目标的范围为平均值±1 标准差或是以频率为 75%～25%所对应的流量为可接受的环境流量范围。

（3）按确定的环境流量范围计算河流在受影响后的水文改变程度，帮助河流管理者设计管理规则或管理系统，使河流所有年份或大多数年份的流量能达到目标流量。

（4）监测及评价新的管理系统对河流生态系统的影响程度。

（5）在每年的年终，用同样的 33 个水文参数总结实际的流量变化，用这些参数值与 RVA 流量目标进行比较，查看达标情况。

（6）重复第（2）～（5）步，结合以前各年的管理成果与新的生态研究或监测信息，及其他相关的环境改变，不断改进 RVA 目标或管理系统。

一般认为变化范围法是一种水文学方法，因为其主要分析河流的水文要素，但是一些研究人员则认为是一种整体评估方法，认为其比一般的水文学方法更符合生态学规律。

4. 湿周法

湿周法是一种水力学计算方法，其主要依据是水力学研究中得到的基本认识。通常，湿周随着河流流量的增大而增加。然而，当湿周超过某临界值后，河流流量的巨幅增加也只能导致湿周的微小变化。注意到这一河流湿周临界值的特殊意义，只要保护好作为水生物栖息地的临界湿周区域，也就基本上满足了临界区域水生物栖息地保护的最低需求。将河流临界湿周作为水生物栖息地质量指标估算相应河流生态需水量时，所得的流量会受到河道形状的影响。这种方法一般适用于宽浅河道。作为一种水力学法，湿周法的计算过程相对要复杂一点。湿周法计算的关键是要确定出流量与湿周的关系，可以先根据河道断面的断面资料确定出水位—湿周关系，并结合水文学中的水位—流量关系即可确定出流量—湿周关系（见图 3-1）。由流量—湿周关系图，在其中找出变化曲折的临界点，将临界点的流量值作为保持河道内生态需水的流量值，由此流量值即可求得河段的生态环境需水量。

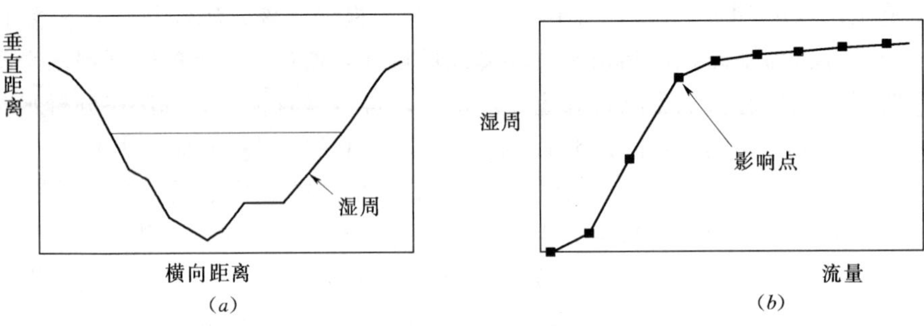

图 3-1　湿周法示意图

(*a*) 湿周的定义；(*b*) 流量—湿周关系

5. R2CROSS 法

R2CROSS 法是以曼宁公式为基础的水力学法，它适用于浅滩河流栖息地类型。该法是栖息地保持类型的标准设定模型，由美国科罗拉多州水利局的专家开发应用。依据保护水域湿地，主要是鱼类与水生无脊椎动物水生栖息地提出河道生态环境用水量，假设浅滩是临界的水生物栖息地类型，所以只要保护了浅滩栖息地也就基本上保护了其他的水生物栖息地，如水塘和水道。R2CROSS 法是对湿周法的扩展，它不以湿周作为环境条件的唯一标准，而是确定了平均深度、平均流速及湿周长百分数作为栖息地指标参数。平均深度与湿周长百分数标准分别是河流顶宽和河床总长与湿周长之比的函数，所有河流的平均流速推荐采用 30.48cm/s（1 英尺/s）的常数。这三个参数是反映与河流栖息地质量有关的水流指示因子。如能在浅滩类型栖息地保持这些参数在足够的水平，将足以维护水中鱼类与水生无脊椎动物在水塘和水道的生境。在开始的时候河流流量推荐值是按年控制的，后来生物学家又研究根据鱼的生物学需要和河流的季节性变化分季节提出相应的标准。

6. 河道内流量增量法

河道内流量增量法（IFIM 法）是 20 世纪 80 年代由美国渔业和野生动物保护组织开发研制用于河流规划、保护和管理等的决策支持系统。该法采用物理栖息地模型（PHABSIM）模拟流速变化和栖息地类型的关系，通过水力学数据和生物学信息的结合，决定适合于一定流量的主要水生生物及栖息地。由于该法是定量的，而且是基于生态学原理的，经过不断发展已经被认为是科学合理的生态环境需水量确定方法。

该法把大量的水文、水化学实测数据与特定的水生生物种在不同生长阶段的生物学信息相结合，进行流量增加的变化对栖息地影响的评价。考虑的主要指标有河水流速、最小水深、河床底质、水温、溶解氧、总碱度、浊度、透光度等。IFIM 法根据这些指标，模拟流速变化与生物栖息地类型的关系，确定适合于一定流量的主要水生生物及其栖息地类型，所对应的流量即为适宜的环境流。

河道内流量增量法的优点是针对性强，常常用于河流某一生物物种保护上，可以有效地评估水资源开发利用条件下水生生物栖息地的影响，但是此方法对基础资料要求高，通常需要收集大量的生物和水流数据，建立某种生物和水文要素（如水流、水深、水质）间的适配曲线。

Shuler 等人将流量增量法应用于美国科罗拉多州 Rio Grande 河和 South Platte 河鲑鱼的需水研究。在 1989～1991 年的三年中，他们在 10 个研究区域得出：成年鲑鱼栖息地适宜性可利用区域与鲑鱼密度之间呈正相关，幼体鲑鱼相关性不明显；适宜性参数（水深、流速、水面覆盖性）对个体影响明显。他们根据三个参数的综合影响将栖息地划分为最佳、可接受和不适宜 3 种栖息环境，成年和幼体鲑鱼不论在白天还是黑夜都喜欢在最佳和可接受的栖息环境生活而尽力避开不适宜的栖息环境。1993 年他们通过调查分析建立了成年和幼体鲑鱼栖息地适宜性标准曲线，并将此曲线应用于 PHABSIM 模型，对鲑鱼栖息地进行评价，应用模型模拟对栖息环境改善中发现，35cm 以上的鲑鱼密度在栖息环境改善后有很大的增加。

7. 整体分析法

整体分析法建立在尽量维持河流水生态系统自然功能的原则之上，其中心思想在于以天然水流流态为指导或基础，通过模仿水流的自然流态及变化特征，研究者就可以知道解决方案的“处方”，以达到保护或恢复河流生态系统的目的。生态系统的需水包括了发源地、河道、河岸地带、洪积平原、地下水、湿地和河口等不同河段和区域的综合需求。为了维持生态系统功能的整体性，必须保留河流天然生态系统的根本特征，比如径流季节性特征、枯水时期和断流时期、各种洪水、流量持续时间和重现期及冲刷流量等。Arthington 等在 1992 年描述了用整体分析法确定河道流量过程特征：

（1）确定枯季流量。它是一个最小月径流量，用统计方法确定为水文学定义的基流，用流量历时曲线上的某个保证率的流量确定。对于季节性河流这意味着枯季性可能断流。

（2）汛期径流。首先要确定汛期第一场洪水，它向河流供应溶解的和颗粒状的有机物和营养物质，并冲走残骸、藻类和细淤泥，并可能提供与水生生物生命周期与迁移同步的生物条件，对河口的冲刷可能也是明显的。其次要确定中等洪水，它可能是每年发生一到两次的洪水过程，是维持栖息地多样性、局部扰动、冲走外来植被，并且淹没河滨植被、洪泛平原和湿地等栖息地多样性的关键水文过程。

（3）确定汛期径流过程。将汛期的不同洪水组合起来形成汛期的径流过程。

（4）全年的环境流过程。河流生态系统的年需水量是枯季流量、汛期径流量和洪水的总和，另外还需考虑附加流量，如冲刷流量等。这样整个系统的需水量依据下列因素来确定：月或者更短时段的流量分配、最大和最小月流量、希望的流量变化水平、发生时间、洪水的范围和持续时间、冲刷流量等。

在建筑堆块法（BBM 法）中，河流天然水文特征用逐月的日流量过程来描述，这一过程通常由包括水生态学家和水利工程师在内的多学科的专家组来完成。估算的河道流量需求的重要成分包括枯季流量、中等流量和中小洪水过程，不能被管理的大洪水过程一般被忽略。南非的科学家们提出了利用 BBM 法中确定河流环境流的 8 条原则：①河流的水流流态应该尽量模拟天然的水流形态；②要维持河流原来的行河特征；③在汛期多水季节可以多用水，枯水季节则应当尽量不用水或少用水；④应当维持枯季基流和汛期中高流量的季节性分布模式；⑤河道内必须保留一定的洪水；⑥洪水过程可以缩短，但要有一定的限度；⑦可以消除某些次洪水，不要为了保留所有场次的洪水而使得洪水太小得不像洪水；⑧汛期的第一次洪水应当保留。

整体分析法是一种混合的方法，更多地依赖历史流量资料，这种方法建立在尽量维持河流水生态系统的天然功能原则之上，它的基本概念是河流流量过程的某些特征对保持河流生态系统有特别重要的意义。

四、各方法的优缺点

各环境流计算方法从不同的角度考虑河流生态环境需求，每种方法有其优缺点和适用范围。

1. 水文学法

水文学法包括常用的 Q90 法、Tennant 法等。这类方法用水文资料中的历史流量资料为依据计算环境流，属于统计方法。它的优点是仅使用历史流量进行计算，简单易行；其不足之处在于仅从统计角度考虑了河道流量与生物需求之间的关系，与研究的河流对象及其生态系统之间没有直接联系起来，一般适用于没有系统的生态监测资料的河流，或者用于河流规划阶段和确定的初级阶段较为合适。

2. 水力学法

水力学法包括湿周法、R2CROSS 法等。其研究生物对湿周、流速、水深等水力参数的需求，从而确定生态需水。这类方法包含了研究的河流对象的具体信息。其不足之处在于这类方法没有考虑河流中不同生物不同生活阶段的需求，没有考虑河床随时间的变化，它需要水文，河床形态和生物资料。

3. 水文—生物分析法和生境模拟法

水文—生物分析法和生境模拟法包括河道内流量增量法等。该类方法考虑某类物种对生境参数的需求，包括对水深、流速、河床底质、水温、溶解氧、总碱度、浊度、透光度等。它的生物学基础是栖息地适宜度曲线，这类方法的优点是它有可能考虑许多物种的不同生命阶段对栖息地的需求，生物学基础牢固，可以将栖息地变化和水资源的社会经济效益相比较。其不足之处在于考虑的是某个或某几个物种对水的需求，没有考虑整个生态系统的需求，需要处理不同生物在栖息地需求上的矛盾，需要较多的生物资料，在实际工作中需要投入大量人力和资金，生物资料往往无法得到完全满足。

4. 整体分析法

整体分析法包括澳大利亚的整体研究法和南非的建筑堆块法（BBM 法）等。该方法从河道生态系统整体出发，考虑了河流不同区域不同时段的需水，从多个方面综合考虑。

该方法的优点是对整个生态系统进行研究，符合生态系统完整性原理，其确定过程能够很好地与流域规划管理相结合。但是，由于其所需要的生态资料中的部分资料无法得到满足时，只有依靠专家有限的经验确定环境流，使得其依据的生物需求资料具有一定的主观性，计算结果可靠性可能会受到质疑。

对于目前国内常用的主要有 Tennant 法、Q90 法、湿周法等。Q90 法更多的是考虑水质因素，而对生态因素考虑不够，且计算结果较小，其优点是其计算结果考虑了河流径流过程的年内分布，特别是河流最枯时段的流量特征；湿周法则是考虑河流生态系统的要求，其缺点是计算结果会受河道断面形状的影响，如果断面的选择不合适，就会影响计算结果的合理性；Tennant 法是一种统计意义上的方法，在其最初确定等级标准的过程就考虑了河流生态系统的要求，同时也考虑了季节性，其缺点是计算结果仅具有统计意义，与研究的河流对象的具体特征的结合不够紧密，Tennant 法可以作为其他方法的一种检验。水文—生物分析法和生境模拟法、整体分析法，本身都具有明确的生态学含义，且考虑的因素较多，若基础资料丰富且可靠的条件下其计算结果也更为可靠。但是，这些方法由于考虑的因素较多，所需要的基础资料和工作量也要大很多，与常用的 3 种方法相比，其计算过程更为复杂，且在很多情况下无法找到必需的基础资料，在实际中较难用于生产实践。

影响河流水生态系统的因素很多，概括起来主要有 6 种：食物、栖息地、温度、水质、水流状况和生物间的相互作用。水文和生态之间关系十分复杂，流量影响生境和生物间相互作用的途径很多，现有的研究手段还达不到把流量或水流状态同物种组成及物种丰富程度联系起来的水平。在评价中常采用流量、湿周或栖息地等作为生物反应的替代指标，现在的所有方法都没有将以上 6 种因素全部考虑进去。由于缺乏对环境—食物—生物间相互作用等机理研究，建立考虑上述 6 种因素的确定性模型难以实现。从这个意义上讲，现在的计算方法还有许多值得改进的地方。

第三节　适合我国河流特点和管理水平的方法

环境流的确定方法很多，但是目前还没有统一的、权威的最好方法。在国内，河流生态环境需水量大多采用国外现成的方法，或是利用国外的方法略加改进加以应用。由于没有统一的权威标准和方法，简单采用国外方法并不科学，各种方法所确定出的环境流差别也很大。因此，有必要结合我国河流特点研究适合于不同类型河流的生态环境需水或环境流需求评估的方法。

一、中国环境流问题分区探索

我国疆域辽阔，河流数量众多，自然地带、地貌类型、岩石类型、植被类型和土壤类型异常丰富多样，构成了绚丽多姿的自然景观，河流形态、水文特征、生态环境、受人类活动的影响也千差万别。我国河流的环境流问题异常复杂，不同的河流受气候等自然因素与人类活动影响的不同，表现出不同的生态环境问题。因此，研究适合我国河流特点的环境流确定方法的有效途径是根据我国河流的地带性分布特点对河流进行分区分类，针对不同的河流类型和保护目标，分别采用不同的环境流确定方法。

（一）环境流分区的层次结构

环境流被定义为维持河流生态环境需要保留在河道内的基本流量及过程。环境流问题既要考虑河流的自然生态环境问题，也要考虑人类活动的影响，是人类在进行水资源配置时为了维持河流生态环境需要保留在河道内的基本流量及其过程。因此，河流的环境流问题涉及河流的水文水资源特征、地形地貌、地质特点、水资源开发利用、生态环境保护和经济社会发展等方面的问题。河流主要受到气候、地理等自然因素和人类活动的影响。降水、气温、空气湿度、风速等气候因子决定了河流水量的多少和季节分布。地形地貌则会影响当地的气候因子与河流形态，植被和土壤特征等也会对河流的流量变化产生影响。人类生产生活用水和废污水排放则会对河流的流量及其时间变化产生影响，并影响河流水质，人类活动对于河流影响的程度与区域的人口密度和社会经济发达程度密切相关。

环境流可以认为是人类在进行水资源配置时，为了维持河流生态环境需要保留在河道内的基本流量过程，环境流的确定和配置是一种社会性的选择，其确定首先需要根据河流所存在的问题，从社会的角度确定河流保护的目标，根据河流的保护目标来确定河流的流态和生态环境需水量。水质污染是我国最严重的河流水环境问题，我国大部分河流都不同程度地受到城市废污水和农业废水的污染，其中在北方缺水地区和经济发达的地区水质污染特别严重。在北方，除了严重的水污染外，由于河道天然径流较少，用水量大，大量的河道外引调水使得河道内流量大量减少，河道功能退化，河流萎缩甚至于断流及平原河流干涸成为我国北方河流的一个严重的水环境问题。在西北内陆河地区，生态环境脆弱，由于人口增加、用水失控，引起植被退化、土地荒漠化问题严重，河道干涸、湖泊萎缩、湿地消失。在南方，由于水资源总量相对丰沛，整体生态环境较为良好，但是部分河流和局部地区存在生态环境问题，如梯级水库的建立使河流连续性受到破坏，河流水文特性发生明显改变等引起的生态环境问题。

此外，在河流的不同河段，其所面临的生态环境问题也各不相同，在河源区，由于一般处于海拔较高的高原区，自然条件恶劣，人口稀少，其生态环境脆弱，但受到人类活动的影响极小，很多处于天然的状态。在河流的上游段，由于海拔高差大，河流湍急，水力资源丰富，往往是水电开发的重点区域，河流生态环境往往受到人类所修建的水库大坝的巨大影响。在河流的中下游段，由于地势低平，土壤肥沃，往往人口密度大，河流受到人类用水、排水、防洪工程等人类活动的影响巨大。在河口地区，则更是人类活动的密集区，河流受人类活动的影响极其巨大，且河口地区还受到外海盐水入侵的影响。

环境流的确定即是对河流生态系统的保护，也是一种社会性的选择，环境流问题分区必须结合河流特征、社会经济发展状况、水生态环境问题和水资源管理，特别是水资源保护管理的现实综合考虑，以利于环境流问题的研究和管理实践。我国水资源管理实行流域管理与区域管理相结合的管理体制，在全国设置了长江水利委员会（管辖长江流域和西南诸河）、黄河水利委员会（管辖黄河流域和西北诸河）、海河水利委员会、松辽水利委员会、珠江水利委员会、淮河水利委员会，太湖流域管理局（管理太湖流域和东南诸河）等七大流域机构作为水利部的派出机构对其管辖范围内的河流进行流域管理。

根据我国河流分布特征、社会经济空间布局和水资源管理体制的实际情况，本书采用多层次划分方法，整个区划在空间尺度上分为三个层次，每层又可分为两个亚层，共六个亚层。第一层次为全国范围的宏观层级，主要考虑河流所处的地理位置，根据气候分布、下垫面条件和七大水系的流域界线将全国分为三个片区，各片区内的各大水系具有相似的水文特征和生态环境问题，在各大片区内也可以进一步细分为流域。第二层次为流域范围，主要考虑在流域中所处河段，由河流或河段在流域内所处的位置划分为不同的河段，如河源段、上游段、中游段、下游段和河口段等，在不同的河段，由于所处地区地形地貌特征与河势的不同，具有不同的水生态环境问题和管理目标；各河段也可以根据国家主体功能区分类进一步细分为不同的开发功能区。第三层次为水功能区，该层次是水资源保护管理的微观层级，重点在于水质保护，不同水功能区有不同的水质管理目标，水功能区又分为一级区和二级区两个亚层。环境流问题分区的层次结构如图 3－2 所示。

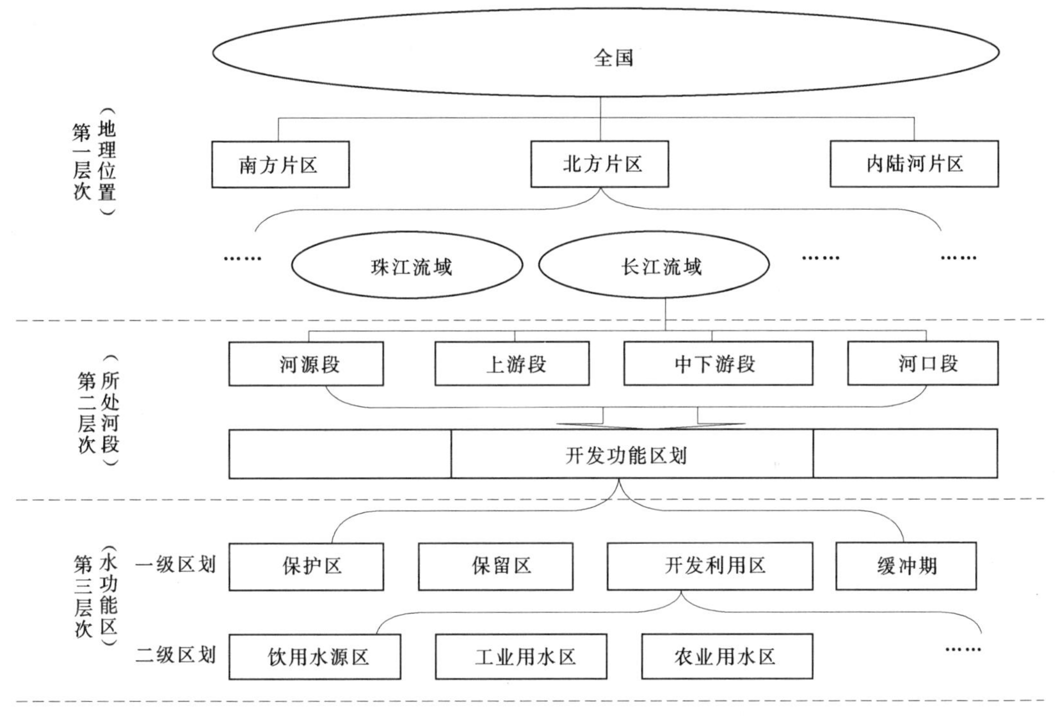

图 3－2　环境流问题分区的层次结构

从管理的角度来讲，第一层次的管理者是水利部，可以从全国范围的宏观尺度进行管理，管理目标在于全国范围的水资源调配及生态环境保护；第二层次的管理者是流域机构，可以从全流域的中观尺度对流域不同区域或河段进行管理，管理目标需要从水资源开发利用和生态环境两个方面综合考虑；第三层次的管理者的主体是各省市县的水行政管理部门，流域机构则负责跨省界河段，可以从微观河段的尺度进行管理，管理目标的重点在于河段的水质目标，以达到维护河流生态环境的目的。

（二）中国环境流问题分区

环境流问题区划的第一层次为全国范围的宏观层次，主要考虑河流所处的地理位置。而在地理位置上我国水资源、人口和经济分布具有以下特点：我国水资源空间分布的最主要特征是南多北少，相差悬殊；人口分布主要集中在东部和中部地区，西部特别是西北地区的人口密度很小；经济发展不平衡，东部沿海地区发达，而西部较为落后，西北地区的生态环境脆弱。综合以上考虑，环境流问题区划将全国七大水系合并成南方片、北方片与内陆河片三个明显不同的类型区，进行水、土资源配置，与经济社会发展相适应，各片区基本情况见表3-3。

表3-3　各片区基本情况表

分区	流　域	占全国比例（%）				人均水量（m^3）（2010年）	亩均水量（m^3）（2010年）
		水资源	人口	耕地	GDP		
南方片区	长江、珠江、西南诸河与东南诸河	80.4	53.5	35.2	55.5	3400	4300
北方片区	黄河、淮河、海河及松辽流域	14.7	44.3	59.2	42.8	740	470
内陆河片区	除黄河外西北地区所有的内陆河	4.8	2.2	5.6	1.7	4900	1600
合　计		100	100	100	100		

1. 南方片区

我国水资源有80%以上分布在长江流域及以南地区，而该地区的人口占全国人口的53.5%，耕地占全国的35.2%，GDP占全国55.5%。人均水资源量为3400m^3，亩均水资源量为4300m^3。该地区属于人多、地少、经济发达、水资源相对丰富的地区，环境承载能力相对较强，但河道内用水和承受的废污水也较多，水生生物面临的问题较多。

2. 北方片区

长江流域以北地区，人口占全国的44.3%，耕地占59.2%，GDP占42.8%，水资源仅占14.7%。人均水资源量为740m^3，亩均水资源量为470m^3，属于人多、地多、经济相对发达、水资源短缺的地区。黄、淮、海三流域尤为突出，三流域耕地占全国的39%，人口占35%，GDP占全国的32%，而水资源仅占7.7%。三流域人均水资源量为500m^3，亩均水资源量少于400m^3。该地区是我国水资源最为缺乏的地区；环境承载能力相对较弱，生态环境问题突出。

3. 内陆河片区

内陆河片土地面积为337万km^2，约为全国的35%，水资源总量为1300亿m^3，占全国的4.9%。该地区耕地面积占全国的5.6%，人口占全国的2.2%，GDP占全国的1.7%。虽然人均水资源量达到约4900m^3，亩均水资源量约1600m^3，但干旱区的沙漠绿洲生态需要大量水分维系其脆弱的稳定性，使进一步开发利用水资源受到生态环境需水的制约。该地区环境承载能力十分脆弱，生态环境问题突出。

（三）长江流域环境流问题分区

环境流问题区划的第二层次为流域，主要考虑在流域中所处河段，本书以长江流域为例进行论述，并进一步讨论环境流问题分区的第三层次——水功能区。

长江流域面积大，水系复杂，跨越多种区域包括：生态脆弱的源头区、作为水电开发“主战场”的上游地区、与饮水安全息息相关的重要水源区、受洪水威胁严重的中下游平原区、作为重要湿地的“两湖”与河口地区等。各区域防洪建设程度、水环境保护程度、开发程度及需求程度等均存在很大差异。处于不同区域的河流，其健康状况各不相同。

1. 河段的线性划分

长江由于水系复杂，上游、中游和下游自然条件和河流开发方式有较大差别，不同的河段，环境流问题也不同。从长江地理位置及河段来看，长江河源段及上游主要支流河源段目前水资源开发不多，属于水源涵养区或生态环境脆弱区，应该作为保护河段，如果不进行水电站开发，基本可以保持自然河流的状态。长江上游水能丰富，水电站建设与珍稀鱼类的保护矛盾突出。长江中下游河段环境流主要问题首先是上游控制性水库调节与四大家鱼、洄游性鱼类产卵和生长的水文节律不一致的矛盾，其次是江湖连通、湿地生物多样性保护与湖区开放和湖控工程的矛盾。长江河口主要是流域水资源开发利用、咸水倒灌、水污染和泥沙减少与生态保护的矛盾。长江上游、中游和下游一些支流由于水电站采用引水方式进行开发，或者承担调峰任务，出现大量减水河段，甚至出现断流，是环境流最为突出的问题。所以，从区域划分上，长江不同河段有不同的环境流问题。

河流的线性划分原则上可以按上游、中游、下游划分河段。考虑到长江上游河段很长，河源段与其下游的金沙江和川江段在所处地理环境和社会人口等方面具有很大的不同，因此长江流域的河流线性划分为四段：河源段、上游段、中下游段和河口段。各河段的范围分别为：干流河源段从源头起到直门达，此外河源段还应该包括各主要支流的源头河段；干流的上游段从直门达到宜昌，各支流的上游段与此类似；干流中下游段从宜昌到长江干流的最后一个控制性水文站安徽大通站；大通站以下为河口段；各支流不设河口段。

2. 开发功能区划

根据国家主体功能区分类，河流开发功能区分类确定为：优化开发区、重点开发区、限制开发区和禁止开发区。

优化开发区是指国土开发密度已经较高、资源环境承载能力开始减弱的区域。要改变依靠大量占用土地、大量消耗资源和大量排放污染实现经济较快增长的模式，把提高增长质量和效益放在首位，提升参与全球分工与竞争的层次，继续成为带动全国经济社会发展的龙头和我国参与经济全球化的主体区域。

重点开发区是指资源环境承载能力较强、经济和人口集聚条件较好的区域。要充实基础设施，改善投资创业环境，促进产业集群发展，壮大经济规模，加快工业化和城镇化，承接优化开发区的产业转移，承接限制开发区和禁止开发区的人口转移，逐步成为支撑全国经济发展和人口集聚的重要载体。

限制开发区是指资源承载能力较弱、大规模集聚经济和人口条件不够好并关系到全国或较大区域范围生态安全的区域。要坚持保持优先、适度开发、点状发展，因地制宜发展资源环境可承载的特色产业，加强生态修复和环境保护，引导超载人口逐步有序转移，逐步成为全国或区域性的重要生态功能区。目前东北的兴安岭、长白山林地、三江平原湿地等，西北的新疆阿尔泰、青海的三江源等地，内蒙古的部分沙漠化防治区，西南等地的一些干热河谷、喀斯特石漠化防治区，黄土高原水土流失防治区，大别山土壤侵蚀防治区等，都属于限制开发区域。

禁止开发区域是指依法设立的各类自然保护区。要依据法律法规和相关的规划实行强制性保护，控制人为因素对自然生态的干扰，严禁不符合主体功能定位的开发活动。禁止开发区域共包括243个国家级自然保护区、31处世界文化自然遗产、187个国家重点风景名胜区、565个国家森林公园、138个国家地质公园。

根据开发功能区划，在河源、上游、中下游和河口各河段中进一步细化分段。比如：长江上游河段可以细分为玉树—石鼓河段、石鼓—宜昌河段。石鼓—宜昌河段中的泸州—重庆河段，其间因珍稀鱼类保护，还可进一步细化，以便确定分区类别，因此上游段可以分为玉树—石鼓、石鼓—泸州、泸州—重庆、重庆—宜昌等4个河段；中下游可以分为荆江河段（宜昌—城陵矶）、城陵矶—汉口河段、汉口—湖口河段、下游（湖口—大通）河段；河口段可以分为大通—南京河段、南京—江阴河段、江阴以下河段等。这一工作可以结合“全国主体功能区规划”的工作进行，借鉴其成果。

3. 长江流域水功能区划

环境流问题区划的第三层次为水功能区划，水功能区划是将江河湖库划分为不同使用目的的水功能区，并提出保护水功能区的水质目标。水功能区划分两级区划，一级区划主要解决地区之间的用水矛盾，二级区划主要解决部门之间的用水矛盾。

根据长江流域水资源保护规划的成果，长江流域共划分一级功能区648个，其中，保护区116个，保留区293个，开发利用区190个，缓冲区49个。长江流域一级功能区划结果统计见表3-4。

表3-4　　长江流域一级功能区划结果统计表

区　域	保护区	保留区	开发利用区	缓冲区	合　计
长江流域	116	293	190	49	648
金沙江	8	14	4	8	34
岷沱江	10	28	18	1	57
嘉陵江	11	35	21	7	74
上游干流	3	10	8	4	25
乌江	6	11	3	3	23
汉江	11	28	16	5	60
中游干流	9	21	13	1	44
洞庭湖	26	60	33	10	129
鄱阳湖	15	52	36	1	104
下游干流	6	22	22	8	58
三角洲平原	11	12	16	1	40

长江流域共划分二级功能区593个，其中，饮用水源区179个，农业用水区27个，工业用水区173个，渔业用水区13个，景观娱乐用水区49个，过渡区91个，排污控制区61个。长江流域二级功能区划结果统计见表3-5。

二、环境流确定方法选择

不同地区的河流和不同的河段具有各自的特点和不同的生态环境问题，应分别采取不同的方法计算确定其环境流。根据上述分析，由河流或河段所处的地理位置可以分为南方

表 3-5　　长江流域二级功能区划结果统计表

区　域	饮用水源区	农业用水区	工业用水区	渔业用水区	景观娱乐用水区	过渡区	排污控制区	合计
长江流域	179	27	173	13	49	91	61	593
金沙江	3	3	4	1	1	3	2	17
岷沱江	11	2	11	3	12	15	13	67
嘉陵江	23		14		12	9	9	67
上游干流	13		10	1	5	10	3	42
乌江	2	2	3		3	3	3	16
汉江	11	5	11	1	1	7	6	42
中游干流	13		10		2	12	10	47
洞庭湖	29	1	30		1	10	5	76
鄱阳湖	35		38		3	3	2	81
下游干流	24	12	21	5	7	11	4	84
三角洲平原	15	2	21	2	2	8	4	54

河流、北方河流和西北内陆河；根据河段在河流水系所处的具体位置，可以被分为河源段、上游段、中下游段与河口段；从水质保护目标考虑则为水功能区。此外，根据河流大小还可以分为中小河流与干流（或主要支流）等。

（一）环境流确定方法的选择

1. 北方河流与南方河流

在北方，由于来水量小，用水量大，河流中可保留的水流较小，甚至可能会断流，所以北方干旱地区河流的环境流以保证河流的最基本功能的基本流量，或不断流为河流保护目标，其计算方法可以采用 Tennant 法、Q90 法等，一般以 10%为其下限。在一些极度缺水的北方地区，当地用水很大而已经使河道干涸，且缺乏从外流域调水条件的情况下，在现状情况下可适当将标准进一步放低，但应该设置远景规划目标提高标准以恢复河流基本功能。黄河等多沙河流需要考虑输沙需水量。在西北内陆河流，由于其下游往往注入某个内陆湖泊，其河流保护目标可以定为河流不断流，天然绿洲面积不减小，并保证下游湖泊的需水量。

在南方也可以采用 Tennant 法、Q90 法、湿周法等方法进行计算，但是由于河流天然来水量较大，其环境流的标准需相应提高。与北方很多河流只能维持最基本生态环境功能，甚至已经丧失生态环境功能的情况不同，南方河流由于水资源相对丰富，大部分地区的河道外用水所占比重相对不大，生态环境状况仍较为良好，即使有些地区的生态环境受到了损害，但是由于总水量较多，只要保护措施得当，依然能够恢复到良好或较为良好的状态。因此，南方河流的环境流保护目标应该比北方相对较高，其环境流的标准也需相应提高，在一些具有条件的地方需尽量采用水文—生物分析法和生境模拟法（如 IFIM 法），甚至可采用整体分析法进行计算，以尽量满足河流生态系统用水的需求，保护良好的河流健康生命。

2. 小河流与大江大河

对一些资料相对缺乏的小河流，由于条件限制以及河流重要性相对不大，可以考虑采用计算过程较为简单的 Tennant 法，但是其标准需要根据河流所处的地理位置加以确定，原则上南方较高，而北方可以相应降低。此外，对于有些小河流，特别是一些山区型河流，由于来水季节变化很大，枯季来水很小，若采用 Tennant 法，即使用多年平均 10% 的最低标准仍然难以满足，在这种情况下可以采用考虑了研究对象河流水文特征且计算过程相对不太复杂的 Q90 法确定其枯季的环境流量，但是在其他时段则应提高流量标准并满足 Tennant 法所计算的全年环境流。

对于大江大河，由于考虑的因素较多，影响广泛，加上大江大河的考虑层次更为宏观，所具有的资料条件相对丰富，且由于对于大江大河有关各方都比较重视，能够动用较多的人力、物力、财力和科研资源，进行更深入的观测、分析和研究。因此，可以考虑采用整体分析等方法对大江大河的环境流加以确定。

3. 水质污染的河段

对于水质受污染的河段，重点考虑计算河流自净需要的水量，其计算方法有改进 7Q10 法的 Q90 法、段首控制法和水功能区法。但是需要注意的是，目前我国很多河流的水污染十分严重，如果要完全利用河流等水体来稀释污染物需要很大的水量，甚至全部的河道水流量都不能满足要求。因此，在实践中应该改变水资源保护的管理思路，通过控制排污减少入河排污量的方式治理水污染。这可以结合水功能区的管理目标，根据现状、近期和远期规划的纳污能力和控制排污量来合理确定环境流。

4. 特殊河段

在一些特殊河段，则须根据特定条件合理选择环境流确定方法。如在河源区由于河流生态环境脆弱且受人类活动影响较小，其河流保护应该以尽量维持其天然状态为目标，以天然流量为其环境流。在河口地区往往受到盐水入侵的影响，需要考虑为防止盐水入侵所需要的水量。对于一些重要河段，如有水生生物自然保护区的河流，其环境流则需要结合水生生物的生活特性和生境要求，采用水文—生物分析法和生境模拟法等方法进行模拟计算，以保证水生生物的需要。

在具体的科研和生产实践中，涉及的河流情况各不相同，以上所讨论的不同河流或河段的环境流确定方法具有一定的参考意义，有时候一条河流可能会涉及几个方面的问题，需要解决的问题和所拥有的基础资料条件也各有不同，在进行环境流计算时需要采取多种方法进行计算，最终根据需要解决的问题综合考虑确定河流的环境流。

此外，环境流的确定本身也是一个社会性的选择，环境流的确定需要考虑流域和区域水资源的开发利用目标，从自然和社会的角度综合考虑确定河流保护的目标，由保护目标来合理选择环境流的计算方法，进行环境流计算和水资源的合理配置。环境流确定方法的选择并不仅仅是一个纯学术性的问题，需要放在水资源配置和管理的大框架下进行。而流域水资源配置是一个复杂的社会过程，在设定目标、选择计算方法，甚至计算河道内环境流和河道外取水量的过程中，都会受到有关各方的干涉甚至实质参与，是一个各利益相关方博弈的过程。

（二）长江流域环境流计算方法的选择

长江流域幅员广阔，支流众多，各级支流的大小相差悬殊，水情特点、生态环境问题和人类活动影响也各不相同。因此，长江流域内各河流或河段环境流的计算需要根据不同河流的特点具体分析，采用不同的计算方法。

一些中小河流，由于来水较小，径流季节变化较大，对于这些河流，环境流可以采用诸如 Q90 法等水文学和水力学方法进行计算。对一些资料相对缺乏的河流可以考虑采用计算过程较为简单的 Tennant 法。但是对于一些重要河段，如有重要水生生物保护的河流，其环境流则需要结合水生生物的生活特性和生境要求，采用水文—生物分析法和生境模拟法等方法进行模拟计算，以保证水生生物的生存。对于像长江干流、汉江和嘉陵江等这样的大型支流，其环境流的计算除了采用上述一般的方法进行计算外，还需要考虑水质污染和泥沙输移所需要的水量，并结合人类生产生活用水的需求综合考虑。此外在河口地区的环境流还应该考虑为防止盐水入侵所需要的水量。

因此，根据上述分区分类的思路，本书将长江流域的河流或河段分为 4 种类型：河源段、中小河流、干流与主要支流、河口。针对不同的河流或河段类型，采用不同的环境流确定方法，本书第五章将结合典型实例进行分析计算。

三、未来研究发展方向

目前国内对于河流水资源保护的重点在于水质的保护，即水体的物理化学状态，如对河流湖泊等水体进行了水功能区划，对各水功能区设定了水质保护的具体目标，但是对于生态系统保护的目标则并不明确。由于对河流生态环境的认识十分有限，对其进行的研究十分欠缺，除了在个别特定的河段，如涉及自然保护区的河段，有一些关于鱼类保护的目标，试图保护一些特殊物种或环境条件，大部分河流生态保护目标的设定基本处于空白状态。目前水资源保护管理中主要强调水质和“最低流量”的管理，考虑的主要是下游人类用水安全。

面对日益恶化的环境和生态系统，我国提出生态文明和可持续发展战略，国家和社会开始重视生态环境保护工作，但目前的状态主要还停留在理论研究和思想认识的讨论上，离真正用于水资源保护管理的实践还有较大的距离。目前国内有关环境流的研究也存在较大的差异或误区，很多人没有认识到环境流是一个全水文过程。即使已经认识到环境流时间过程的重要性，但是在进行生态环境需水的计算和对外宣传时，由于现实条件的限制和对河流生态系统认识的不足，往往采用较为简单的水文学和水力学方法，其计算结果往往是一个全年的水量值，而不是整个的流量过程，缺乏对于过程的描述，不能满足河流生态系统在年内不同时段的需水要求。而且应用生态学信息建立物理模型的生境模拟方法则几乎没有，而国外恰恰以此作为研究的重点，并已经开始用于水资源保护管理的实践中。应该重点开展环境流的研究，研究保持河流健康而需保留在河道内的流量及其时间过程，以及相应的物理化学特征和生态系统响应，这应当是我国环境流研究的重点和发展方向。

目前的国内计算方法必须得以改进和补充。针对国内不同区域的河流系统和河流类型，进行分区分类，分别对不同类型的河流建立生态—物理耦合模型，通过生境模型实验结果，并结合典型河流的现场调查以及长期观测数据，根据河流特征，分别确定不同的计算方法。对于重要的河段，或者是大江大河，需采用整体分析法的思路，集合包括水生态学家和水利工程师在内的多学科的专家，组成专家组，根据模型实验结果，利用国内河流系统历史流量资料和生态系统观测资料，直接由相关专家协商讨论出的意见确定河道内环境流的推荐值。

由于国内定量研究环境流起步较晚，且缺少长系列的河流生态实测资料，目前的计算大多套用国外方法或仅以历史流量为依据，较少有物理实验模型为支撑，无法准确判断其计算结果的实用价值和运用效果，因此建立物理实验模型和计算方法评价体系是当务之急。

随着经济社会的快速发展，河道外用水量增加，在一些地区，特别是干旱缺水的情况下，河道生态用水与河道外农业用水、工业用水和生活用水之间存在尖锐的矛盾，哪怕是为了保持河道内最小的环境流都有可能对河道外取用水进行限制，从而有可能会限制国民经济的发展。在这种情况之下，在进行水资源配置及管理的过程中，由于各方利益的不同，要切实保证河道内的环境流会存在极大的困难。因此在定量研究河道内生态环境需水时应结合流域和区域的水资源总体规划，从保护河流健康生态和经济社会服务功能两方面综合考虑，以坚持可持续发展观与构建和谐社会为总体目标，以水资源综合利用效益最大为经济目标，寻求河流健康的环境流流量过程及需水量的有效计算方法作为今后环境流需求评估的研究重点。

第四节 小　　结

目前环境流确定方法有很多，总结起来可以分为水文学法、水力学法、生境模拟法和整体分析法四类。本章根据河流分区分类的思想，利用国内外研究成果和我国河流生态系统特点，将我国的环境流问题划分为全国、流域和水功能区三个空间层次，其中每个层次又分为两个亚层共六个亚层。根据不同地区的河流和不同河段的特点和生态环境问题，分别采取不同的方法计算确定环境流。由于生态系统在不同时段的需求不同，环境流是一个流量过程。但是目前国内由于受条件所限，在实践中往往在全年中取一个流量值，并从水资源开发利用的角度采用下限值作为保留在河道内的生态流量，这是目前的现状和缺憾。水资源保护管理者和相关的专家学者应该加强研究，结合生态系统的具体需求，研究河流环境流的流量过程，从保护河流健康生态的角度，并结合流域和区域的水资源的总体规划，对河流进行开发利用、保护和管理，这才是我国环境流管理的正确发展方向。

参 考 文 献

[1] Megan Dyson，Ger Bergkamp，John Scanlon 著，张国芳，孙凤，孙扬波，李跃辉，薛云鹏，等译. 环境流量——河流的生命 [M]. 郑州：黄河水利出版社，2006.

[2] Sandra Postel，Brian Richter 著，武会先，王万战，宋学东译. 河流生命——为人类和自然管理水 [M]. 郑州：黄河水利出版社，2005.

[3] 王珊琳，丛沛桐，王瑞兰，金炯球，马振兴. 生态环境需水量研究进展与理论探析 [J]. 生态学杂志，2004，23 (6)：111-115.

[4] 杨胜天，王雪蕾，刘昌明，盛浩然，等. 岸边带生态系统研究进展 [J]，环境科学学报，2007，27 (6)：894 - 905.
[5] Christer Nilsson，Magnus Svedmak. Basic principles and wcological consequences of changing water regimes：riparian plant communities [J]. Environmental Management，2002，30 (4)：468 - 480.
[6] 杨志峰，张远. 河道生态环境需水研究方法比较 [J]. 水动力学研究与进展，2003，18 (3)：294 - 301.
[7] 吴玲玲，蒋亚萍，陈余道. 用变化范围法 (RVA) 确定河流环境流量 [J]. 广西水利水电，2007 (3)：10 - 13.
[8] R. E. Tharme. A global prespective on environmental flow assessment：emerging trendi in the development and application of environmental flow methodologies for rivers [J]. River Res. Applic. 2003 (19)：397 - 441.
[9] 宋进喜，李怀恩. 渭河生态环境需水量研究 [M]. 北京：中国水利水电出版社，2004.
[10] Shuler. SW，Nehring. RB. Using the Physical habitat simulation model to evaluate a streamhabitat enhancement project [J]. Rivers，1993，4 (3)：175 - 193.
[11] 徐志侠，王浩，董增川，等. 河道与湖泊生态需水理论与实践 [M]. 北京：中国水利水电出版社，2006.
[12] 汤奇成，熊怡. 中国河流水文 [M]. 北京：科学出版社，1998.
[13] 长江流域水资源保护局. 长江片水资源保护规划报告 [R]. 2003.

第四章　实现环境流管理的途径

环境流是为了维持河流生态环境需要保留在河道内的基本流量过程，对于水生生态系统的健康状态和服务功能具有至关重要的作用。环境流的管理目标则是为了提供一个能够满足河流及其水生生态系统在质、量和时空分布方面可以持续发展的流态。对于一条河流，其适当的环境流取决于河流管理要实现的价值目标，环境流的管理决定了采取何种工程建设、技术手段、政策法规等措施来平衡社会、经济和环境的期望与水资源利用的关系。这意味着生态方面的收益不一定就成为环境流管理的唯一成果，成功的环境流管理需要平衡满足生态环境需求的水量与其他生产生活用水，如发电、灌溉、供水或娱乐等用水需求之间的关系。

随着我国生态环境问题的日益突出和国家社会对水生态环境问题的认识逐渐加深，对水资源保护日益重视。国家先后制定了《中华人民共和国环境保护法》,《中华人民共和国水污染防治法》等相关的法律法规，建立了水资源保护专门机构；2002 年完成了《全国水资源保护规划》，编制了《中国水功能区划》；许多省级部门完成了所辖行政区域水功能区划和水资源保护规划工作，并以水质监测和排污口监督管理为重点，全面加强水资源保护工作。但是，目前的水资源保护工作的重点仍然在于水质的保护，相应的法律法规、规章制定、技术标准和管理考核体系也较为成熟；但对于环境流的管理，由于对河流生态系统及价值的认识的不足，在实践中往往采用一个固定的流量值，即以“最低流量”进行管理，没有认识到环境流是一个水文过程，难以达到保护河流生态系统的目的。此外，对于如何控制和管理环境流，如何与目前大规模的水电站建设和河道外用水问题相协调，通过综合措施去实现环境流的管理，还没有一套科学可行的管理方案。

第一节　基本框架和综合措施

一、环境流管理的基本框架

由于缺乏对于维持水生生态系统所需流量过程的了解，水资源开发和管理者通常都在有意或无意识间造成了河流水生生态系统退化。河流自然生态系统在相当程度上受到自然水文变化特征的影响，如河流的季节变化、频繁出现的洪水和干旱过程等。这些自然的水文变化对于河流水生生态系统具有十分重要的作用，从某种角度讲，水生生态系统中物种多样性及其生产力水平在很大程度上取决于其所在河流的自然水文特性的变化。但是变化的水文过程与水资源开发利用的目标是相对立的。传统的水资源开发、利用和管理通常力图减少河流流量的时间变化，以得到稳定而可靠的生产生活用水，缓解洪涝和干旱过程，减轻洪旱灾害对人类的影响，水库建设和调度就是典型的例子。当河流自然的水文节律被人类干涉改变过大时，就会导致水生生态系统的物理、化学、生物条件及其功能的显著变化，甚至于出现退化，生物多样性和社会都将为此付出惨重代价。为了保护河流的生态环境，河流水资源管理需要从传统的注重开发和利用向可持续的水资源保护和综合管理转变，更加关注环境流的管理。环境流管理的基本框架如下。

（一）确定环境流管理的目标

在确定一条河流的环境流以前，首先需要从自然生态与经济社会等因素综合考虑，明确河流生态环境保护的目标。需要明确河流生态系统的最低要求和最高要求，并在河流生态系统保护与人类社会服务功能之间进行平衡，以此作为确定流量管理和制定水资源开发利用方案的基础，并作为流域水量分配的基本依据。

（二）确定环境流

河流、湖泊、湿地、河口等水生生态系统环境流的确定是一个复杂的过程，一条河流环境流的大小取决于其生态环境保护目标和环境流管理目标。而环境流管理目标往往是在平衡人类用水和生态环境需水基础之上，多方利益经过协调，达成一致的结果。虽然到目前为止，尚未形成一个统一的、最佳的确定方法或框架，但人类水资源利用的基本需求是可以基本上确定的，扣除人类用水的基本需求（如基本生活用水）后，剩下的水流应该尽量留给生态环境，在留下的水流中，应该尽量保持类似自然水文节率的水流过程，就可以基本确定环境流。

（三）确定环境流管理的措施

根据环境流管理目标，初步确定主要河段的环境流后，需要采用综合的措施来保证河流环境流。环境流管理措施包括工程措施和非工程措施等。工程措施包括大坝下泄环境流的过流建筑结构（孔口、明渠）；非工程措施包括水利设施的生态调度方案的制订、环境流下泄的监控监测措施等。

（四）建立环境流管理的政策法律框架

环境流管理目标的实现，除了采取工程措施和非工程措施外，还需要制定相应的法律法规、技术标准等管理制度加以保障，只有引起政府、河流管理者和水库管理者的重视，并有明确的法律条文、管理制度和技术标准体系，环境流的管理才能有可靠的制度保障。

（五）产生政策和社会的动力

环境流管理往往需要在人类用水和生态环境需水之间进行平衡，保护生态环境有可能需要人们在用水方面做出一定程度的限制。因此，环境流管理目标的实现需要政府和社会公众的全力支持，使社会各界和各级政府机构产生进行环境流管理的动力，需要通过宣传、教育和交流等多种方式推动全民参与，产生社会行动力。

二、环境流管理的综合措施

虽然准确确定环境流目前还存在诸多困难，但为了我国经济社会可持续发展，需要保护河流的生态环境，必须从流域综合规划、水利工程建设及管理、水库运行调度、水量分配等流域管理中采取综合措施规范流域水资源开发利用的方式，保证主要控制断面基本的环境流。在资料缺乏的情况下，可以采用水文学与水功能区管理目标相结合的方法，初步确定主要河段的环境流，采用包括工程措施和非工程措施的综合保障措施保证环境流。

保障环境流的途径和措施主要有：坚持保护生态、保护河流生物多样性的原则，从政策、法律、法规等各方面，要求在水利工程建设的规划、设计、施工、运行管理等各个环节，充分考虑河流生态保护的目标，真正做到"在开发中保护，在保护中开发"。比如，对于减缓和补偿大坝建设对河流鱼类生存的影响，要求在修建大坝的同时要建设过鱼设施，或通过人工增殖放流补充生物资源量。再如通过调整大坝泄流方式，采用分层取水，缓解低温水下泄对河流生物的影响；通过改进水库调度方式以改善水流条件，补偿河流生物对特征水流环境条件的需求等。

（一）工程措施

由于水库等大型水利设施对于河流生态系统的影响巨大，因此在进行环境流管理时，在对水利工程进行规划、设计时要保证河流的环境流下泄的结构，需采取谨慎的态度和周密的工程设计。目前，恢复环境流的主要工程措施包括对于敏感河段和重要水利枢纽工程建设专门的过流和过鱼设施。

为了尽量维持河流的连续性，除通过水电站本身下泄外，还应该设立专门的过流通道，以保证水电站调峰时下游河道在所有时段都有必要的环境流。环境流下泄通道应该有以下几点要求：①水流最好是无压或者是低压状态，如采用明渠或无压泄流，保证生物过坝基本生存条件；②过流通道进水口最好采用分层取水结构形式，保证水库能够下泄接近河流自然水温和水流；③进水口最低高程应该能够保证一般枯水时期和水库死水位时也能下泄环境流，进水口高程应该设在接近水库死水位以下，保证环境流的连续下泄；④最好采用双通道或者双闸门控制，保证通道在检修和维修期间也能够下泄环境流。

目前我国水利枢纽布置和水工结构设计尚没有专门考虑环境流下泄的技术标准，所以需要修改水利工程规划和设计标准，以保证未来水利工程可以比较好地下泄环境流。如果枢纽布置或过水设施存在困难，也可以对水轮机及叶轮结构等进行改造，保证通过水流不严重伤害水生生物。

鱼道是供鱼类洄游通过水闸或坝的人工水槽。鱼道的设计主要考虑鱼类的上溯习性。在闸坝的下游，鱼类常依靠水流的吸引进入鱼道。鱼类在鱼道中靠自身力量克服流速溯游至上游。鱼道由进口、槽身、出口和诱鱼补水系统组成。进口多布置在水流平稳，且有一定水深的岸边或电站，溢流坝出口附近。常用的槽身横断面为矩形，用隔板将水槽上游、下游的水位差分成若干个小的梯级，板上设有过鱼孔，利用水垫、沿程摩阻、水流对冲和扩散来消除多余能量。由于孔形不同，又可分为堰式、淹没孔口式、竖缝式和组合式等见图 4－1。

（二）非工程措施

即使建设了保证环境流的工程措施，要保证环境流的实现，还需要采用非工程的技术手段和法律法规制度来实现管理和保障。环境流管理主要非工程措施包括：

（1）改变传统的流域水资源开发利用的规划思想，特别是流域水能开发的思路，不能仅从技术角度规划梯级水电站的建设，用完每米水头，而应该采取长远和全面的规划思路，考虑技术、生态、环境、管理等各方面，通过设定一些保护和保留河段，避开敏感河段。目前"长江流域综合规划"修编中考虑的河流功能区化，设立规划保护和保留河段，

图 4－1　鱼道

就是一个很好的开端。

(2) 完善环境流管理的制度建设，制定一套清晰的、系统的为环境流管理的法律法规体系和技术标准体系。立法方面包括最小环境流的法律要求，公众信托原则、法定管理规划以及基于生态目的的流量调度管理，特别是在涉及已经超量分配水量的河流。要建立和完善涉及保证环境流的一些制度，如完善流域规划环评、流域和区域规划水资源论证等制度，建立水量分配和绿色水电站评价和论证制度，从河流整体及用水结构上，保证生态环境用水量及用水流量过程。

(3) 建立考虑环境流的梯级水库群优化调度。由于水库利用一般是多目标的，上下游水库间水位和流量的衔接，梯级水库联合调度是保证一条河的环境流最重要的措施。通过水库群联合优化调度，尽可能保持下泄流量必要的水文节律，区分常规调度与非常规调度，保证一般洪水过程正常下泄，中小洪水不需要反应过度，保持大多数年份有洪水过程。总之，需要对水库多目标进行协调，上下游水库间利益进行协调，建立河流综合利益最大化的水库群调度方案。

(4) 建立长期的生物观察和科学研究，通过建立流域的水生态监测体系，对水生生物和河流生态系统进行长期系统的观测，结合各种科学考察和观测，为河流生态保护和环境流管理提供观测数据和基础资料，在此基础上通过分析、计算、研究，推荐出控制河段保护物种需要的水文过程及水动力条件，将比较定量化的生态水文过程纳入水资源保护目标和水利水电工程优化调度目标。

(5) 采用多种方法对环境流下泄进行监督管理，如严格的法律法规及水行政执法；公众参与监督；远程动态监督主要河段水流变化情况等。建立环境流所需要的动力依赖于多个方面的参与，从政府到地方社区，从各用水户到各种社团。维持环境流监督管理的动力，可以有多种形式，最终不仅针对某个特定对象进行沟通，还要尽量采取多方面措施同时开展工作，并不断调整战略以适应情况的变化。

(6) 建立生态补偿与利益补偿机制。当水库等水利工程进行调度时，在保证防洪、下游用水和生态环境用水等公共利益的条件下，可能会使某些个体的利益受到影响和损失。生态补偿机制是以保护生态环境、促进人水和谐为目的，根据生态保护目标与生态系统服务价值、生态保护成本、发展机会成本，综合运用行政和市场手段，调整生态环境保护和相关利益各方之间利益关系的环境经济政策。建立生态补偿机制的关键是要解决四个核心问题：一是谁是责任主体；二是谁来补偿；三是如何补偿；四是补偿多少。

2005年国务院颁布的《关于落实科学发展观加强环境保护的决定》规定："要完善生态补偿政策，尽快建立生态补偿机制。中央和地方财政转移支付应考虑生态补偿因素，国家和地方可分别开展生态补偿试点。"2010年5月，《生态补偿条例》草案起草领导小组、工作小组和专家咨询委员会在北京成立，根据这次将要制定的《生态补偿条例》，区域补偿可能是其重点，补偿方式涉及横向的补偿和纵向的补偿。但是，对于企业或个人之间，以及企业个人与区域之间的生态补偿，在这次的《生态补偿条例》的制定过程中可能不会成为重点，这种范畴的生态补偿可以借鉴国外经验，探索市场化的方式进行补偿。

第二节 水利工程生态调度

从水资源管理的现实来看，在各种环境流保证措施中，通过考虑生态保护要求的水利工程生态调度是目前保障河流环境流最直接有效的方法。

一、生态调度概述

(一) 生态调度的内涵

生态调度是伴随水利工程对河流生态系统健康如何补偿而出现的一个新概念。从河流生态安全的角度讲，生态调度概念的提出具有现实意义。它的提出有助于减轻水资源开发利用对河流生态环境的影响，是对筑坝河流的一种生态补偿。关于生态调度的具体定义，目前学术界尚未有统一的认识。王远坤等认为生态调度是为保护河流生态系统，调整水库等水利设施的调度规程，以提高中下游地区的生态环境质量和改善水生生物生存条件。董哲仁提出了水库多目标生态调度方法，其定义为在实现防洪、发电、供水、灌溉、航运等社会经济多种目标的前提下，兼顾河流生态系统需求的水库调度方法。蔡其华提出在满足坝下游生态保护和库区水环境保护要求的基础上，充分发挥水库的防洪、发电、灌溉、供水、航运、旅游等各项功能，使水库对坝下游生态和库区水环境造成的负面影响控制在可承受的范围内，并逐步修复生态环境系统。

不难看出生态调度的核心内容是将生态因素纳入到现行的水利工程调度中去，并将其提到相应的高度，根据具体的工程和河流特点制定相应的调度方案。生态调度是水库调度发展的最新阶段，并自始至终贯穿着生态环境问题，以满足流域水资源优化调度和河流生态健康为目标。

(二) 生态调度的内容

由于水库具有进行多目标调度的优势条件，目前的生态调度研究和实践主要集中在水库生态调度。根据河流生态系统的要求，水库生态调度主要包括以下几个方面的内容：

1. 生态环境需水调度

生态环境需水调度以满足河流生态需水为目的，保持河流具有一定自净能力的水量，防止河流断流和河道萎缩，维持河流水生生物繁衍生存的必要水量。生态环境需水调度还需要综合考虑与河流连接的湖泊、湿地的基本功能需水量，考虑维持河口生态以及防止咸潮入侵所需的水量。

2. 生态洪水调度

水库的调度使得河流水文过程均一化，失去了自然的水文情势和变化节律。为河流重要生物繁殖、产卵和生长创造适宜的水文学和水力学条件，需模拟自然水文情势的水库泄流方式。比如根据鱼类的繁殖生物学习性，结合来水的水文情势，通过合理控制水库下泄流量和时间，人为制造洪峰过程，可为一些鱼类创造产卵的水动力条件。

3. 泥沙调度

在河流上建设水库以后，由于水位升高、过水面积加大、流速减缓从而使水流挟沙能力降低，水库库区发生淤积，清水下泄则可能使下游河道与河岸产生冲刷，同时也影响水生生物栖息地的稳定。水库淤积关系到水库寿命和工程效益的发挥，同时还引起库区生态环境的复杂问题。水库可按“蓄清排浑”、调整泄流方式以及控制下泄流量等方法，通过调整出库水流的含沙量和流量过程，尽量降低下游河道冲刷强度。减少常规调度情况出库水流对下游河道冲刷范围并延缓其进程，以减小不利影响。如三峡水库通过采取“蓄清排浑”的调度运行方式，降低泥沙淤积，延长水库寿命。

4. 水质调度

水质调度是为防止或减轻突发河流污染事故、水体富营养化与“水华”的发生而进行的生态调度。为防止水库水体的富营养化，可以通过改变水库的调度运行方式，在一定的时段降低坝前蓄水位，缓和库岔、库湾水位顶托的压力，使缓流区的水体流速加大，破坏水体富营养化的条件。也可以考虑在一定时段内加大水库下泄量，带动库区内水体的流动，达到防止水体富营养化的目的。可利用水库调度对水资源配置的功能，蓄丰泄枯，增加枯水期水库泄放量，从而显著提高下游河道环境容量，改善水质，有效缓解河流水体富营养化现象，控制蓝藻和“水华”的暴发。

5. 生态因子调度

生态因子调度是对单项的水温、流速、流量等生态因子为对象进行调度。以水温为例，大型水库水体存在水温分层现象，水库低温水的下泄严重影响坝下游水生动物的产卵、繁殖和生长。可根据水库水温垂直分布结构，结合取水用途和下游河段水生生物的生物学特性，通过下泄方式的调整，提高下泄水的水温，满足坝下游水生动物产卵、繁殖的需求。

6. 综合调度

综合调度是根据具体水利工程运行与管理中的特点和实际，实施包含以上的各项或几项的综合优化调度。

7. 考虑江湖连通的生态调度

除了水库的生态调度外，在河流中下游的平原水网区，为了防洪、供水、灌溉等目的修建了大量的堤坝闸口工程，这些工程对于河流水系以及江湖连通性具有一定的阻碍作用。因此，需要对闸口的调度规则进行调整，以增加江湖连通性。

在长江中下游一带，土地肥沃，水系发达，湖泊众多，是我国湖泊分布最集中、最具代表性的地区，湖北被称为“千湖之省”。据统计，长江中下游 $1km^2$ 以上的湖泊有 651 个，其总面积为 $16558km^2$，占全国淡水湖泊面积的60%，包括 4 个大的淡水湖：鄱阳湖、洞庭湖、巢湖、太湖，以及安徽湖群。目前除洞庭湖、鄱阳湖两个大型湖泊自由通江以外，其余的都被长江沿岸水利工程和近万座涵闸控制。绝大多数闸口在未有防洪排涝压力的正常情况下是关闭的，仅在汛期排涝时开闸放水和干旱时取水，这切断了湖泊水体和干流的经常性联系。

二、生态调度实例

早在 20 世纪 40 年代，美国开始强调河川径流作为生态因子的重要性。到 20 世纪 70 年代国外学者开展了关于水库对生态环境不利影响的全面的、系统的研究，进行了大量的生态调度活动。20 世纪 90 年代，田纳西流域管理局（TVA）以下游河道最小流量和溶解氧浓度为指标，对 20 个水库的调度运行方式进行了优化调整，使得水库在保证航运、发电、防洪等原有功能的同时，在区域水质改善、娱乐和经济发展方面发挥了重要作用。大古力水坝（GCD）和哥伦比亚流域水库的调度目标主要是充分满足维持或增强溯河产卵的鱼类种群的寻址需求；加利福尼亚州的中央河谷工程管理局（CVP）甚至将保护和恢复鱼类与野生动物需求放在发电需求之先考虑。此外，在日本、南非、澳大利亚、巴西、津巴布韦等国也进行了大量的水库生态调度实践活动。

在国内，传统上水库调度主要围绕防洪、发电、灌溉、供水、航运等综合利益进行。主要任务是处理、协调防洪和兴利的矛盾，以及兴利任务之间的矛盾，生态环境保护的考虑较少。随着社会和政府对于生态环境问题的重视，一些水利工程也进行了生态调度的尝试。黄河水利委员会在 1964 年就利用三门峡水库两次进行人造洪峰试验；2002 年开始利用小浪底水库进行了调水调沙试验，达到输沙入海、减轻下游河道淤积的效果。2002 年启动的“引江济太”调水试验工程，引长江水入太湖，利用太湖的调蓄作用，有效地改善了太湖流域的水环境，缓解了太湖周边地区用水紧张的状况。“淮河沙颍河水污染联防”对 4 座水闸进行水量水质统一调度，采取了污水小流量泄放，人工“错峰”促使干支流雨洪与污水混掺等措施。海河流域通过小清河和白洋淀，把永定河与大清河联系起来，在实施中小洪水情况下两条河流联合调度，用永定河多余的洪水改善了大清河以及沿河地区的生态状况。三峡工程于 2007 年 1 月 11 日起正式启动对长江中下游的补水调节机制，以满足沿江地区紧迫的生产、生活、通航、调节水量、平衡生态的需求，水库试验性蓄水完成后，对下游补水能力大大增强，从 2008 年长江枯水期开始至 2009 年 2 月 11 日，累计补水 25 亿 m^3。

从目前国内的情况来看，生态调度的实践还处于尝试和摸索的阶段，其调度往往是在特定时段采取应急调度的方式为河流或湿地进行应急补水。以下具体介绍两个生态调度实例。

（一）美国田纳西流域水库群生态调度

田纳西河位于美国东南部，为密西西比河的二级支流，源出阿巴拉契亚高地西坡，干流流经田纳西州和亚拉巴马州，于肯塔基州帕迪尤卡附近注入俄亥俄河，干流全长 1050km，流域面积 10.5 万 km^2，多年年径流量 593 亿 m^3（见图 4-2）。为了对田纳西河流域内的自然资源进行全面的综合开发和管理，1933 年美国国会通过了田纳西法案，成立田纳西流域管理局（TVA）实施流域综合开发，开发目标为航运、防洪和电力供应，20 世纪 50 年代完成全流域的梯级开发，共建水库 54 座。根据该法案，TVA 不仅被授权负责田纳西河流域水利工程建设，而且拥有规划、开发、利用、保护流域内各项自然资源的广泛权力。它既是联邦政府部一级的机构，又是一个经济实体，具有很大的独立性和自主权。因此，TVA 具有在全流域进行联合调度的能力，较早进行流域水库群的生态调度。

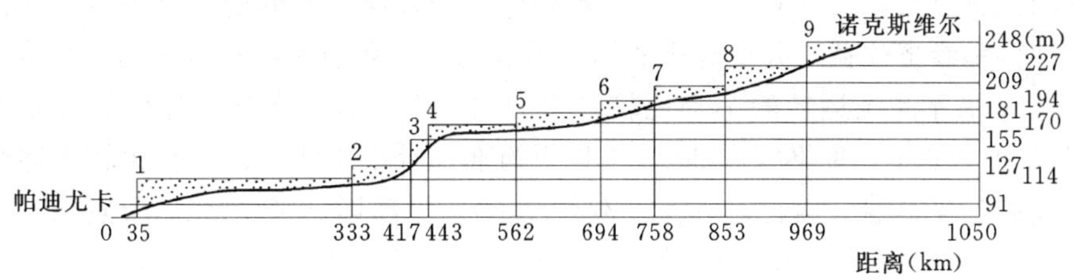

图 4－2　田纳西流域剖面图

1—肯塔基；2—皮克威克；3—威尔逊；4—惠勒；5—贡台斯维勒；6—尼卡杰克；7—奇卡毛加；8—瓦茨巴；9—劳顿堡

由于流域水库群 95％以上是在 1950 年以前设计建造的，水库原始任务中很少考虑改善鱼类和野生生物生存问题，有些水库运行后也常常影响下游地区的水质和用水。1978 年卡特总统提出了改革水资源政策的咨文，指示改善现有工程的运行和管理，以保护江河用水。TVA 据此进行了系统的评价，并制订了“保护鱼类、野生生物和有关适应河川水流的其他财富的方针”，其工作是首先研究对水质的影响和对用水的影响，方法步骤是：

（1）研究确定影响水质及影响用水的项目。水质分为水温、溶解氧、流量、金属的溶解度（铁、锰）、浑浊度和悬浮固体、气体过饱和等；用水影响分为旅游（浮游、钓鱼）、鱼类和其他水生物、供水及同化能力等。

（2）有害影响分为无重大影响、潜在影响或现有影响二级。据此及（1）的分析确定有影响的及应优先研究的水库名称及数目。

（3）对水库的问题找出后，再对具体问题确定可能减轻的方法及措施。可利用的方法涉及物理变化和运行变化两方面。物理变化包括安装设备或结构改变，通常是为了改善溶解氧以及改善温度和流量。运行变化包括保持固定的最小泄水量，限制最大流量和改变调度曲线等，这种变化会影响水库原定的水利任务。

（4）1979 年以前选出了九个具体水库，确立了优先的较大比重，赋予具有多种水质和河川用水问题的工程。其余水库由于资料等问题，还需时日才能进一步研究。

1991～1996 年，TVA 以下游河道最小流量和溶解氧浓度为指标，对 20 个水库的调度运行方式进行了优化调整。具体技术措施包括：通过适当的日调节、涡轮机脉动运行、设置小型机组、再调节堰等提高下游河道最小流量，通过涡轮机通风、涡轮机掺气、表面水泵、掺氧装置、复氧堰等设施提高水库泄流的溶解氧浓度。这些措施在保证航运、防洪、发电等原有重要功能的同时，也在区域水质改善、娱乐和经济发展方面发挥了重要作用。与此同时，管理政策方面的调整也得到各级政府机构的重视，对水库调度管理的相关议案进行了修改，在与原主要目标协调的基础上，批准水库以水质、娱乐为目标进行调度。1996 年，美国联邦能源委员会（FERC）在水电站运行许可审查过程中，要求针对生态环境影响制定新的水库运行方案，包括提高最小泄流量、增加或改善鱼道、周期性大流量泄流和陆域生态保护等措施。

田纳西河流域还进行了综合的水库调度研究，以验明在河流水资源系统的调度中哪些改变对流域的人民将产生较大的整体公共效益。有 1300 人参与了初步的环境影响评价小组，还有一些人参加并帮助形成了研究的范围。TVA 则利用这些输入信息以帮助开发本系统运转的比较方案。而 TVA 的技术专家团队则进行详细的分析，以决定每一比较方案的生态、社会和经济效益，并用分析的结果写成初步的环境影响报告。这个报告包括基本的运转方案和水库系统运转的 7 个比较方案。这 7 个比较方案连同原始的基本方案均以 2010 年为规划水平年，价格则以 2002 年货币为准。专家团队还进一步比较上述全部方案对资源范围的分项影响（无利、有利、不利表示）。分项影响则包括：湿地群、水生植物、陆地生态、外来物种入侵、受威胁和濒危物种、管理的面积、生态系统的整体性、岸边开发和土地利用对自然情况的非直接影响、岸边侵蚀对水库和尾水的影响、最佳农田转化与改造、文化资源（分非直接影响与直接影响）、视觉资源（指天然景色的整体性）、大坝安全（由于水库诱发地震渗漏和水库最大设计洪水水平）、航运、防洪、发电、游乐等方面。美国环境保护局在评估 TVA 提出的 8 个备选方案后，提出了折中方案，于 2004 年 5 月被 TVA 采纳正式实施。新的方案最大限度地满足了公众和管理机构的需求，同时，对原有的基本功能也没有造成大的损失。

（二）天鹅洲、涨渡湖闸口生态调度

长江中下游水网区有大量的湖泊，这些湖泊在长江中下游平原上星罗密布，历史上长江中下游沿岸众多大中型湖泊都与长江及其支流自由相通，水体的交流成为江湖之间生物和物质交流的基础和通道，江湖水位的周期性涨落也为鱼类、鸟类及湿地生态环境保持健康状态提供了重要条件。这些湖泊也是调蓄长江洪水的重要蓄滞洪区。但是自 20 世纪 50 年代以来，人类围湖造田、防洪筑堤，大多数自由通江湖泊被长江沿岸水利工程和近万座涵闸控制，变为江湖阻隔的局面，目前仅剩洞庭湖、鄱阳湖两个大型湖泊自由通江。目前，长江中下游绝大多数闸口在未有防洪排涝压力的正常情况下是关闭的，仅在汛期排涝时开闸放水和干旱时取水。这切断了湖泊水体和干流的经常性联系，湖泊水体水质逐步恶化，相关湿地生态功能逐渐退化。开闸常以防洪、排涝和引水灌溉为目标，闸口调度一般是在特殊情况下的紧急调度，没有或很少考虑闸口调度的生态效应。将闸口调度机制化、常规化，并建立科学的调度方式，可以在考虑闸口调度基本功能的同时兼顾湿地涵养、保障鱼类洄游通道畅通等生态功能，使湖泊湿地生态功能得以改善和保持。

2002 年在 WWF（世界自然基金会）和汇丰银行的资助下，湖北启动了“WWF 汇丰银行长江项目”，在长江中游探索如何恢复江湖联系，重建长江生命网络。项目选取了湖北的 3 个不同类型的阻隔湖泊，开展重建江湖联系，修复河湖复合生态系统的探索。2004 年 6 月以来，湖北省的天鹅洲长江故道、涨渡湖和洪湖已相继开启水闸，实现了这些阻隔湖泊与长江的季节性江湖联系。

1. 天鹅洲长江故道

天鹅洲长江故道位于湖北省石首市东北部，长江北岸，江汉平原南缘，南与石首城区隔江相望，距荆州市约60km，距长沙、武汉约230km。天鹅洲地处长江中下游下荆江河段，1972年长江改道，自然截弯取直，经过近20年的“牛轭湖”化过程逐步趋于稳定，形成长江故道群湿地。天鹅洲长江故道洲滩纵横，生态环境原始，地形地貌独特，具备五大生态特色：滩涂湿地、长江故道、珍稀鸟类、野生麋鹿和豚类，具有重要的科研、文化、生态及旅游价值。天鹅洲是长江出三峡后，下游地区保留最完好的一块湿地，也是国家新公布的16处湿地中保留最完好的一块湿地，总面积70km^2。这里耕地肥沃，草种林木丰茂，气候温暖湿润，水域辽阔，洲滩成片，是中国内陆地区罕见的天然优良牧场，拥有野生植物238种，野鸟56种，除麋鹿、白鱀豚、江豚外，还有天鹅、白鹭、猴面鹰、中华鲟、娃娃鱼等多种珍稀保护动物。该区域包括2个国家级自然保护区（白鱀豚自然保护区和麋鹿自然保护区），一个渔场，天鹅洲岛六合垸4个自然村，外围的两个自然村；移民建镇安置点及天鹅洲湿地保护管委会驻地沙滩子城区。1998年大洪水后，沙滩子大堤建成，仅有下口闸在汛期通过人为调控与长江相通。由于下口淤积抬高，高程已经达到31.80m，水位在32.00m以下时故道水将不能顺利排出。

在WWF的影响下，当地水利部门重新定位了天鹅洲故道通江闸口的功能，将保证年度水文涨落、涵养湿地功能，实施灌江纳苗、提供鱼类洄游通道以保护长江及故道内水生生物多样性的水生生态等保护性条款纳入了闸口的基本功能之中。对天鹅洲闸口的调度方式进行了调整：

（1）原有调度方式。沙滩子拦江大堤修建后，故道水位受到人为调控，仅有下口闸在汛期通过人为调控与长江相通。由于下口淤积抬高，枯水期故道水体难以排出。

（2）规划调度方式。规划调度方式的目的是促进江湖联系，有2个备选方案。

方案1：在故道上口建一口新闸使长江水在汛期从上口闸流入，退水时使故道水从下口闸排出。上下口间距离较短，水位落差小，很难实现水体的自然环流，需根据长江水位涨落规律，通过人为调节实现故道水体的部分交换。

方案2：在天鹅洲故道和黑瓦屋故道距离最近的位置建一座新闸（狭颈闸），连通2个故道，形成天鹅洲故道—黑瓦屋故道一体的长江故道湿地生态系统。天鹅洲闸作为进水口，开挖沟渠将天鹅洲闸同故道的上口连通，将下口的联系阻断，使进入故道的江水从上口流入，沿故道流向下口，通过所建新闸流入黑瓦屋故道，然后经杨坡坦闸，最后由黑瓦屋故道通江口流入长江。汛期通江时，此方案可实现故道的自然环流。

2004年6月，阻隔天鹅洲故道5年之久的闸口重新开启，迈出了重建江湖联系的第一步。通过闸口生态调度，建立起了天鹅洲长江故道与长江干流的季节性江湖联系。

2. 涨渡湖

涨渡湖地区位于武汉市新洲区南部，毗邻长江，是一个平原湖区。涨渡湖为内陆淡水湖，是典型的浅水湖泊。现有水面37.7km^2，平均水深1.30～1.50m，最大水深2.30m，湖底最低高程16.70m。湖泊呈正方形，东西宽6.5km，南北长6km，常年调蓄水位20.00m左右，湖泊蓄水面积46km^2，静储水量均为0.72亿m^3。涨渡湖主要的入湖河流有举水、倒水，多年平均来水量为2.5亿m^3。沿湖东、南、北三面筑有13.41km长的围渍堤，堤顶高程23.00m左右，东北角建有齐头咀节制闸通往东西向的十里主港，南线由长1km的挖沟渠及挖沟闸通向长江。长江主汛期前，控制水位19.20m左右，汛期时调蓄水位控制在 19.50m 以内，排涝调蓄量约为 0.3 亿 m^3。涨渡湖水位主要受齐头咀节制闸和挖沟闸的控制。涨渡湖原与陶家大湖和七湖相连，人为阻隔后通过盛牛皮闸、胡咀闸（闸底高程 18.20m）、龙王咀闸（闸底高程 17.90m）、龙王咀泄洪闸（闸底高程 18.70m）连通。涨渡湖在历史上是江河，直到明代中期才演变为湖。新中国成立前，涨渡湖南受长江倒灌，北纳倒水、举水流域 6371km^2 的来水，汛期时水面达 255km^2（水位高程 22.00m），枯水期水面 86.7km^2（水位高程 19.00m），水位变幅较大。1951 年，开始了涨渡湖长江堤防的全面修建，并将举水人工改道，1972 年倒水人工改道，使两河直通长江，与涨渡湖分离，进而进行了大规模的湖区综合治理。1974 年后形成了从西往东排列的陶家大湖、七湖、涨渡湖为主体的涨渡湖区（三湖）。涨渡湖地区共有两栖类动物 10 种，爬行类动物 16 种，哺乳类动物 20 种，鸟类 103 种，维管束植物 476 种，鱼类 46 种。国家二级重点保护的野生植物粗梗水蕨种群规模极大，丰富的自然资源及得天独厚的湿地生态系统具有极高的保护价值。2004 年，武汉市政府批准新洲涨渡湖为市级湿地自然保护区，保护区面积 185km^2。

（1）原有调度方式。涨渡湖水位主要受齐头咀节制闸和挖沟闸的控制。齐头咀节制闸将涨渡湖与湖区的十里主港分开，挖沟闸将涨渡湖与长江分隔。汛期（除灌江纳苗）时，挖沟闸是关闭的，齐头咀节制闸通过运用，进行洪水调蓄。当一次暴雨后，齐头咀节制闸开启，主港和涨渡湖相通进行洪水调蓄。如汛前水位过高，将通过齐头咀节制闸将水放入主港后，经沐家泾闸排入举水和倒水。

（2）规划调度方式。长江中游 6～7 月初，正是涨渡湖水位低于长江水位，适宜灌江纳苗的时间，因此选择 6～7 月适时灌江纳苗效果较好。为预防内涝，在涨渡湖灌江纳苗开闸前必须将湖内的养殖水位降至最低养殖水位。同时通过新建挖沟闸、沐家泾闸的阻螺设施，对七湖至涨渡湖，陶家大湖至七湖两条港道的疏浚与治理，以及对盛牛皮闸、水产队大闸、胡咀闸、龙王咀闸、龙王咀泄洪闸五座大闸的整治与改造，达到连通长江—涨渡湖—七湖—陶家大湖—倒水河—举水河之目的，形成江、湖、河之间的水循环，保护湿地生态，促进生物多样性。

实践证明建立闸口生态调度机制，重建江湖联系，既有利于湖泊及长江的水生生物、湿地和水资源的保护，也有利于长江流域渔业经济和湿地产业的可持续发展。以涨渡湖为例，开闸后湖泊水质改善，2005 年底调查表明湖内银鱼等 9 种已消失鱼类重返湖区，当年涨渡湖捕捞量提高了 17.33%。同时，闸口生态调度的时机往往选择在长江水位高于湖泊水位时，在此时进行开启水闸引江水入湖的实践将对汛期如何利用湖泊调蓄长江洪水起到示范作用。

三、生态调度的发展方向

我国生态调度的研究和实践刚刚起步，多数成果仅限于宏观定性方面的论述，而在微观定量和实施方面还缺乏实质性的工作，但是可持续发展要求将生态调度纳入包括水利设施调度统一考虑，逐步形成防洪、兴利与生态协调统一的综合调度方式。目前生态调度还有很多亟待解决的课题。

（一）找准生态调度中社会经济目标和生态目标的结合点

生态调度要权衡满足社会经济要求与满足河流生态环境健康要求的关系，实现社会、经济和生态的协调发展。特别要注重生态目标与经济目标的协调，考虑调度主体单位的利益，为生态调度的实施减少阻力。

（二）建立生态调度的管理机制

国家水行政主管部门及流域管理机构要针对目前国内的实际情况，应充分认识到水库等水利设施对河流生态的影响，建立起基于河流生态健康的水库调度管理机制，并进行立法研究，制定相关法律法规，为生态调度的实施提供法律依据。

（三）加强生态调度理论和方法的研究

加强包括河流环境流的确定、生态调度模型的建立、生态调度时机的选择以及泥沙淤积、生态系统变化、水体富营养化、“水华”现象与流量、流速、水温的相关关系等理论基础和技术方法的研究。

（四）进行流域尺度的水库群与水利设施生态调度研究

在建有梯级水库的河流上，各水库之间要在统一规划的基础上，实行联合调度，共同维护河流的生态健康。同时还要考虑跨流域调水工程和其他水利设施对河流的影响，从河流系统的整体出发，实施全流域的联合生态调度。

（五）完善生态调度的评价体系

生态调度只是保护河流生态健康的一个环节，调度实施后，必须对河流生态的健康程度进行识别和评价，评估调度效果，并确认其调控力度和措施，以此循环调节和控制河流的活动过程，保证河流生态的健康水平。

第三节　建立我国绿色水电认证制度的探讨

20世纪80年代开始，欧美一些发达国家面对水电开发所带来的经验教训进行了反思，认识到必须采取具有针对性的河流生态恢复措施。美国低影响水电认证标准和瑞士绿色水电认证标准，则正是他们为缓解水电站负面影响所采取的措施。

一、国际经验

近年来随着人们对于水坝负面影响更多的了解，引发了水电是不是绿色电力的争议。符合环境标准的电力产品可称为绿色电力，或者说采取措施减轻了对于环境破坏的电力生产和传输方式的电力产品。有些观点认为，水电当然是绿色的，或者认为小水电是绿色的。但是小型水电对生态环境并非没有影响，而大型水坝如果通过最大限度地消除其不利影响也可以生产出更多的清洁电力。美国低影响水电研究所（LIHI）基于水坝对于环境的影响，从河道水流、水质、鱼道和鱼类保护、流域保护、濒危物种保护、文化资源保护、公共娱乐、是否已被建议拆除等8个方面提出了低影响水电所应满足的条件。瑞士联邦水科学技术研究所则在2001年提出了绿色水电认证的技术框架，建立了绿色水电认证的标准，从水文特征、河流系统连通性、泥沙和地形、景观和栖息地、生物群落等5个方面提出了反映健康河流生态系统的特征。如果绿色水电表示在电力的生产过程和传输过程中采用了减轻环境破坏的方式，这就需要一整套的认证程序和标准对其进行评估。

（一）美国低影响水电认证标准

虽然水坝带来了不少负面的生态影响，但由于不少现存的水坝对上下游居民仍然存在价值，如防洪、供水和发电，改善现存水库或水坝的管理也是美国民间推动的一项重要目标。因此，美国的民间组织联合起来，提倡“低影响水电”概念，希望通过市场诱因减低现存水电大坝的生态和社会影响。他们成立了低影响水电研究所（LIHI），通过对水电站设施的认证，鼓励电站采取措施减低环境影响。认证制度确立了8大标准，要求水电站在营运时必须遵守。标准的制定因地制宜，并且由联邦自然资源管理处的人负责。如果电站营运不能符合这8大标准，便应考虑拆除。这8大标准包括：

（1）河道水流：水电设施必须保证鱼类和野生动物拥有健康生活的径流，且对水质影响最少，包括季节性径流的改变。

（2）水质：河流水质必须得到保证。

（3）鱼道和鱼类保护：水电设施必须使淡水鱼和咸淡水交界的鱼类通过和繁殖。

（4）流域保护：水电设施必须采取措施，加大力度保护流域分水岭，减轻对流域分水岭生态的影响。

（5）濒危物种保护：水电设施必须保证不会影响州政府或联邦法定的濒危生物。

（6）文化资源保护：水电设施必须保证不会影响文化资源。

（7）公共娱乐：水电设施必须提供大众休闲活动的空间。

（8）是否已被建议拆除：对于社会代价大于效益的水坝，鼓励水电营运者进行拆除。

这8大标准并不适用于新规划的水电站，因为美国所有河流都已经布满水坝，民间组织认为美国政府不应该再提倡新的水电建设。

（二）瑞士绿色水电认证

水电是瑞士最重要的能源，大约60%的瑞士电力来源于水力发电。自20世纪60年代初以来，由于水电开发，瑞士许多河流的生态完整性被显著改变，引起社会对天然河流系统的关注，越来越多的人愿意为获取绿色电力而支付额外费用。水电有着温室气体排放量低的天然优势，但是对当地水系统干预较大。因此，在实践中处理好水电对环境成本效益的关系至关重要。瑞士联邦环境科学与技术研究院（EAWAG）进行了一项研究工作，设计了一套以生态协调模式进行水电生产的评价原则。根据该评价原则，水电只有在对全球和当地环境造成的影响最小时，才能被认为是绿色能源。2001年6月发布了绿色水电厂的评价手册和认证程序。绿色水电认证程序共有4个步骤：初步调查、管理计划、审核与认证、成功监测。根据建议的认证程序，绿色水电的基本生态标准确定涉及评估电站对河流生态系统和河岸景观的直接影响。为了采取一种可靠和实用的方法解决资源利用和环境保护之间的矛盾，采用了一种环境管理矩阵来构架评价准则。其评价标准通过水文特性、河系的连通性、泥沙和地形、景观和栖息地、生物群落5个方面反映健康河流生态系统的特征，并从5个方面的管理措施来实现绿色水电：最小流量管理；水电调峰模式；水库管理；河床泥沙管理；水电站设计。

1. 最小流量管理

最小流量会引起河流系统内部和周围区域生物、非生物条件的极大改变，因此最小流量的管理目标是保证河流的水流情势接近于所涉及河流的自然特征。最小流量要考虑季节波动以确保流态尽可能反映全年的自然流态，水流季节性变化的调整应该保证流速和流态保持自然的多样性。最小流量需要保持河流系统的连通性，不能切断河道、地下水和相邻陆地之间的连通，不能切断河流与通江湖泊之间的连通性，最小流量调节应该防止主干河道与支流之间任何非自然的隔绝，满足鱼类迁徙的足够水深。最小流量应当保持河床的自然结构，维持河段泥沙输移的平衡。最小流量应当保证水生生物自然保护区和景观的自然属性以及生态动态性。水电站应当控制其调度方式，以防止最小流量河段达到危险的水温和氧气浓度。

2. 水电调峰模式

水电站的调峰模式应当保证对发电放水流量峰值的频率、变幅和涨落梯度进行控制，以防止任何可能的河道内生物群落的严重破坏和生物多样性的长期退化。要达到这一目标，调峰作用应当使下泄流量更接近于自然洪水的缓慢涨落过程，避免陡涨陡落，保证减水期水位不会猛烈下降，放水峰值期水位不会剧烈上升。减水时段的河道水位变化梯度应当足够缓和以避免鱼和底栖动物被大范围隔绝在主干道外，最小水流不应当使鱼和底栖动物在主河道外搁浅或死亡，低流量期间绝对不允许回水区完全干涸。调峰应当允许当地居民在河道内的正常活动，保证不出现安全问题。

3. 水库管理

水库管理关注于库区，绿色水电水库管理集中在水库水位升降的管理措施，这些措施应当防止回水区重要河段的河岸发生任何持续的退化，并避免对水库库区与滨水区之间的整体性连通产生较大的、长期的破坏。

4. 河床泥沙管理

绿色水电的泥沙管理目标是要保证河流泥沙的冲淤平衡以保持河流的自然特征。对于洪水的控制则应当允许泥沙输移并重塑河道以使河道地形结构与水流类型相匹配。

5. 水电站设计

绿色水电站的设计目标是改善电站设施建设与调度的方式，以尽可能为上述四个方面的管理提供支持。如取水口应当在蓄水区以下形成适度的下泄水流，并允许电站调节下泄水流时间，不应当完全阻止大流量水流甚至中等规模流量水流的下泄；水电站控制系统设计应当确保不会突然下泄大流量水流；水电站设计应当为所有曾经存在或可能存在的鱼类创造无障碍迁移的条件，为重要的洄游性鱼类建设过鱼设施等。另外水电站建筑物的建设不能对当地生态环境造成不可恢复的破坏。

二、中国绿色水电实践与探索

我国是世界上修建大坝最多的国家，而且根据改善能源结构、增强防洪安全、促进社会经济发展的现状和趋势，今后一段时期内仍要进行一定规模的水能资源开发。作为水电开发的大国，生态环境问题正逐渐成为我国水电工程建设和管理的重要制约因素，越来越多的有识之士意识到了水电站的生态环境影响问题，已有不少科研机构对此进行了很多的研究，在管理上政府也加大了对水电开发的监管力度，有些负责任的水电企业也在此方面进行了一些探索，如三峡工程在建设前期阶段就对其生态环境进行了大量的研究和评价，建设和运行的初期，中国长江三峡集团公司进行了大量关于三峡工程运行对库区和长江中下游水生生物（如鱼类和中华鲟）的影响和对策研究。乌江水电开发有限公司成立了电站环境保护委员会，实行环境保护的全过程控制。以云南怒江水电开发争议为导火线，大型水电开发的环境影响正在引起中央政府、地方政府、水电企业、专家学者、非政府组织(NGO)，甚至水电开发区域原住居民的广泛关注。岷江上游小水电开发过程中出现的问题也曾引起社会各界的广泛关注。

这一切都表明了我国对于绿色水电建设的认知和重视。2006 年开始实施的《中华人民共和国可再生能源法》把水能纳入可再生能源的范畴，同时又规定“水力发电对本法的适用，由国务院能源主管部门规定，报国务院批准”，这表明有必要制定相应的方案来筛选环境友好的水电工程，使之能享受可再生能源法提供的优惠政策。2007 年 12 月，《中国的能源状况与政策》白皮书进一步明确要求，要在保护生态、妥善解决移民问题的条件下，大力发展水电。随着我国生态环境问题的日益突出，国家和社会对水生态环境问题认识逐渐加深，对减轻水电的生态环境影响及保护对策也更加重视。

对于我国是否需要建立绿色水电认证制度则存在一定的争议。因为建立一种认证制度总是会增加管理的成本和经营者的运行成本，消费者也可能会支付更高的能源使用费用。比如，有一种观点认为目前的舆论宣传在对水利水电工程的生态环境问题上被人为地放大了，将一些并非水电建设的影响也附加在它们身上是不公平的。在美国通过低影响水电认证的项目几乎都是小水电，我国中小水电的开发确实也存在一些问题和混乱现象，但是在大江大河上的大型水电开发都是由政府投资，所开发建设的水电是要代表国家利益和社会公共利益，应该算是国家行为，出现问题较少，即使出现某种局部的失误也可以由政府出面解决。从目前的水电开发实际情况来看，一般国家控制的大型国有水电企业对于生态环境影响问题是足够重视的，也愿意采取相应的行动。因此，对于水电开发中出现的问题完全可以通过加强监督管理来解决，而并非需要通过建立论证这样一种特殊的许可制度。另外一些学者和组织则认为绿色水电认证对我国水能资源的可持续开发具有至关重要的作用，如中国环境与发展国际合作委员会 2010 年发表报告建议国家设立“绿色水电认证制度”，鼓励水电站业主采取有效生态保护措施来最大限度地降低大坝建设与管理对生态环境的影响。无论怎么看，水电建设的生态环境影响问题，有关各方是有共识的，只是在影响的程度和范围，以及该用什么样的管理对策和措施上存在不同的看法。

通过绿色水电认证，可以对水电工程的生态环境影响进行综合评估和有效管理，保障河流的环境流，从而将水电工程对生态环境的负面影响降至最低程度。根据禹雪中等人的研究，在我国建立绿色水电认证制度需要解决以下几个方面的问题。

1. 完善相应的法规和管理机制

我国现有法律法规中有与水电工程生态环境保护相关的条文，但只是规定了一般的原则，如果要实现绿色水电认证，需对水电工程更加有效的环境监管，必须在影响调查评价、监督管理和生态补偿等方面进行法规和管理机制的完善和补充。环境影响调查机制要求建立统一的监测系统，调查河流生态环境因子的分布和受影响程度，评价河流生态系统的状态和趋势。在监督管理方面，需要在法律层面对水电工程调度进行必要的约束，并且设立专门的机构进行审查。同时在管理中可以通过激励机制，鼓励水电站运营者努力降低对生态环境的不利影响，实现企业效益和环境效益的兼顾。如果能够在这几个方面形成具体可操作的法规与管理制度，就可以使水电工程生态环境保护从理念落实到实践。

2. 政府对认证制度和企业的支持

绿色水电认证是一种基于市场支付方式进行生态环境保护的手段，而生态环境具有公共物品性质，政府管理手段具有十分重要的作用。为了达到绿色水电的要求，降低水电对河流生态系统的影响，水电企业必然会在其经济利益方面做出一定的牺牲，如水电企业为了通过认证可能要降低一部分产能，一些改善生态环境的设施还需要一定的资金投入。我国属于发展中国家，总体经济发展水平还比较低，目前社会公众对于生态环境保护的支付意愿还很低。因此，国家和地方政府应该在财政和税收方面鼓励和支持企业参与认证，从而逐步促进认证制度的推广。随着经济社会的发展，人民生活水平的提高和经济实力的增大，通过宣传教育和多方交流，人们为绿色水电支付的意愿会逐渐提高，绿色水电认证制度的阻力也会逐渐减小甚至消失。

3. 独立公正的认证机构和多部门的参与

开展绿色水电认证，需要有一个独立、非营利的认证机构来主持认证，这是认证得以客观公正实施的重要保证，也是目前很多国家的通用做法。绿色水电认证不仅是一种技术评定，也是一种公共管理制度，必须保证客观独立、公开公正、诚实信用的原则。河流生态系统是一个整体，保护河流生态环境需要电力、水利、环境、农业、旅游等部门的共同努力，因此开展绿色水电认证还需要加强部门合作，同时要鼓励公众参与。随着社会公众环保意识的增强，吸引和鼓励公众参与对绿色水电的认证可以提高受认可程度，同时促进绿色水电的市场推广。

4. 制定符合中国特点的绿色水电标准

由于经济社会发展水平和管理制度的不同，河流本身也具有自己的特征，我国的绿色水电认证制度需要根据我国河流的具体自然特征、工程特点、实际的经济和社会条件，制定绿色水电的各单项标准以及整体标准。建立绿色水电认证标准，水电工程生态环境保护的指标体系是其主要内容。绿色水电认证的生态环境保护的目标是通过适当的设计与运行管理，根据河流及工程的特点，将工程的不利影响降低到最低程度，可以从水文特征、河流水质、河流形态、河流连通性、生物生境、生物群落、河流景观七个方面进行设计，制定保护准则，提出详细的并且可以进行定量或定性描述的各种指标，以及各指标的评价标准。

在水电是不是绿色的争议中，国际上一般认为小水电是绿色水电。但是从科学的角度讲，对于生态来说，单纯以装机容量作为判断标准，有些勉强。目前我国被中央和地方坚决叫停的“四无”水电站，绝大多数也是小水电，这些电站连基本的规划和设计都没有，绝对谈不上“绿色”。而在大江大河上的大型水电开发都是由政府投资，所开发建设的水电绝对是要代表国家利益和社会公共利益，其行为较为规范，出现的问题比较少。因此，对小水电实施“绿色认证”，可以很好地甄别鱼龙混杂的小水电市场，减少水电对于河流生态环境的影响。

第四节　推进中国环境流管理的路线图

为推进我国环境流管理，可以从加强制度建设、推动流域规划与环境影响评价、提高环境流研究技术支撑条件、提高公众参与程度等方面采取措施，与流域综合管理相结合，通过适应性管理不断提高管理水平。

一、加强制度建设

推行环境流管理需要一套清晰的、系统的管理制度，包括相应的法律法规、政府政策、技术规范、管理机构及其协调机制。

环境流的有效管理制度需要根据国家的实际情况认真制定，成功的环境流管理制度还需要根据当地的自然和社会环境进行调整和应用。目前，《中华人民共和国水法》已经对水资源保护有专门的规定，并重新制定了《中华人民共和国水污染防治法》。此外，水利部和地方政府以及各级水行政主管部门也制定了大量与水资源保护相关的法律法规，并制定了大量的标准和规范性文件。但是也存在一些规定比较笼统，不够细，不同法律之间不协调等问题。更为重要的是，目前的管理对于水质管理比较成熟，管理也较为严格，但是对于水生态保护，由于对河流生态系统认识的不足，对于河道内水量的保护一般仅采用"最低流量"的管理，没有能够实现河流水文过程的环境流管理，对于河流生态系统保护的法律法规和技术文件相对较少，且很多过于笼统，缺乏实际管理的操作性及其相关步骤。

在技术标准方面，2005年水利部组织编写的《建设项目水资源论证导则》，规定了涉水工程必须保证最小下泄流量的有关要求；在已经完成的《全国水资源综合规划》中提出了河流生态环境需水量的成果；目前水利部组织编写了《河道内生态需水评估导则》。随着研究的深入和实践的增加，还需要制订更为完善的环境流方面的技术标准，为河流开发、规划、设计和运行提供技术依据。

目前我国实行的是多头管水制度，水资源保护管理不仅是水行政主管部门的职责，还涉及环境保护部门、林业部门、渔业部门、航运部门等，水库调度还可能会涉及电力部门；我国的水资源管理实行的是流域管理与区域管理相结合的制度，但是由于历史等原因，流域管理的权威性不够，实际中往往是地方的区域管理起主导作用，流域管理相对较弱。因此需要理顺各管理部门之间的关系，建立起地区间和部门间的协调机制，加强流域管理。

二、推动流域规划环境影响评价

一些国家规定，制定法定管理规划必须包括维持河流健康生命所需要的最小流量，消耗性用水分配必须在保证这一河道内需水的前提下运行。我国的流域综合规划和水资源综合规划也都要求在进行水量分配和水资源配置时要保障河流的生态环境需水。在规划阶段就提出环境流要求可以提前介入河流水资源开发利用的进程，规范流域内水利工程的规划、建设和运行管理，为保证河流生态系统需水打下基础。

1998年国务院颁布的《建设项目环境保护管理条例》，首次在法规层次上提出流域开发、开发区建设、城市新区建设和旧区改建等区域性开发活动，在编制建设规划时，应当进行环境影响评价。2003年9月1日《中华人民共和国环境影响评价法》正式实施。我国的环境影响评价制度包括建设项目环境影响评价和规划环境影响评价两个方面，目前建设项目环境影响评价制度基本完善，而规划环境影响评价的制度建设还远未完善。在规划环境影响评价方面，目前已有了《规划环境影响评价条例》、《专项规划环境影响报告书审查办法》、《编制环境影响报告书的规划的具体范围（试行）》、《编制环境影响篇章或说明的规划的具体范围（试行）》、《关于进一步做好规划环境影响评价工作的通知》等，提出了规划环境影响评价的实施程序、管理要求等。一些地方通过地方法规、政府文件等形式也陆续发布了开展规划环境影响评价的有关规定，从各地实际情况出发，对规划环境影响评价的工作程序、审查办法、经费来源等做了具体规定。这些规章制度的出台对提高地方政府及有关部门的环保意识起到了很大作用。2006年又专门制定了《江河流域规划环境影响评价规范》，这些法律法规和技术规范为流域规划环境影响评价的推进奠定了基础。此外，如何对流域规划进行水资源论证则还处于摸索的阶段，可以借鉴建设项目的环境影响评价和水资源论证，以及区域规划环境影响评价的经验，探索出一条适合于我国河流特点和水资源管理现状的流域规划环境影响评价和水资源论证制度。通过流域规划环境影响评价和水资源论证为流域设置环境流管理目标，确定环境流，并提出具体的管理对策措施。

三、提高技术支撑能力

为加强我国的环境流管理，除了在制度上健全外，还需要加强研究，提高管理的手段和技术水平。

（一）生态监测系统

与西方发达国家开展了长时间和比较系统的生态监测相比，目前我国的生态监测较为缺乏。一个基本的事实是除了一些科研单位设立的个别生物监测站点和科研项目的生物考察，还没有一个全国性的水生态监测网络系统。因此，应该制定全国水生态监测规划，建立由水利工程管理单位、科研单位、流域机构和地方各级水行政主管部门的，多层次多领域的水生态监测体系，对水生生物和河流生态系统进行长期系统的观测，为河流生态保护和环境流的研究和管理提供观测数据和基础资料。

（二）河流最小环境流量要求

环境流管理必须保证河流各断面的最小环境流，最小环境流是维持河流生态系统基本功能的最小流量，是环境流管理的最低目标，国家必须用法律条文的形式对此作出明确的规定。一些国家已经为不同类型河流的最小流量提出了具体的法律要求，如瑞士（水保护法）规定了针对不同平均流量，必须维持或在某些具体情况下，基于地理或生态因素，应当有所增加相对应的最小流量值。这些国家的做法为我们提供了可以借鉴的经验。随着对于环境问题和水利工程环境影响的逐步重视，目前在我国的流域规划、水资源开发利用、水利工程设计建设时都对江河的最小流量有了一定的要求，关键在于实际中如何具体落实，特别是通过一定的管理手段和奖惩措施对河流最小流量加以保证。

（三）流量的调度和管理

对现有水利工程的运行调度提出明确的生态管理要求，对其下泄流量的调度管理从生态保护的角度提出具体要求，是保障河流环境流过程的最直接有效的方法。在这一方面也完全可以大有作为。如服务于生态环境效益的流量调度措施已经在澳大利亚的墨累—达令河流域应用，它是通过流域各洲之间协议达成的具体决定来实施的。我国国务院批准的

《黄河水量调度条例》、水利部批准的《海河独流减河永定新河河口管理办法》和《黑河干流水量调度管理办法》以及目前长江水利委员会正在开展的长江上游控制性水利工程联合生态调度的研究等，对于调整河道外各地方用水和保证河道内需水要求具有十分重要的作用。

四、提高公众参与程度

（一）争取公众支持和参与

建立环境流所需要的动力依赖于多个方面的参与，从政府到地方社区，从各用水户到各种社团。进行环境流事业寻求各方面的合作伙伴和支持者是很重要的，同盟军的范围要尽可能的大，甚至应该包括那些似乎不太可能的同盟，如灌溉农户、城镇和工业用水户等。

1. 政府、各级主管部门和立法机构是实施环境流的最重要力量

不同的国家，议会、各级政府、部委和各级政府官员的权限不同，但是无论什么样的政治体制，成功的基础是所有方面积极参与。环境流的管理需要不同层次的政府部门参与，在我国由于多头管水，还要涉及水行政主管部门、农业、林业、渔业、航运、环境保护等部门的协调。

2. 相关利益者的参与

相关利益者群体，特别是受用水影响群体可以成为推动环境流的最有力的同盟，尤其是当他们认识到自己的直接利益或资源安全受到威胁的时候。如渔民发现捕鱼量大大减少时就会对河流的健康状态更为关心。缺乏必要的环境流而使他们的切身利益受到威胁时，这就可以唤起他们的警觉，从而成为推动环境流的坚定支持者。

对于用水户也可以争取到一定的支持，他们也需要有效调节来保证水资源得以可持续的利用，对于他们而言，环境流的重要性需要放在经济、社会和环境的背景下加以描述。环境流不仅仅是对生物的保护，它也是一个水系健康的基础。例如，对于取水用水户，产生良好的环境流有助于水质的改善，从而保证农业灌溉、城镇生活和工业用水，健康良好的环境流体制有助于水消费者的长期用水安全。对于一些大的经济集团，良好的企业形象是其品牌的基础，破坏环境会有损于其社会形象，从而使其品牌价值缩水，在某些特定情况下，他们也可能成为环境流的支持者。

3. NGO 等社团组织的力量

随着社会的发展，非政府组织（NGO）的力量日益壮大，他们在推动环境流的过程中往往会起到十分巨大的作用。目前我国的环境保护组织正在不断成长，他们是环境保护的坚定支持者，是推动环境流事业的中坚力量。

（二）加强宣传和教育

在争取同盟军和支持者的过程中，媒体宣传的作用至关重要。尽管不同媒体因为不同的政治形势而采取不同的立场，但是媒体必定是一个重要的平台和沟通渠道。在这个平台上，正确信息要么被成功的传播出去，要么失败，媒体的信息每天都会影响公众的意见和政治决策。

媒体的威力在于它对政府和公众人物的影响力。如果计划通过媒体宣传自己的环境流

主张，就必须从环境流对于人们和环境影响的清晰理解开始形成一个简明扼要的信息。值得注意的是，媒体都有倾向性，媒体可能不会逐字逐句地照抄你给他的信息，他们会寻找具体的兴趣点，所以给他们的信息一定要态度明确，表述清晰。如果宣传的目标是引起公众关注，就必须强调不注重环境流会造成的后果，引起公众的共鸣。

选择媒体的形式也要多样化，除了传统的广播、电视、平面媒体和学术刊物外，特别要注重网络的力量，网络民意更具有草根性、公众参与性，特别能够引起公众的共鸣。

（三）公众信托原则

公众信托原则的采用，是围绕保障公众利益而利用某种自然资源的权利发展起来的。在美国法庭已经利用这一原则重新界定水权，以保护河道内流量和某些河流湿地。这一理念完全可以为我所用，因为我国的水资源属国家所有，国家及政府相关机构理应成为河流生态系统的代言人，以保障公众利益。在争取同盟军和进行宣传的时候，一定要以公众利益为出发点，占领道德的制高点，以尽可能地得到大众的支持，才能使环境流事业不断地发展壮大。

五、流域综合管理与适应性管理

传统的以人类利用为目的的水资源管理不可避免地以各种方式、不同程度地改变河流的水流体系。可持续的水资源管理需要寻找一种能够为人类服务而使河流发生一定程度的改变，但是又不会破坏，或者说显著破坏当地水生生物物种的多样性，也不会损坏生态系统结构及其服务功能的方法。通过流域综合管理与适应性管理实现流域可持续发展将是今后环境流管理的重要发展方向。

（一）流域综合管理

流域是地表水或地下水分水线所包围的范围，大气圈、岩石圈、水圈和人文圈相互作用的联结点，流域以水为纽带，由水、土、气、生物等自然要素和人口、社会、经济等人文要素相互关联、相互作用而共同构成的自然—生态—社会—经济复合系统。我国长期以来，流域往往都是由数量众多、利益不同的各方多头管理，涉水事务的跨地区、跨部门的冲突是流域管理面临的主要问题。各利益方在开发和利用流域水资源的同时，由于没有充分考虑流域的自然属性，给流域生态环境带来越来越严重的影响。对于流域生态环境问题，并不是某一部门、某一地区或某一利益方能够解决的。只有通过政府和流域各利益相关方共同合作，以流域为整体单元进行水资源开发、生态环境保护和经济社会发展的统一规划和综合管理，才能真正做到从流域内部的物质流、能量流、信息流和价值流出发，合理利用流域资源与环境，达到人与自然和谐的可持续发展的目的。因此，作为水资源保护管理重要内容的环境流管理必须放在流域综合管理的框架之下，通过多方共同合作，采取多种综合措施，以流域为整体单元进行管理，实现流域生态环境的保护和可持续管理。

流域综合管理从20世纪初就在美国和欧洲开始，国际上进行了大量的研究和实践活动，在美国、英国、欧洲大陆、澳大利亚、南非等都以流域为整体进行涉水事务的综合管理。综合管理的概念在1992年都柏林和里约热内卢召开的水与环境国际会议引起了特别关注。全球水伙伴（GWP）成立于1996年，全球水伙伴（GWP）技术咨询委员会（TAC）自1996年成立的三年之后撰写了《水资源综合管理》。

目前我国流域综合管理才刚刚起步，很多还处在理论探讨的阶段，在实际的水资源管理中分部门管水，各地方独立用水和管理的情况还十分普遍。由于我国实行的多头管水制度，水资源管理实行流域管理和区域管理相结合的管理体制，且由于历史等原因，流域管理相对较弱，流域管理的权威性不够。因此，需要加强流域管理，从流域整体出发，加强流域机构在流域层次问题上的权限和权威性，建立起以水利部门，特别是流域机构为中心的涉水事业管理制度，以流域综合管理推进环境流管理和流域的生态环境保护。

流域综合管理是指在流域尺度上，通过跨部门与跨行政区的协调，各利益相关方充分参与，利用工程、技术、经济、政策、法律法规等多种措施，综合开发、利用和保护流域中的水、土、气、生物等资源，最大限度地适应自然规律，充分利用生态系统功能，实现流域的经济、社会和环境的最大化以及流域的可持续发展。

目前，我国的水资源管理实行的是流域管理与区域管理相结合的制度。历史上地方政府在水资源的开发利用和防治水害的活动中担负着重要的责任，并有一套完整的工作体系。虽然流域管理机构在我国建立已经有几十年的历史，流域规划和管理工作也开展了不少，但是流域机构的法律地位却是在2002年新修订的水法中首次得到明确，其第十二条规定："国家对水资源实行流域管理与行政区域相结合的管理体制"、"国务院水行政主管部门在国家确定的重要江河、湖泊设立的流域管理机构，在所管辖的范围内行使法律、行政法规和国务院水行政主管部门授予的水资源管理和监督职责"、"县级以上地方人民政府水行政主管部门按照规定的权限，负责本行政区域内水资源的统一管理和监督工作"，这对流域管理机构与地方水行政主管部门的职权进行了划分。流域机构的职能主要是规划、监督、协调、控制，具体包括以下三方面：一是流域水资源规划、配置、调度等流域管理工作中带全局性的工作；二是省界水量、水质控制，省界水工程建设的许可和监督管理等省际水事活动的管理，省际水事纠纷调解；三是建设、管理流域水资源配置的控制性工程。

（二）适应性管理

可持续的水资源管理以既不会引起生态系统的退化或生物多样性的丧失，又能够满足人类生产生活用水的需求为目标，事实上是追求二者之间的平衡。随着人类对生态系统和用水的认识不断增加，同时符合生态系统和人类需要的解决方案也会不断完善和改进，因此可持续的水资源管理并不是单一的、一次性的过程，而是一个不断反复、不断完善的过程。在这个不断反复的过程中，人类用水需求和生态系统的需水要求被不断的定义、修正、再定义，从而满足人类和生态系统现在和将来的可持续发展。经验告诉我们，对于实现生态可持续性来说，每一步都至关重要。类似的适应性水资源管理框架正在南非和澳大利亚应用，也在美国一些流域和州应用。适应性水资源管理的过程可以分为六个步骤：①评价生态系统流量要求；②测定人类活动对水文情势的影响；③确认人类和生态用水之间的不相容性；④共同寻求解决方法；⑤进行水资源管理实验；⑥制定和执行适应性水资源管理计划。

适应性管理的最后一个步骤是需要一直循环反复进行下去的。为实现河流生态系统健康和水资源的可持续利用，水资源管理者应从监测结果中不断学习，认真做有针对性的研究，进一步试验以解决新的不确定性或新的意外发现，并根据人类对自身与生态环境状况的深入了解和观念上的变化，不断改进水资源管理方法。由于我国现有管理体制和人们对于河流生态系统的研究不够、认识不足，要实现严格的环境流管理还有相当长的一段路要走。在这一过程中，通过适应性管理这一不断反复、不断完善的过程，可以逐渐完善达到环境流管理，保护河流生态环境并为流域经济社会发展提供可持续的服务功能的目标。

适应性管理是管理主体基于或适应国家、地区及组织管理环境、法律、政策、文化或规章等而确定并实施有针对性的管理理念、原则、目标和方式的管理行为。生态可持续水资源管理的最大挑战在于以不引起生态系统退化或丧失多样性的方式，为满足人类需求而制定解决方案。随着人类对用水和河流生态系统认识的提高，同时符合生态系统要求和人类需求的解决方案也会随时间而不断改进。生态系统适应性管理在生态系统功能和社会需要两方面建立可测定的目标，通过科学管理、监测和调控活动，以满足生态系统容量和社会需求方面的变化的生态管理方法。

第五节　小　　结

为了保护河流健康的生态环境，必须从工程建设、技术手段和法律法规等多方面综合考虑采取综合措施规范流域水资源利用的方式，保证河流的环境流过程。由于工程设计的定量化要求和工程方法的实际限制，对于现有水利基础设施的运行管理进行调整，从生态保护的角度对其提出具体要求，是保障河流环境流过程最直接有效的方法，水利设施生态调度和绿色水电在这一方面是一个较好的发展方向。除了工程建设和非工程技术方法外，还可以从加强制度建设、推动流域规划环境影响评价、加强环境流研究从而提高技术支撑条件、提高公众参与程度等方面采取综合措施推进我国的环境流管理。此外，环境流管理作为水资源保护管理的重要内容，必须融入流域水资源综合管理的基本内容，以流域综合管理实现流域的可持续发展。由于认识的不足，可持续的环境流管理将是一个不断深化认识、不断提高要求、不断修正目标的循环反复的适应性管理过程。

参 考 文 献

[1] 陈进，黄薇．长江环境流量问题及管理对策［J］．人民长江，2009（8）：1719.

[2] Megan Dyson，Ger Bergkamp，John Scanlon 著，张国芳，孙凤，孙扬波，李跃辉，薛云鹏，等译．环境流量——河流的生命［M］．郑州：黄河水利出版社，2006.

[3] 董小君．建立生态补偿机制关键要解决四个核心问题［N］．中国经济时报，2008-1-17（5）.

[4] 王远坤，夏自强，王桂华．水库调度的新阶段——生态调度［J］．水文，2008，28（1）：7-9，76.

[5] 董哲仁．水库多目标生态调度［J］．水利水电技术，2007，38（1）：28-32.

[6] 蔡其华．充分考虑河流生态系统保护因素完善水库调度方式［J］．中国水利，2006（2）：14-17.

[7] 徐杨，常福宣，陈进，黄薇．水库生态调度研究综述［J］．长江科学院院报，2008，25（6）：33-37.

[8] 张丽丽，殷峻暹．水库生态调度研究现状与发展趋势［J］．人民黄河，2009，31（11）：14-15，123.

[9] 翟丽妮，梅亚东，李娜，段文辉．水库生态环境调度研究综述［J］．人民长江，2007，38（8）：56-57，60.

[10] 方子云．用科学发展观研究水库和水资源调度问题［J］．水电站设计，2007，23（1）：45-49.

[11] 湖北石首天鹅洲湿地生态园总体规划框架预研究项目组．天鹅洲长江故道湿地保护发展规划框架［R］．武汉：WWF（世界自然基金会）武汉办公室，2004.

[12] 程卫帅，刘丹，陈进．促进江湖联系的闸口生态调度防洪排涝风险分析［J］．长江科学院院报，2007，24

(6)：26－29.

[13] Cristime Brattich，Bernhard Truffer 著，禹雪中，李翀，唐万林，等译．绿色水电与低水影响电站认证标准［M］. 北京：科学出版社，2006.

[14] 唐万林，禹雪中. 国外水电环境认证制度对我国的借鉴意义［J］. 长江流域资源与环境，2007，16（1）：123－127.

[15] 戴绍良．建设绿色水电［J］．中国电力企业管理，2008（1）：82－84.

[16] 禹雪中，廖文根，骆辉煌．我国建立绿色水电认证制度的探讨［J］．水力发电，2007，33（7）：10－15.

[17] 陈星．关于在农村水电行业开展"绿色水电认证"的思考［J］．中国水能及电气化，2007（7）：25－28.

[18] 环境保护部环境工程评估中心．支持中国流域开发相关环境影响评价现状及发展方向研究［R］.2010.

[19] Brain D. Richter，Ruth Mathews，David L. Harrison，Robert，Wigington. 生态可持续的水资源管理：管理河流流量，维护生态完整性［A］．河流生态流与适应性管理文集．大自然保护协会中国部长江保护项目译，2007：138－169.

第五章　长江流域环境流研究

第一节　长江典型河段环境流问题与保护目标

一、基本概况

长江是我国第一、世界第三大河，发源于青藏高原唐古拉山脉主峰格拉丹东雪山西南侧，干流全长约6300km，流经青海、西藏、四川、云南、重庆、湖北、湖南、江西、安徽、江苏、上海等11省（自治区、直辖市），于上海市崇明岛以东注入东海，支流则延展于甘肃、陕西、河南、贵州、广西、广东、福建、浙江等8个省（自治区）（见图5-1）。流域范围西以芒康山与澜沧江水系为界；北以巴颜喀拉山、秦岭、大别山与黄、淮水系相

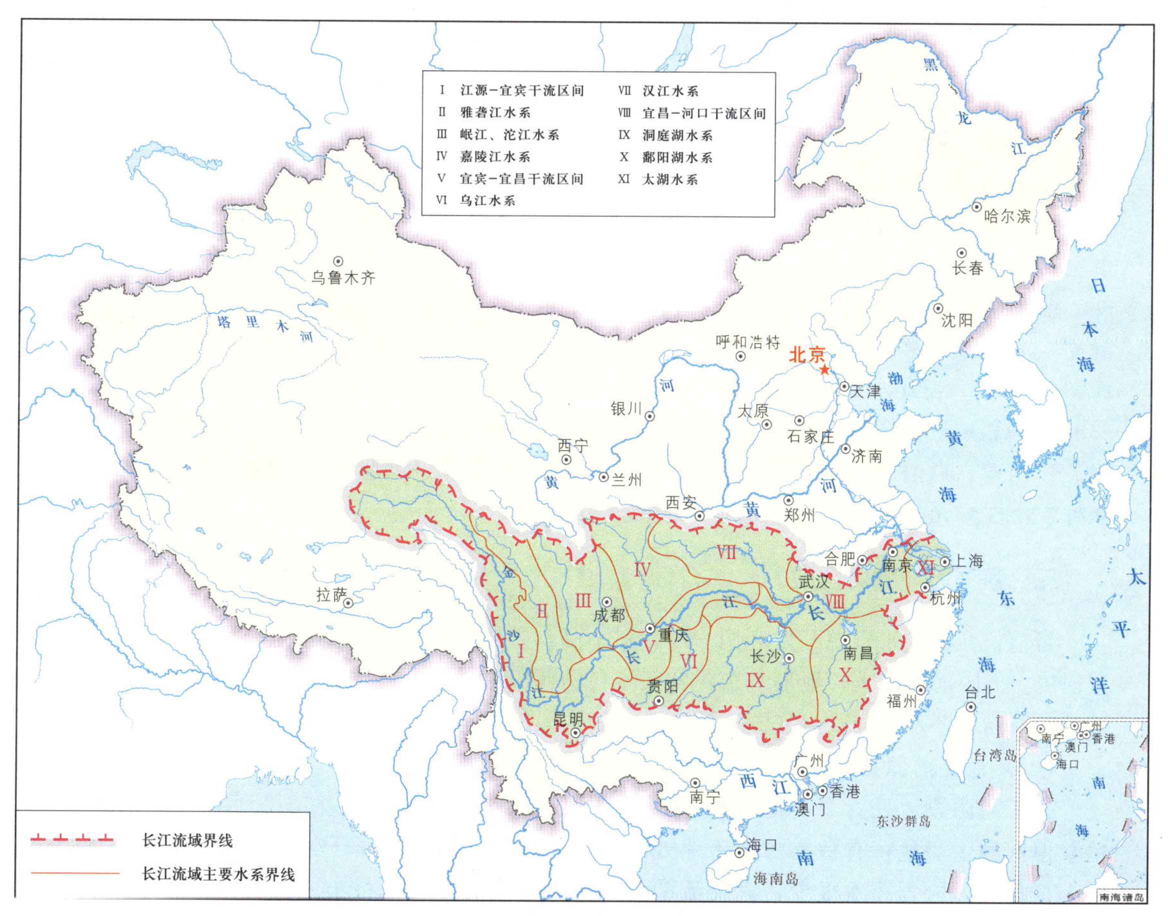

图5-1　长江流域在我国的位置图

接；南以南岭、武夷山、天目山与珠江和浙闽诸水系相邻；东临东海，流域总面积180万km^2。长江水系十分发育，干流横跨东西，支流伸展南北，数以千计的小支流组成庞大的长江水系。流域面积在1000km^2以上的河流有437条，10000km^2以上的河流有49条，其中有8条流域面积超过80000km^2。

长江流域地形的总趋势是西部高、东部低，流域内地貌类型众多，山地、高原约占60%，丘陵、盆地约占25%，平原约占11%，河流、湖泊水面约占4%。长江干流宜昌以上为上游，长4505km，控制流域面积100万km^2，其中直门达至宜宾称金沙江，长3464km，宜宾至宜昌段俗称川江，长1040km；宜昌至湖口为中游，长955km，流域面积68万km^2；湖口以下为下游，长938km，流域面积12万km^2，其中安徽大通是长江口潮汐影响的上界，大通以下可以认为是河口地区。

流域内除西部青藏高原地区属高原气候外，其余均属亚热带季风气候的范围，温和湿润，雨量丰沛，其主要特征是四季分明，夏季湿热，冬季干寒。年平均温度一般在6～20℃之间，最冷月1月的平均温度高于0℃，冰冻时间短，无霜期长约285～350天，多年平均降水量在1100mm左右，水量较为充沛，多年平均地表水资源量9857亿m^3，折合径流深553mm。此外，淮河大部分水量也通过大运河汇入长江。长江流域年径流深空间分布如图5-2所示。长江流域是我国水资源较为丰沛的地区之一，水能资源也十分丰富。截至2000年底，长江流域已建成大中小型水库4.4万座，其中大型水库109座，塘坝等蓄水工程480.7万座，蓄水工程总库容与兴利库容分别为多年平均年径流量的13.9%和8.7%。根据1990～2000年同期平均水资源数量以及供用水分析，长江流域水资源开发利用率为15.2%，低于全国平均值，水资源开发利用程度还不高，但各地区之间差异很大。

长江流域水系发育，水情复杂，河流景观及栖息地丰富多彩，生物多样性丰富，仅水生生物从低等的藻类和原生生物到高等哺乳动物皆有，除鸟类、着生藻类和水生微生物外，已知物种1778种，其中鱼类401种，浮游藻类321种，水生维管束植物214种，底栖动物221种，两栖类145种，爬行类166种，哺乳类3种。此外，依赖水域生存的鸟类2000种以上。长江水系的鱼类401种，隶属于17目、52科、178属。其中纯淡水鱼类348种，咸淡水鱼类42种，海淡水洄游性鱼类11种。国家一级保护动物白鱀豚、中华鲟、长江鲟、白鲟、扬子鳄等；国家二级保护动物有江豚、胭脂鱼、川陕哲罗鲑、秦岭细鳞鲑、松江鲈鱼、大鲵（娃娃鱼）等。

二、各河段环境流问题

目前长江流域水资源开发利用程度相对不高，整体上还算健康，水生态环境压力小于北方河流。但因面积广大，地形复杂，各区域自然环境差异很大，水文特征彼此迥异，受人类活动的影响也各不相同，由江源至河口，不同河段的河道生态环境敏感问题的重点各异。

（一）长江河源段

长江河源段地处青藏高原和横断山脉，该河段水生生物量不大，仅有一些高原冷水鱼，但都属于当地特有鱼类。由于地处高原，自然条件恶劣，属于生态环境脆弱区，区域内人口稀少，人类用水很少，人类活动对年径流变化的影响也很小。主要由于全球气候变化和公路、铁路、输变电线工程建设，矿产的开采等人类活动的影响，目前存在冰川退

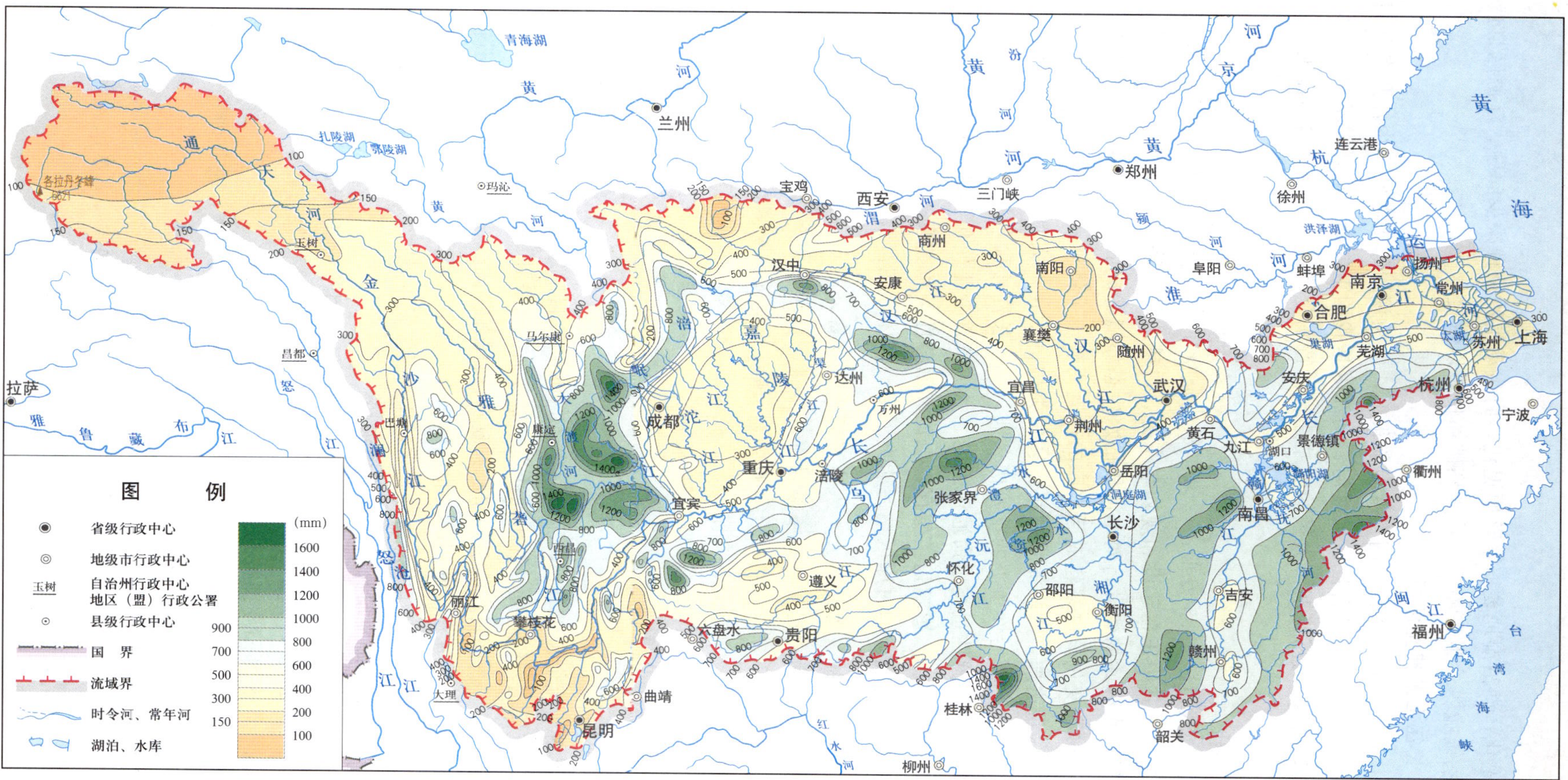

图 5-2 长江流域年径流深空间分布

缩，冻土融化，湖泊湿地萎缩，草原退化，野生动植物物种减少问题。江源区自然条件恶劣，生态系统脆弱，生态环境一旦受到破坏便难以恢复。

（二）长江上游典型河段

长江上游的水资源开发利用程度目前很低，已经规划的水电站不少，开发利用潜力巨大。而金沙江中下游、雅砻江、大渡河、乌江等是我国重要的水电开发基地，目前长江上游正处在水电开发的高峰期，大量的电站建设，特别是梯级水电开发给河流生态环境带来巨大影响。

1. 金沙江

金沙江流域面积48.5万km^2，多年平均流量1429亿m^3，总落差5100m，是我国最大的水电基地，其中正在建设和规划乌东德、白鹤滩、溪洛渡和向家坝等均属特大型水电站。这些巨型水电站的建设将对本河段的水生态环境造成巨大的影响，主要体现在两个方面：①水文过程变化。电站建成后水库的径流调节作用将对其下泄水流过程有明显的均化作用，枯季流量增加，洪峰流量减小；②鱼类种群变化。大坝建设将破坏河流的连续性，金沙江下游是许多洄游性鱼类的重要栖息地，很多长江珍稀鱼类产卵场都分布于此，梯级水库建设将造成洄游性鱼类生命通道阻隔，水流条件变化使鱼类的栖息地环境发生剧烈变化，产卵场受到破坏，影响鱼类生存，急流和洄游性类鱼类衰竭，被静水鱼类替代，当地珍稀鱼类将处于绝境。同时库区纳污能力下降，水体存在富营养化风险。

金沙江水量充沛、落差巨大，水能资源十分丰富，是我国最大的水电基地。金沙江干流河段梯级开发全面考虑发电、灌溉供水、防洪、航运等综合效益，以满足国民经济发展的需求。根据《金沙江干流综合规划报告》，梯级开发方案规划由19个梯级组成。其中中下游河段的金安桥、观音岩、乌东德、白鹤滩、溪洛渡和向家坝6个梯级为近期工程，近期工程各梯级库容为6.63亿～179.24亿m^3。金沙江梯级电站的建成将极大地影响河段的水文情势和生态环境。

2. 岷江上游

岷江上游干流全长341km，流域面积23000km^2。目前水电无序开发所引发的问题严重。岷江上游干流采用六级开发，其中除沙坝、紫坪铺、鱼嘴外，其他的包括各支流的电站均为引水式开发。由于民间资本的引入和地方政府盲目招商引资，出现了相当多的不合规划要求的小型引水式电站，其水流利用高，非汛期水流全部引入压力管道，造成相当长时段天然河道脱水、断流。此外，岷江中游污染严重，鱼类经常发生死亡，前景也不乐观。

（三）长江中下游两湖及汉江中下游河段

长江中下游河段是“四大家鱼”主要产卵地，仅中游河段就有产卵场19处。长江中游河段已经建有宜昌中华鲟、天鹅洲和新螺段白鱀豚三个国家级保护区，东洞庭湖、南洞庭湖、西洞庭湖和鄱阳湖都被列入国际重要湿地名录。长江下游河段有铜陵淡水豚类国家级保护区。长江中下游地势平坦、土壤肥沃，区域内人口稠密，是我国重要的经济区和产粮区之一，人类活动的影响历史久远，干扰很大。

1. 鄱阳湖

鄱阳湖是我国最大淡水湖，位于江西省，长江中下游南岸，五水汇流于湖口注入长江，为一季节性、吞吐性湖泊。水利工程和人类活动的影响主要有：①水利工程建设对湖区的防洪、泥沙淤积、滩地、水生生物和鸟类产生不同程度的影响，水利工程在丰水期减小下泄流量有利于防洪，但是在10月的蓄水阶段将使湖区滩地提前出露，从而引发滩地水生和陆生生物地带分布出现新的演替，缩小珍稀候鸟栖息觅食的活动范围，对候鸟过冬不利；②长江鲥鱼的产卵场分布于鄱阳湖水系的赣江、信江，“四大家鱼”在赣江也分布有产卵场，水库大坝的建设将使产卵场生态环境严重恶化，鲥鱼已经绝迹；③围湖造田减少湖面面积，影响湖区水位和湿地；④污水排放影响水质；⑤堤坝涵闸建设影响江湖连通性。

2. 洞庭湖

洞庭湖位于长江中游南岸，是我国河网最多的湖泊地区之一。由于三峡工程、葛洲坝、调弦口建闸、下荆江裁弯取直工程以及湖区支流水利工程建设，对洞庭湖湿地的生态环境都有直接或间接的影响，包括影响江湖水量交换，致使湖区泥沙淤积、湖面萎缩，影响防洪安全，破坏江湖洄游性鱼类栖息地和产卵场、鱼类资源退化，污染水质，阻隔江湖连通等。

3. 汉江中下游

汉江是长江中游最大支流，干流全长1577km，流域面积15.9万km^2。汉江中下游的江汉平原是我国主要商品粮基地之一，区域内人口稠密，并有我国中部地区最大城市武汉市，因此该地区水资源开发利用程度较高，水生态环境问题突出，再加上作为南水北调中线的水源区，汉江将会成为长江流域水资源开发利用程度最高的主要支流。汉江中下游干流水环境容量减小，容易引起水质污染，在枯季容易引发“水华”。

(四) 长江河口段

长江河口及三角洲地区不仅经济发达，也是我国重要的河口湿地生态保护地区，建设有崇明岛东滩鸟类和九段沙等国家级自然保护区。20世纪60年代以来，特别是80年代以来，随着社会经济的高速发展，人类活动对河口生态环境的影响十分强烈。

1. 水质污染

长江河口工农业发达，人口众多，城市密布，沿江向长江大量地排放废污水，使长江部分江段受到了严重污染。长江口地区水质的基本情况是长江干流的水质相对较好但近岸较差，特别是在一些城市沿岸形成岸边污染带，而各支流污染严重。

2. 盐水入侵影响

长江口系感潮河段，在枯季受外海盐水入侵影响，河口水体含氯度偏高。长江口河道复杂，盐水入侵情况也较为复杂。盐水入侵给长江口地区的工农业生产和人民生活造成极大的影响，特别是影响上海市的用水安全。

3. 生态系统退化

20世纪80年代以来长江口及其临近海域由于受到水质污染和过度捕捞，生态系统失衡，导致河口生态系统衰退，物种减少，水生生物群落结构发生显著变化，一些鱼类基本绝迹。

4. 三角洲及滨海滩地的影响

长江沿江及海岸线很长，湿地面积大、类型多，滩涂资源丰富。由于大量的河湖围垦、修筑水坝、港口建设和其他岸边工程，大量侵占了长江口的滩涂湿地，从而丧失了湿地的生态服务功能。此外，三峡工程建成后清水下泄减少了河口地区的来沙量，可能引起海岸侵蚀、冲刷、坍塌，也可能会减少湿地面积。

盐水入侵是河口水环境中普遍存在的问题，它是指河口淡水和咸水之间存在不同程度的混合，是河水和海水互动的结果。长江口的咸淡水混合具有明显的季节性，又与外海的大潮、中潮、小潮组合而呈现不同的类型，但基本上属于缓混合型（或部分混合型）。长江口河道复杂，江道中常出现岛屿与阴沙，构成分叉水道。长江口河道被崇明岛分隔为南支和北支，南支又被长兴岛、横沙岛分隔为南港和北港，南港再被九段沙分隔成南槽和北槽。由于北支基本上已是盐水不可利用，且经济社会的重心主要在南岸，因此长江口咸水入侵影响主要考虑南支。长江口南支的盐水入侵存在南支入侵和北支倒灌两种形式，其中北支倒灌是影响河口地区特别是南支南岸的主要因素。北支倒灌的盐水随落潮流而下主要通过白茹沙北水进入南支，至新建水闸附近分为三路：一路沿崇明南岸进入新桥水道，其影响可达南门一带水域；另一路随主流进入七丫口河道，影响宝钢水域，进而影响吴淞一带水域；还有一路漫过白苏沙进入白茹沙南水道，对白茹、钱径等河段有一定影响。北支倒灌进入南支的盐水对南支上游的徐六泾及其以上地区影响甚小。

三、长江干流环境流主要保护目标

为了保护河流生态系统、敏感地区的自然景观、生物多样性和文化遗产，需要在河道内保留一定的环境流。长江由于水系复杂，上游、中游和下游自然条件和河流开发方式有较大差别，不同的河段有不同的环境流问题，因此各河段的环境流保护目标也各不相同，应采取分区段管理的方式进行保护。

（一）河源段

河源段虽然人口稀少，但人类活动影响不容忽视，该区域生态环境脆弱，是需要严格保护的地区，因此河源段的保护目标为保持河流自然状态，保护高原湿地生态系统，保护高原冷水鱼类和当地特有水生生物，尽量减少水资源开发或不开发。

（二）上游河段

上游河段的问题主要是水电站建设与珍稀鱼类的保护矛盾突出，因此本河段的保护目标是规范水电开发行为，保留一些支流不开发，为珍稀鱼类产卵留下最后的栖息地，通过水库群的生态调度，保证珍稀鱼类所需要的环境流。

（三）中下游河段

中下游的主要问题是河流受到人类活动的影响，河道外用和入河废污水量大，堤防和闸口等工程阻断江湖连通，且河道内水量受上游水资源开发利用，特别是大型控制性水库运行调度的影响，因此中下游河段的保护目标是正确处理好水资源开发利用与生态保护之间的关系，协调好江湖关系，通过长江干支流控制水库和中下游涵闸的运行调度需要保证“四大家鱼”、洄游性鱼类产卵所需要的环境流，并推动江湖连通。

（四）河口段

河口段的主要问题是人类活动的影响十分强烈，干流来水受到全流域水资源开发利用的影响，且河口还会受到外海盐水入侵的影响，因此河口段的保护目标是正确处理好流域水资源开发利用与河口盐水倒灌、水污染、泥沙冲淤与河口生态保护之间的关系，维持河口健康生态。

第二节　长江典型河段环境流确定

在前面的分析中，根据分区分类的思路将长江流域的河流或河段分为 4 种类型：河源段、中小河流、干流与主要支流、河口段。针对不同的河流或河段类型，采用不同的计算方法对环境流进行分析计算。其中在河源段受人类活动影响相对较小，但是生态环境脆弱，因此可尽量保持河流的天然状态，下面对其他河段类型分别选择典型河段进行环境流确定。

一、蒸水西渡河坝环境流确定

下面选择蒸水西渡河坝河段，对中小河流的环境流进行分析确定。

（一）流域概况

蒸水又称草河，是湘江的一条支流，发源于大云山西麓的湖南省邵东县毛荷殿乡郑家冲雁鹅川，自西向东入衡阳县呈“乙”字贯全县，至湖南省衡阳市石鼓嘴入湘江，干流总长 194km，流域面积 3470km^2。蒸水出口多年平均流量为 60.7m^3/s，多年平均径流总量为 16 亿 m^3（见图 5-3）。蒸水属山溪型河流，夏汛冬涸，易涨易落，沿岸低洼农田常因山洪受淹。

图 5-3　湖南省衡阳蒸水

西渡河坝控制流域面积 1900km^2，控制上游河长 143km，坝址断面多年平均来水流量为 34.0m^3/s，多年平均来水径流量 10.7 亿 m^3。断面来水量的年际变化较大，25%频率丰水年来水量为 13.2 亿 m^3；50%频率平水年来水量为 10.3 亿 m^3；80%频率枯水年来水量为 7.8 亿 m^3；95%频率特枯年来水量为 4.9 亿 m^3。年内分配不均，来水量相对集中在 3～8 月，6 个月来水量约占全年的 70%以上，但容易在 7 月、8 月、9 月出现伏旱，9 月至次年的 2 月为枯水期。

（二）环境流

由于河流较小，河流段面的环境流采用 Tennant 法计算，按多年平均年流量的 10%计算全年的环境量，根据取水断面来水量分析，西渡河坝断面多年平均年流量为 34.0m^3/s，则全年平均环境流为 3.4m^3/s，全年的生态环境需水量为 1.071 亿 m^3。

由于蒸水流域相对较小，断面的流域控制面积仅为 1900km^2，属山溪型河流，径流的变化较大，如以 3.4m^3/s 作为全年所有时段的环境流，在 45（1953～1956 年，1960～2000 年）年中有 39 年出现了瞬时流量小于 3.4m^3/s 的情况，有 10 年出现了年最小月平均流量小于 3.4m^3/s 的情况，因此对于径流变化较大的小河流，以多年平均流量的 10％作为全年所有时段，特别是枯季的环境流是不合适的。考虑到小河流季节性变化较大的特点，采用 Q90 法的计算结果 1.0m^3/s 作为枯水时段的环境流。

二、汉江中下游环境流确定

下面以汉江中下游为例，对干流与主要支流这一类型的环境流进行分析确定。

（一）流域概况

汉江是长江中游最大支流。源于秦岭南麓，干流流经陕西、湖北两省，于武汉汇入长江。流域涉及湖北、陕西、河南、四川、重庆、甘肃 6 省（自治区、直辖市）的 20 个地（市）区、78 个县（市）。汉江干流全长 1577km，流域面积 15.9 万 km^2，多年平均水资源量为 566 亿 m^3。

汉江流域属亚热带季风区，气候温和湿润，年降水量 873mm，径流主要由降水补给，水量较丰沛；但年内分配不均，5～10 月径流量占全年 75％左右，年际变化较大，是长江各大支流中变化最大的河流。1973 年以后，由于丹江口、黄龙滩、石泉、安康等水库陆续建成运行，径流的年内分配有一定变化，由于水库的调节作用，汛期径流减少，枯水期径流增大。

（二）汉江中下游概况

汉江干流丹江口以上为上游；丹江口至钟祥为中游，河谷较宽，沙滩多，长约 270km，流域控制面积 4.68 万 km^2，河流流径丘陵及河谷盆地，但中游以平原为主；钟祥至汉口为下游，长约 382km，流域控制面积 1.70 万 km^2，流经江汉平原，河道蜿蜒曲折，沙洲较多，泄洪能力变小，两岸筑有堤防。流域内较大支流有褒河、任河、旬河、夹河、堵河、丹江、南河和唐白河等（见图 5-4）。

图 5-4　汉江中下游

（三）汉江中下游环境流的流量水平

汉江中下游干流的水质污染较为严重，特别是在枯季容易发生“水华”事件。影响汉江中下游干流环境流的最主要因素是水质污染。

1. 维持河流生态的最小环境流量

估计河流最小环境流的常用方法是 Tennant 法。据汉江仙桃水文站实测资料分析，汉江中下游多年平均流量为 1290m^3/s，非汛期（10 月至次年 3 月）多年平均流量为 521.7m^3/s。采用 Tennant 法计算，按多年平均流量的 10%计算非汛期的环境流量，则汉江中下游维持河流生态的最小环境流量取为 129.0m^3/s（非汛期）；取多年平均流量的 30%即 387m^3/s 作为全年平均的生态需水流量，则全年的生态需水量为 122 亿 m^3。

2. 改善水质、防止“水华”发生的环境流最小流量

对于汉江中下游改善水质，防止“水华”发生的所需的水量，国内学者做了大量研究。彭红对 1989 年和 1992～1998 年春共 8 年的生物检测资料采用马格列夫多样性指数计算得出维持水质，防止汉江中下游硅藻大量繁殖的最低流量为 416.36m^3/s。谢敏分析了汉江“水华”发生的水文成因，采用观察流量法，对 1991～2004 年发生“水华”的 3 个年份的 2～3 月的平均流量和相应水位分别从大到小排序，选取最大的流量，得出“水华”发生的临界流量在 500m^3/s 附近。胡安焱通过对 1992 年、1998 年和 2000 年汉江典型断面运用水动力学模型和水体富营养化动力学模型进行对比研究，得出汉江中下游枯水期当流量为 500m^3/s 时，可有效防止水华发生。

综上所述，考虑到生态需水的重复计算量，得出汉江中下游河道环境流主要为改善水质，防止“水华”发生的需水量。因此，本文将汉江中下游河道内最小环境流量定为 500m^3/s，河道内年生态需水量为 158 亿 m^3，占流域地表水资源量的 27%。

所谓“水华”就是水体中藻类大量繁殖的一种自然生态现象，是水体富营养化的一种特征，主要由于生活及工农业生产中含有大量氮、磷的废污水进入水体后，蓝藻、绿藻、硅藻等大量繁殖后使水体呈现蓝色或绿色的一种现象。由于“水华”发生时大量藻类释放毒素——湖靛，对鱼类有毒杀作用，藻类死亡腐败后分解出有毒致癌物质，同时消耗水体中大量的氧，使水体产生腥味，严重污染水域环境，恶化水质，对水资源造成巨大的损害。随着经济的发展和沿江城镇规模的扩大，排入汉江的废污水总量逐年递增，这些废水基本上未经处理而直接排入汉江，加重了汉江中下游干流的污染程度。20 世纪 90 年代以来，汉江中下游已发生过多次大范围的比较严重的“水华”事件。汉江水体“水华”发生的时间在 2 月下旬至 4 月上旬这段时间内，发生的河段为潜江一汉口河段；“水华”发生时的主要藻类种类为硅藻和蓝绿藻。已有研究表明，“水华”发生是多种外界因素共同作用的结果，这些因素主要包括：①缓慢的水流条件；②水体中一定的氮、磷营养物及生化需氧量、微量元素浓度；③适宜的温度和光照条件等。因此，为了防止“水华”发生需要一定的水量以维持河流必要的流速。

三、长江河口环境流确定

安徽大通是长江口潮汐影响的上界（潮区界），大通以下可以认为是河口地区，因此

选择大通水文站作为河口环境流计算的基本站。大通水文站是长江干流下游最后一个进行长期系统观测的水文站，作为长江流域的最后一个控制性水文站，大通站可以看做是整个长江流域水资源及其生态环境状况的整体反映，分析大通站环境流可以反映长江流域的整体情况。

（一）大通水文站基本情况

大通水文站位于安徽省梅里镇，该站下距长江入海口约 640km，长江干流大通水文站以上河长 5660km，控制流域面积 170 万 km^2（见图 5-5）。根据大通水文站的资料，长江下游干流的过境水资源十分丰富，其多年平均流量达 29800m^3/s，径流量达到 9405 亿 m^3。长江下游干流径流量的年际变化不大，最大值约为最小值的两倍，但是年内分配很不均匀，其中 7 月最大，占全年的 15.0%；2 月最小，占全年的 3.2%，水量主要集中于 5～10 月，占全年的 71.1%。

图 5-5　长江大通以下河段

（二）长江河口环境流

由于位于河口区，大通水文站的环境流除了要考虑水质污染和水生生态系统的需水外，还要结合人类生产生活用水的需求综合考虑，此外还需考虑河口盐水入侵的影响。研究表明，影响长江下游河道内用水的控制性因素是河口的盐水入侵问题（表 5-1）。

通过综合考虑上述各个因素，大通站的环境流确定为 10000m^3/s，年径流量为 3154 亿 m^3，占多年平均径流量的 33.5%。

表 5-1　长江河口河道内环境流

功能分类	流量范围（m^3/s）	最小流量（m^3/s）
稀释用水	7650～8400	7650
水生生态	5960	5960
盐水入侵	6800～10000	6800
水沙平衡	可不考虑	可不考虑
航运	6000～10500	6000

四、雅砻江锦屏环境流

在长江上游干流和各支流上，修建了很多的水电站，水库下泄的环境流成为人们关心的问题，下面以雅砻江锦屏二级水电站为例，进行水电站下泄环境流的分析计算。

锦屏二级水电站位于四川省凉山彝族自治州境内的木里、盐源、冕宁 3 县交界处雅砻江干流锦屏大河湾上，系雅砻江卡拉至江口河段规划的5个梯级水电站之一，坝址位于锦屏一级水电站下游7.5km。该电站利用150km长的大河弯产生的310m水头落差，通过17km的引水隧洞引水发电，电站装机容量4800MW，水库正常蓄水位1646.00m，总库容1920万m^3，调节库容502万m^3。从水能的充分利用和水电站开发的经济指标来看，该处是一个绝佳的坝址，主要问题是产生了119km的减水河段，因此需要确定水电站下泄的环境流。

雅砻江大河弯河段生物多样性丰富，雅砻江下游有124种鱼类，隶属6目、17科、77属，以鲤形目为主，大河弯中有鱼类38种，其中8种为珍稀保护类。大河弯河段断面为V形，常水位时河道断面宽60～180m，平均宽约110m，河道最大水深2.5～30m，平均深11.5m。该河段不仅有村镇居民生活，而且有铜矿等工业企业，有生活和生产废污水排放。根据该项目水资源论证报告，采用生态模拟法计算，只需要30m^3/s的生态流量就可以满足鱼类等水生生物需求，采用R2CROSS法计算，只需要生态流量45m^3/s。而采用Tennant法计算，需要的生态流量是122m^3/s（多年平均流量为1220m^3/s）。到底需要多少生态流量，需要结合水电站的运行调度原则和河段的保护目标综合考虑加以确定。

本小节对长江流域内的不同河段类型选择典型实例进行了介绍，不同的河段由于对应的河流特性和所面临生态环境问题的不同，分别采用了不同的方法进行计算，在某些时候则需要考虑多种因素，然后再通过综合考虑确定采用哪种方法的计算结果或者综合确定出最后的推荐值。但是由于资料等条件限制，所计算的结果主要还是“最低流量”，基本上还是全年采取相同的流量值，这是目前的现实条件限制所致，待今后条件成熟时则需进一步开展研究，分析河流生态系统不同时段的流量需求，计算环境流的流量过程。

第三节　长江环境流研究典型案例——以三峡工程为例

一、三峡工程及环境流研究进展

（一）三峡工程及其对影响区水文情势的调控作用

三峡工程位于湖北宜昌三斗坪，于1997年实现大江截流，2008年枢纽主体工程建设任务全面完工，2010年首次实现175m蓄水。三峡工程对环境流的影响主要体现在三峡工程及其下游葛洲坝工程对工程影响区水文情势的调控作用及因此而导致的对水生生态系统的影响。三峡水库正常蓄水位175m，汛期防洪限制水位145m，枯季最低水位155m，相应的总库容、防洪库容和兴利库容分别为393亿m^3、221.5亿m^3、165亿m^3。调节库容约占坝址年径流量的3.7%。

由三峡水库不同典型年入库、出库流量表5-2可见，三峡水库在丰、平、枯不同典型年1～5月，只有丰、平水年的4月下泄流量比入库流量稍有减少，其他各月平均泄量大于入库流量，10月水库蓄水，泄量小于入库流量（枯水年要延长到11月），其余各月来、泄量基本相同。也就是说，经水库调节后，径流年内变化与天然情况差别不大，且全年内入海径流量不变。

表 5-2　　三峡水库不同典型年入库、出库流量表　　单位：m^3/s

典型年		月份	6	7	8	9	10	11	12	1	2	3	4	5
枯水年	1951～1962	入库流量	11234	31923	28853	30016	13590	8460	5700	4027	3730	4073	5343	15967
		出库流量	11380	31923	28853	30016	10612	6010	5700	5415	5656	6002	6366	15969
	1959～1960	入库流量	15410	22093	27603	13376	11903	8890	5630	3887	3700	4283	4863	6837
		出库流量	17557	22093	27603	13376	6360	6922	5630	5422	5680	6034	5865	6837
平水年	1950～1951	入库流量	19887	33950	23093	27776	20264	10550	5790	4137	3830	4123	6313	11917
		出库流量	22033	33950	23093	27776	11847	10550	5790	5408	5618	5944	6116	13550
	1956～1957	入库流量	21147	27400	25336	26093	11580	8290	5280	4847	4530	5103	7153	12767
		出库流量	23292	27400	25336	26093	6408	5580	5392	5449	5556	5686	5613	17720
丰水年	1949～1950	入库流量	23347	42370	32386	34203	22270	11750	6500	4907	4450	4733	6593	12167
		出库流量	24742	42370	32386	34203	13810	11750	6500	5350	5446	5576	5565	17181
	1964～1965	入库流量	18675	29180	25500	37700	26700	12160	6220	5297	4640	4603	6833	10067
		出库流量	21962	19180	25500	37700	18233	12150	6220	5320	5373	5477	5445	16097

资料来源：《长江三峡水利枢纽环境影响评价报告书》。

（二）三峡水库调度实践及水库优化调度方案

自 2003 年以来，三峡水库在初步设计的调度方案基础上不断进行微调（见图 5-6 和图 5-7）：2003 年 6 月，三峡水库蓄水至 135.00m 水位，11 月三峡水库蓄水至 139.00m 水位；2004～2005 年，每年 6 月水库水位消落至 135.00m，10 月水库蓄至 139.00m 水位；2006 年 10 月，三峡水库蓄水至 156.00m 水位，三峡工程进入初期运行期；2007 年汛前水库水位消落至 144.00m，10 月水库蓄至 156.00m；2008～2009 年三峡实施试验性蓄水，汛前水库水位消落至 145.00m，汛后最高蓄水至 170.00m 以上。

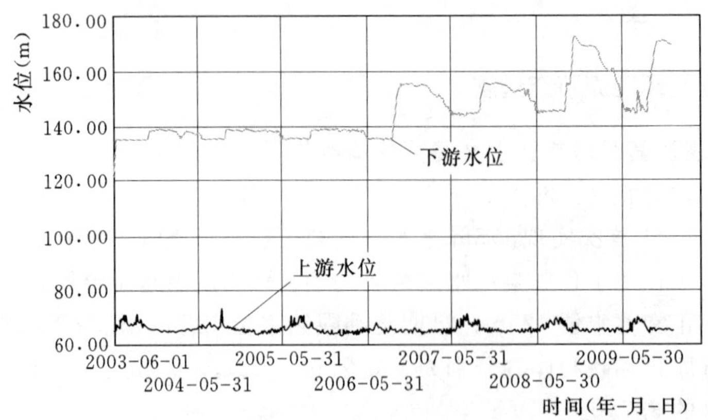

图 5-6　三峡水库 2003～2009 年大坝上下游水位

资料来源：中国长江三峡集团公司。

在此期间，根据最新调度需求，开展了三峡水库优化调度方案研究工作，最新的方案研究中将中下游生态环境保护要求、库区地质灾害预防需求分析、水库局部水域“水华”控制的调度等纳入研究范围，中下游生态环境保护要求主要考虑下游河道生态环境需水

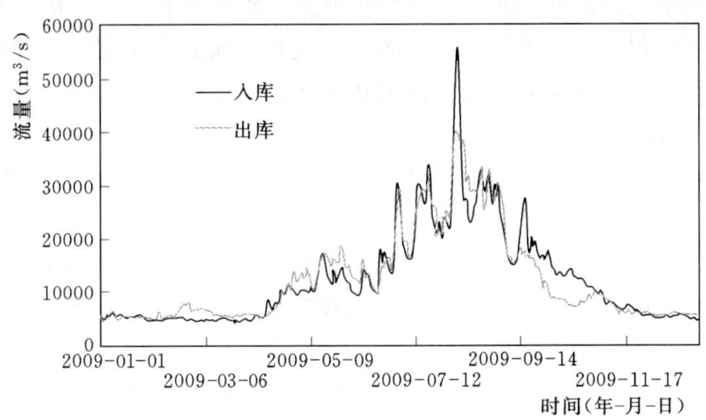

图 5-7 2009 年三峡水库入库与出库流量对比图

资料来源：中国长江三峡集团公司。

（考虑生产生活取水、水环境保护及水生动物保护）和长江口咸潮入侵适度控制要求。在此基础上形成了最新三峡水库优化调度方案并已获得国务院的批准。

优化调度方案主要用于三峡水库试验性蓄水（即 2009 年汛末开始至三峡水库转入 175m 正常运行时止）。最新的优化调度方案将三峡水库调度目标从防洪、发电、航运调整为防洪、发电、航运和水资源调度，将“利用三峡水库的调节能力，合理调配水资源，努力保障水库上下游饮水安全，改善下游地区枯水时段的供水条件，维系优良生态”作为重要调度目标。该调度方案规定：“三峡水库的水资源调度，应当首先满足城乡居民生活用水，并兼顾生产、生态用水以及航运等需要，注意维持三峡库区及下游河段的合理水位和流量”；“水库蓄水期间，下泄流量应均匀缓慢减少，尽量减少对下游地区供水、航运、水生态与环境等方面的不利影响”；“三峡水库蓄水至汛后最高蓄水位之后，根据枯水期下游地区供水、航运、水生态与环境以及发电等方面的要求，增加下游河道流量”；“遇特枯年份或特枯时段，为长江中下游实施应急补水，当库区或下游河道发生水污染事件或水生态事件时，实施应急调度，尽量减轻事故影响”。

（三）环境流需求研究进展

有关生态调度的内容虽然已经纳入三峡水库优化调度方案，但具体实施还需要环境流研究专家提出具体的可以量化到流量要求的需求，因此，有关环境流需求的研究至关重要。

三峡—葛洲坝梯级以下环境流需求，主要包括中下游生产生活取水需求、葛洲坝下游秋季中华鲟产卵和“四大家鱼”春季产卵对水文过程及水温的需求、葛洲坝下游河势维持需求、长江中下游江湖关系维持需求、长江中下游各关键物种栖息地保护需求和长江口盐水入侵适度控制需求等。

目前开展的环境流需求研究主要包括中华鲟产卵场变迁及生态水文学研究、针对“四大家鱼”自然繁殖需求的三峡工程生态调度方案前期研究、三峡水库泄水溶解气体过饱和及其对鱼类影响和保护措施研究、白鱀豚与长江江豚资源变动趋势及保护对策研究、三峡水库运行后白鱀豚（及江豚）国家级自然保护区及其他栖息地环境变化趋势及保护对策研究、长江中下游典型湖泊湿地的近期演变特征研究、近年来长江中下游重要生态敏感区越冬水鸟研究和三峡工程生态调度技术研究等。有关环境流需求研究及物种保护研究已经取得初步成果，但具体到能够实施调度的成果还需要进一步的努力。

（四）环境流监测

环境流监测系统的建立和有效运转是环境流现状、需求提出及调度实施效果评价的基础，但目前长江并没有建立系统的环境流监测系统。少为人知的是，早在1996年，为长期、系统地观察三峡工程对生态与环境的影响，我国政府即组建了由环保、水利、农业、林业、气象、卫生、国土、地震、交通、中国科学院、中国长江三峡集团公司、湖北省、重庆市的有关部门和单位组成的跨地区、跨部门、多学科、多层次的三峡工程生态与环境监测系统，其中河口生态环境实验站、鱼类早期资源监测、水生生态监测、水环境监测等都积累了10多年环境流研究相关的系列数据，2009年还增加了湿地生态环境子系统。此外，自2006年开始，中国长江三峡集团公司在长江上游珍稀特有鱼类国家级自然保护区也开展了系统而长期的水生生态监测，这些都将作为长江环境流监测的重要组成部分，为长江环境流研究、调度及环境流的维持提供重要支撑。

二、长江中下游典型湖泊湿地的近期演变特征

长江及其中下游湖泊组成了世界上独特的江—湖复合型湿地，冬夏水位的巨大落差是该系统最典型的特征。长江中下游的湿地是中国最重要的生态系统之一，具有防洪，涵养水源，提供食物、交通和电力等功能，并具有重要的生态服务功能，维持着令世界瞩目的生物多样性，是我国水鸟最重要的越冬地。由于三峡工程对长江径流的调节作用，长江中下游的主要通江湖泊湿地洞庭湖、鄱阳湖都受其水情调节的影响。

根据国际湿地公约，湿地系指天然或人工、永久或暂时之沼泽地、湿原、泥炭地或水域地带，带有静止或流动、或为淡水、半咸水、咸水水体者，包括低潮时水深不超过6m的水域。根据国家林业局数据，长江中下游湿地是我国最大的人工和自然复合的湿地生态系统，也是我国湿地资源最丰富的地区之一。长江中下游湿地面积达5.8万km^2，占全国湿地面积的15%，占长江中下游流域面积的7.4%。长江中下游湿地是扬子鳄、白鱀豚等中国特有物种的故乡，也是近百余种国际迁徙水鸟的中途停歇地和重要越冬地。目前，该区域已建有省级以上湿地保护区60多个，总面积1.73万km^2，其中包括湖南东洞庭湖、江西鄱阳湖、上海崇明东滩等7块国际重要湿地。

（一）长江中下游通江湖泊湿地植被群落特征

1. 洞庭湖湿地植被群落特征

（1）洞庭湖湿地植被概况与群落类型。洞庭湖具有独特的地理环境，每年洪水季节大量泥沙入湖淤积，形成了我国以敞水带、季节性淹水带、滞水低地为主的最大湖泊湿地景观，共有面积约85.78万hm^2。湿地生态条件的区域差异性和生态过程的多变性，为洞庭湖发育多样的湿地植被类型提供了良好的自然条件。其主要植被类型（群系）有：

1）川三蕊柳群系（*Form Salix triandroides*）。群落优势种川三蕊柳，当地群众俗称鸡婆柳，为杨柳科落叶灌木或小乔木。主要分布在洞庭湖各垸堤外滩淤积地或河道、

洪道两边的洲滩及其洲尾泥沙淤积地，常呈带状（少呈块状）分布。该种在浅水域和季节性淹水的生境中有较强的适应能力。一年中能忍受2～5个月的季节性积水。生命力强，易无性繁殖。群落的伴生种主要有双穗雀稗、马兰、水芹、菵草、水蓼、弯囊薹草等。

2）芦苇群落（*Form phragmitas communis*）。芦苇群落是洞庭湖洲滩上分布面积最大的沼泽湿地植被类型，常数百公顷连片分布，构成以芦苇占绝对优势的植被景观。主要分布于河、湖洲滩上，在河、湖两岸滩地及一些内湖的湖缘也常有分布。芦苇有发达的地下根状茎，比荻更喜湿润，可以生长在常年积水的泛滥洼地，也可生长在湿生生境，形成单优势种群落或与南荻一起形成双优势种群落。常见的伴生种有南荻、虉草、紫芒、蒌蒿、弯囊、薹草、水蓼等，在边缘或较稀处有鸡矢藤、水芹、牛鞭草等。

3）南荻群系（*Form Triarrhena lutarioriparia*）。南荻是洞庭湖洲滩上分布面积几乎和芦苇相当的沼泽化草甸湿地植被类型，常数百公顷连片分布，江洲及河、湖滩上构成以南荻占绝对优势的植被景观。南荻适宜于潮土和沼泽化草甸土壤上生长，洪水季节可水淹1～2个月，水深1～3m，其耐水淹能力较芦苇群落略差。常见的伴生种有芦苇（有时与芦苇一起构成双优势种群落）、蒌蒿、虉草、水蓼等，在边缘或较稀处有鸡矢藤、盒子草、水芹等。

4）灰化薹草群落（*Form Carex cinerascens*）。灰化薹草群落主要分布在洞庭湖低位湖滩或洲滩低洼地，常成片分布，形成大面积的群落背景，其群落总面积仅次于芦苇群落（含南荻群落）总面积。该群落因分布在低位洲滩或滩尾，春末至夏季被洪水淹没，秋季水退后，植被露出。在没有洪水的年份，群落春季为翠绿色，夏季绿色，秋季暗绿色。该群落常形成单种群落，伴生种较少，如蓼子草、弯囊薹草、虾须菊、灯心草等，在地势稍高的地方，常有芦苇、荻、水蓼等伴生。该群落汛期被水淹没后，是鱼类定居和产卵场所。洪水退后，灰化薹草于10～11月从地下根状茎上萌发出新株，长出幼嫩的叶，成为冬季候鸟栖息与觅食（鸟类食其幼嫩的叶或群落浅水处的螺、蚌等）的场所。

5）虉草群落（*Form phalaris arundinacea*）。洞庭湖虉草群落喜生于渍水区过渡到陆地之间的湿地地段，多分布于低位洲滩、河滩等的一侧，常有一部分长到水中，面积较大，仅次于荻和芦苇群落及灰化薹草群落。土壤为淤积土，较湿润，pH值为6.0～7.5。群落外貌春夏为绿色，秋后植株逐渐枯萎，群落外貌暗灰色。群落伴生种有弯囊薹草、灰化薹草、蒌蒿、水田碎米荠、牛鞭草、芦苇、南荻、虾须菊等。

6）水芹群落（*Form Oenanthe javanica*）。洞庭湖水芹群落主要分布于河、湖洲滩低湿的地方或水沟边，有时分布在芦苇群落的低洼湿地，分布的水平线大致与芦苇群落相似或低于芦苇群落。每年淹水时间为20～50天，土壤为沼泽化草甸或潮土。主要伴生种有水蓼、蒌蒿、通泉草、羊蹄、芦苇（分布在芦苇群落中时）等。群落的优势种水芹，为伞形科多年生草本植物，高15～70cm，茎基部匍匐，上部近直立。水芹一年可割刈一至数次，形成多次产量。

7）菹草群落（*Form Potamogeton crispus*）该群落是洞庭湖区分布最广、最为常见的沉水植物群落类型之一，遍布于蝶形洼地、湖洲洲浃及富含腐殖质湖泥的各大小浅水水体中。生长茂盛，水深0.5～1.5m，菹草占绝对优势，伴生种有黑藻、马来眼子菜、荇菜，野菱、金鱼藻、穗花孤尾藻及眼子菜属的其他种类等。

（2）洞庭湖典型湿地植被群落地表生物量与生物多样性。洞庭湖地表生物量以芦苇群落最高，其次为南荻，远高于其他植被群落（见表5-3）。虉草地表生物量高于鄱阳湖湿地虉草群落，但水蓼、蒌蒿及灰化薹草等植被群落地表生物量较低，明显低于鄱阳湖湿地。洞庭湖湿生植物群落间生物多样性差异显著，以芦苇与南荻最高，虉草与水蓼群落次之，蒌蒿和薹草群落最低。

表5-3　洞庭湖典型湿地植被群落地表生物量与生物多样性

植　被	芦　苇	南　荻	虉　草	水　蓼	蒌　蒿	灰化薹草
平均生物量（kg/m^2）	10.17	8.06	3.92	2.41	1.89	1.48
Shannon-Wiener 生物多样性指数	0.735	0.468	0.412	0.373	0.282	0.1212

2. 鄱阳湖湿地植被群落特征

（1）鄱阳湖典型湿地植被群落地表生物量与生物多样性。图5-8中，春季鄱阳湖湿地植被与秋季存在较大差异，主要体现在植被组成更为复杂、生物多样性更高、生物量也较高等特点；此外，春季低高程植物物种数量与生物量也比秋季高。在植被组成与结构方面，秋季植被更多表现为以薹草、蒿蒿与茅草为优势种，而在春季，在蚌湖内湖、都昌外洲滩、绕河口及赣江中支口典型湿地区虉草表现为优势种，甚至在接水线低高程带为单一优势种。这与已有报道差异较大。图5-8中春季典型湿地植被群落地表生物量以芦苇—荻群落及芦苇群落最高，分别达到5567g/kg与4520g/kg，其次为蒌蒿群落、灰化薹草群落、阿及薹草群落与茅草群落；虉草群落、水蓼群落及香蒲群落生物量低于其他群落；与秋季相比，除水蓼群落外，春季鄱阳湖典型湿地植被群落地表生物量均高于秋季，这可能是春季湖泊长期处于退水状态，植被生长期较长有关。

从多样性指数看，春季 Shannon-Wiener 生物多样性指数以蒌蒿群落最高，其次为

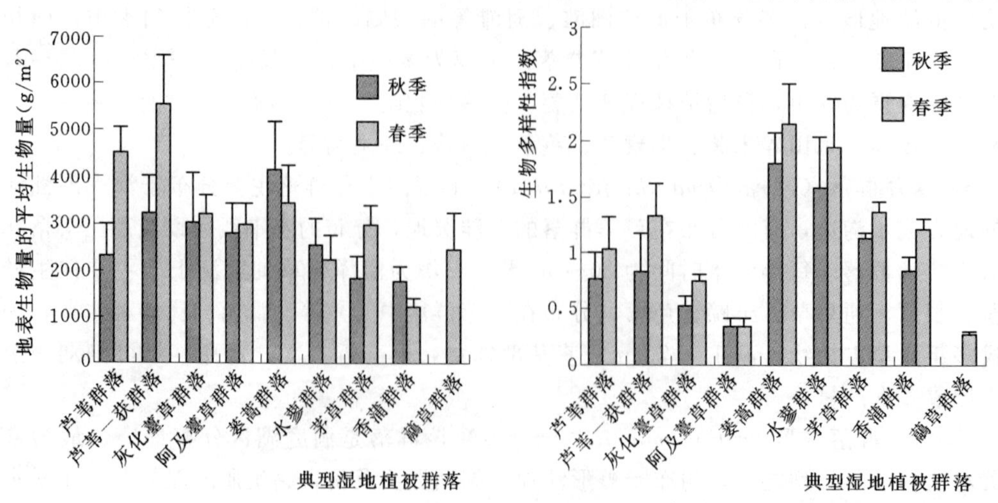

图5-8　鄱阳湖典型湿地植被群落地表生物量与生物多样性季节动态

水蓼群落，这可能与这两种植物主要分布于中低高程、土壤湿度适中，适宜多种植物生长的环境有关。虉草群落、灰化薹草群落与阿及薹草群落生物多样性最低，这可能是因为鄱阳湖灰化薹草群落与阿及薹草群落已处于演替成熟阶段，表现为单一优势种，而虉草生长于干湿交替较频繁的低高程带，处于垂向演替发育的前端，土壤贫瘠，植物迁入与生产处于初期阶段，物种单一。

(2) 鄱阳湖典型湿地植被群落高程分布特征。图 5-9 中芦苇群落高程明显要高于其他植物种群，这与已有报道一致。芦苇为鄱阳湖典型挺水植物，在南部洲滩较高处以及湖堤中部较高地势处分布较广。水蓼分布高程在 13m 以上，而蒌蒿与灰化薹草分布高程差异不显著，主要分布在 15m 高程线以下。虉草显示了在较低洲滩高程分布的态势。

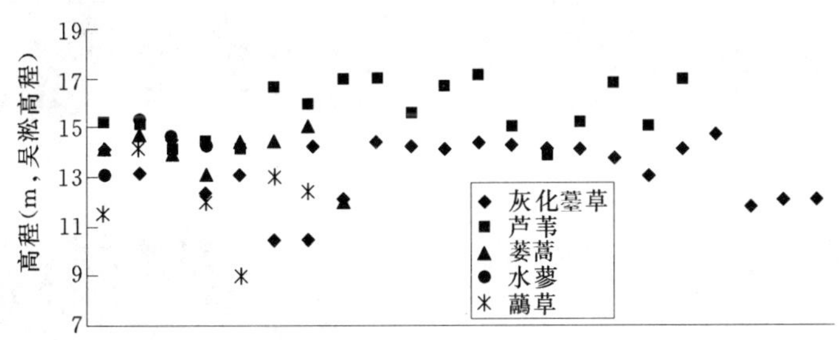

图 5-9 鄱阳湖典型湿地植物种群高程分布特征

与已有资料相比，芦苇、蒌蒿与水蓼群落分布高程均有明显下延趋势（见表 5-4），其中芦苇最低分布高程可达 14m 左右，这显著低于已有研究报道，可能是近年来洪水期高水位天数较少，使得芦苇生长线下延。薹草变化较小，分布高程下限略有下延趋势；虉草分布高程最低，但历史资料缺乏。

表 5-4　　鄱阳湖典型湿地植被高程分布范围

典型植被	芦　苇	薹　草	蒌　蒿	水　蓼	虉　草
高程分布 (m)	14.1～17	10.4～14.7	12～15	13.1～15.3	9～14
历史资料 (m)	16～18	11～15	13～17	14～18	—

(二) 长江中下游通江湖泊湿地空间演变特征

1. 洞庭湖湿地空间演变特征

因秋冬季的芦苇与湖草影像特征差异明显，能较理想地将两者区分开来，故选取 1989 年、2000 年、2004 年秋冬季三年 TM 影像及 2010 年 HJ-1A 影像研究。由于水位不同的原因，各时相的水体和泥滩的界线有差异，故合并观察其面积变化（见图 5-10）。结果显示：①水体+泥滩在 1989～2000 年变化很小，原因是虽然洲滩迅速发育，但这期间湖水位一直处于抬升的态势，两者作用基本抵消，2000 年后水体+泥滩的面积持续减少，由 1085.3km^2 减至 908.1km^2；②湖草的变化经历了减少后再增加的过程，1989～2000 年由于芦苇的扩张，湖草的生长区域受到压缩，2000 年后，随湖水位的降低，湖草向低位滩地扩张，面积迅速增加；③芦苇的分布面积一直稳定增长，特别是 2004 年后增长幅度较大（见图 5-11）。

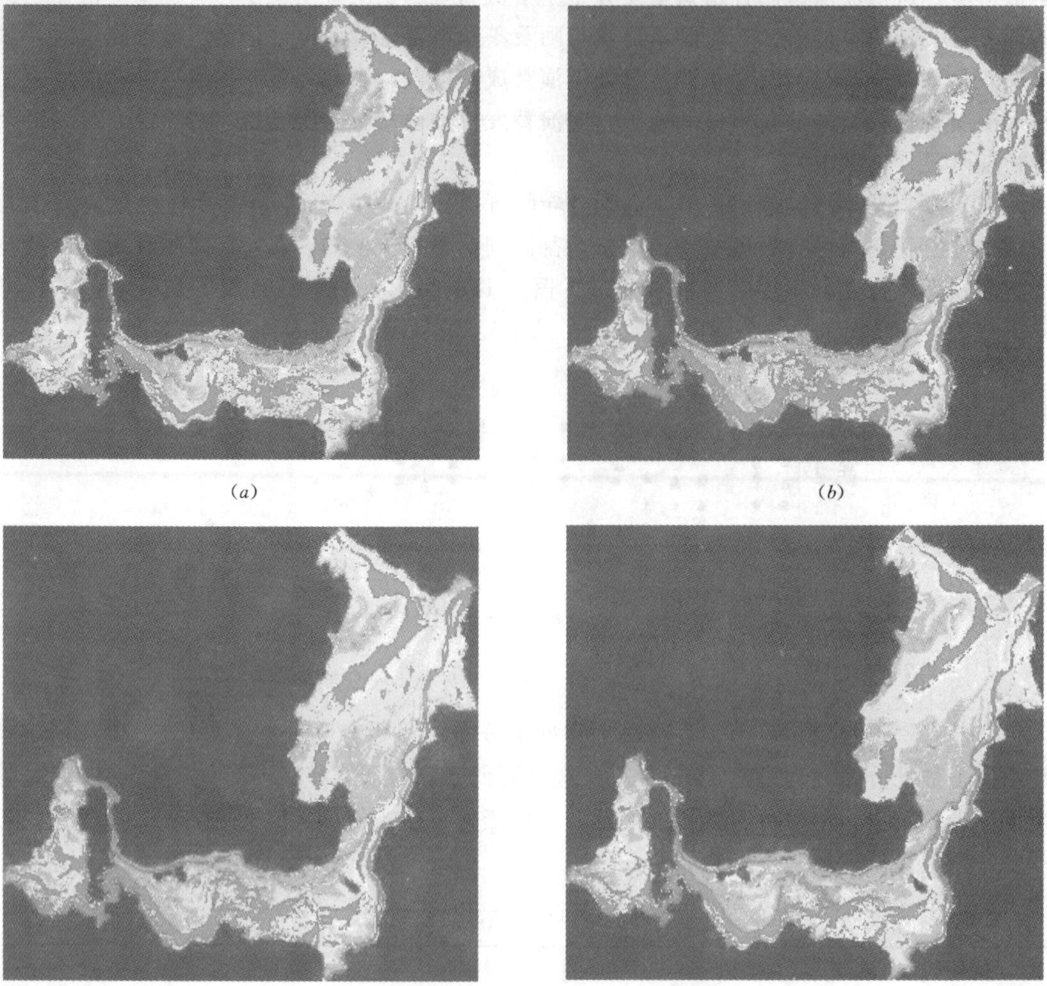

(a)　　(b)

(c)　　(d)

图 5－10　洞庭湖湿地植被演变特征示意图

(a) 1989 年；(b) 2000 年；(c) 2004 年；(d) 2010 年

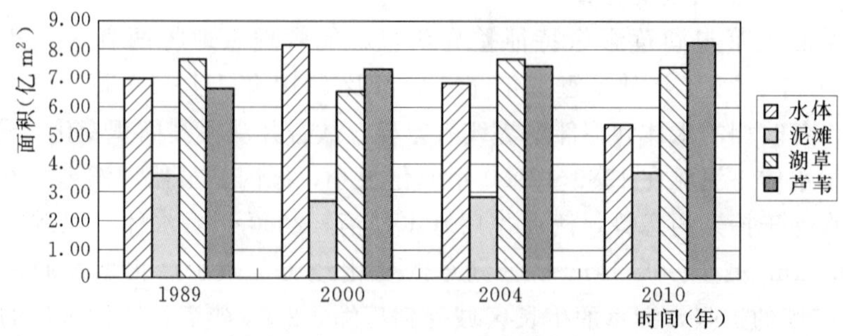

图 5－11　洞庭湖植被分布遥感解译统计

近20年来，洞庭湖湿生植被正向演替最为迅速的区域为东洞庭湖藕池河东支入湖口的新洲、舵杆洲，以及南洞庭湖的东南湖、万子湖北部洲滩，这两个区域的泥沙淤积最为迅速，反映了泥沙淤积是洞庭湖湿生植被演替的重要驱动力；2000年之后，湖草、芦苇的面积均有不同增加，反映了湖水位下降也是引起湿生植被演替的原因。

遥感解译结果及与地形的叠加分析表明：单一的芦苇群落分布于28m以上的高位洲滩上，薹草（虉草、辣蓼）群落分布于水面以上至28m的中低位洲滩上，高程27.00～28.00m的洲滩上存在较大的混生植被区（芦苇、薹草、辣蓼）。

2. 鄱阳湖湿地空间演变特征

（1）鄱阳湖湿地植被空间分布。图5-12（*a*）为通过2008年11月与2009年4月的实地调查，结合遥感解译获取的鄱阳湖湿地植被分布现状图。可以看出沉水植被主要分布在大湖面、蚌湖、沙湖、大汊湖、焦谭湖、汉池湖及流湖等积水洼地；薹草主要分布在蚌湖湖堤两侧、饶河河道两侧、赣江中、南支口；此外，星子县西南、都昌县西北及东南也有分布；芦苇主要分布在蚌湖湖堤高处，赣江中、南支口南部分布较为集中；此外，饶河河道两岸较高地势处呈带状分布。与1993年出版的鄱阳湖图集中湿地植被分布图［见图5-12（*b*）］相比较，目前鄱阳湖湿地植被分布发生了较大变化，如1993年地图集上显示星子县西南为沉水植被分布区，2008～2009年调查中发现为薹草分布区；其次地图集显示蚌湖周围均为薹草分布区，而实地调查发现湖堤高处为带状分布的芦苇，长势较好；此外，地图集上显示赣江中支口为沉水植被分布区，实地调查发现为薹草区，河道两侧有芦苇分布。最后地图集上显示赣江南支口为沉水植被分布区，实地调查发现为大片薹草分布区，且有斑块状芦苇分布。

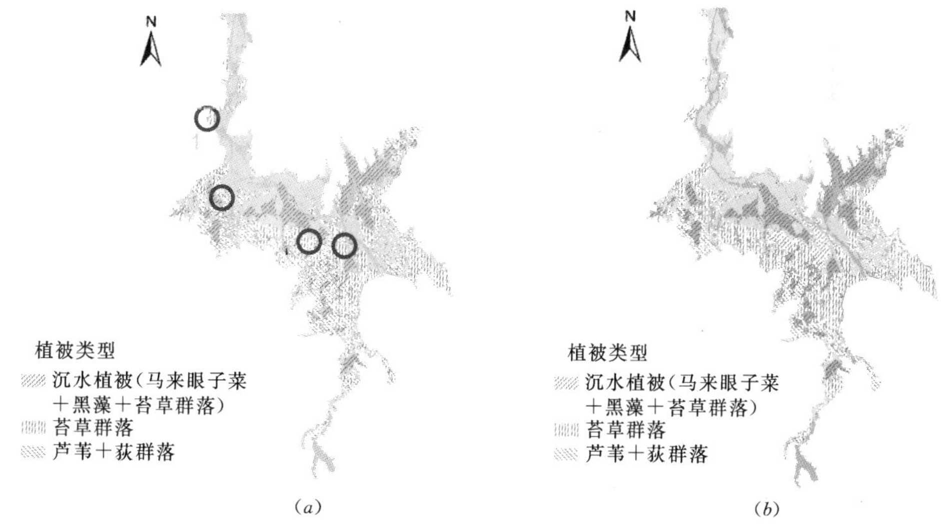

图5-12　鄱阳湖湿地植被分布及与历史资料比较

（*a*）鄱阳湖湿地植被分布2008～2009年实地调查；（*b*）1993年鄱阳湖湿地植被分布

（2）20世纪90年代以来鄱阳湖湿地演变特征。图5-13为1991～2008年鄱阳湖湿地秋季演变特征图，表5-5为1991～2008年鄱阳湖湿地地表覆盖类型分布面积统计表面积。可以看出，1991～2008年，鄱阳湖水面面积变幅较大，1991年与2005年秋季水面面积明显高于其他年份，这与这两个年份长江洪水期后延，秋季水位较高有关。研究表明，鄱阳湖水面面积变化春季取决于流域五河来水，而夏末秋初则受长江顶托与倒灌影响更为显著。苔草面积变幅为485.1～788.6km^2，其中以1996年最低，2001年最高，2004年后苔草面积呈增长趋势，这可能是由于鄱阳湖水量偏枯的原因。鄱阳湖苔草群落分布高程13.80～14.20m，淹水—出露过程最为频繁，苔草生长对水情变化较为敏感。芦苇面积1991年151.5km^2，2008年增加到了437.1km^2，1991～2008年总体呈增长趋势。鄱阳湖芦苇群落主要分布在高程16.00～18.00m。2000年由于气候变化及长江三峡蓄水，长江干流洪水期高水位显著减少，鄱阳湖高位滩地淹没期大大缩短，致使芦苇面积增长较快。谢永宏等人研究表明洞庭湖芦苇分布面积也显示了相近的变化趋势。与1991年相比，各年份泥滩和裸地面积都有了明显增加，但是变化趋势不明显。值得注意的是，1996年和2006年同期的水面面积都很小，1996年的泥滩面积和裸地面积相比其他年份来说都较大，而2006年的裸地面积很大，但是泥滩面积却很小。在分类中发现，2006年的裸地类别中，砂地面积占了很大的比重。这是由于2006年鄱阳湖出现了罕见的长时间枯水位过程。星子水文站自7月中旬起实测水位较同期多年平均水位偏低2m以上，8～9月两次出现低于同期历史最低水位的特枯水位。由于水位持续较低，泥滩含水量也明显降低，在遥感影像上表现为沙地，从而使得分类结果中2006年裸地面积显著增加。鄱阳湖秋季水量的年际变化比较大，但是从1991年至今的总体变化而言，鄱阳湖秋季水面面积呈下降趋势。总体上苔草对于水文状况反映比较敏感，其面积随着水面积变化也呈规律性变化，而芦苇面积则呈现出一定的增加趋势。

表5-5　1991～2008年鄱阳湖湿地地表覆盖类型分布面积　　单位：km^2

年　份	水　面	苔　草	芦苇（南荻）	泥　滩	裸　地
1991	1709.1	725.2	151.5	162.1	25.2
1996	869.4	485.1	300.3	978.2	508.2
2001	1451.4	788.6	160.8	618.9	85.1
2004	1103.9	612.56	756.4	637.69	31.6
2005	1588.5	567.5	269.6	488.9	63.3
2006	946.1	677.45	542.7	333.5	641.9
2008	1212.4	739.45	437.1	700.7	50.3

（3）20世纪90年代以来鄱阳湖典型湿地演变特征。选取两处典型湿地作为研究区（见图5-14），一处为赣江主支口与饶河口交汇处三角洲湿地（赣江主支口湿地）；另一处为赣江南支口洲滩湿地（赣江南支口湿地）。两处典型湿地在地理位置差异较大，其中赣江主支口湿地属于鄱阳湖湖区北部湿地，距离湖口水文站较近，从而受长江水情影响较大，而赣江南支口湿地位于鄱阳湖湖区南部，且为赣江南支河口三角洲湿地，受长江水情影响较小，而受流域来水（赣江）影响较大；其次，两处典型湿地植被群落分布对水情变

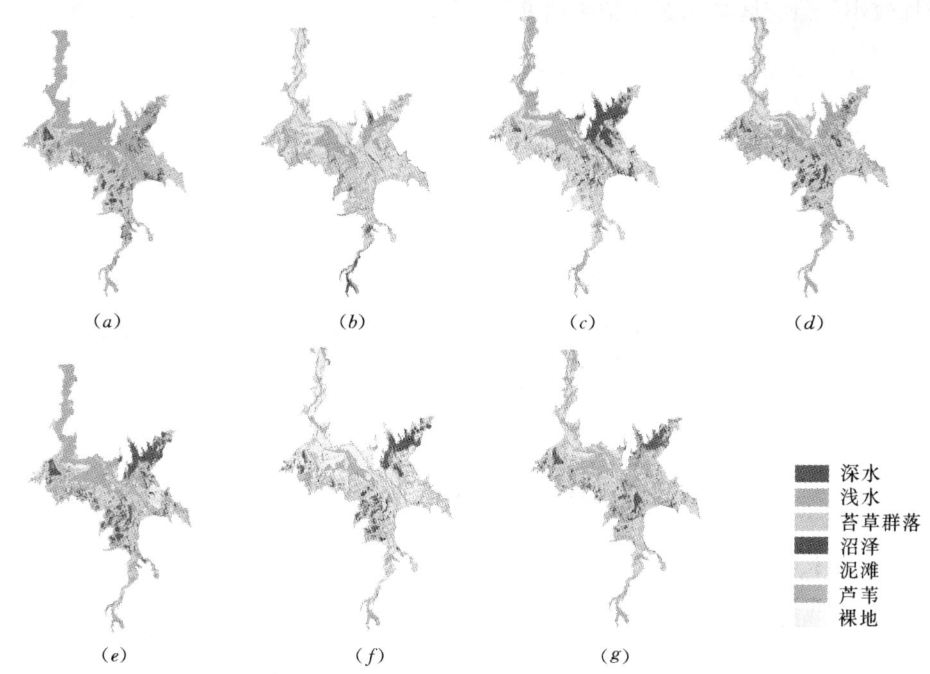

图 5-13　1991～2008 年鄱阳湖湿地秋季演变特征

(*a*) 1991 年；(*b*) 1996 年；(*c*) 2001 年；(*d*) 2004 年；(*e*) 2005 年；(*f*) 2006 年；(*g*) 2008 年

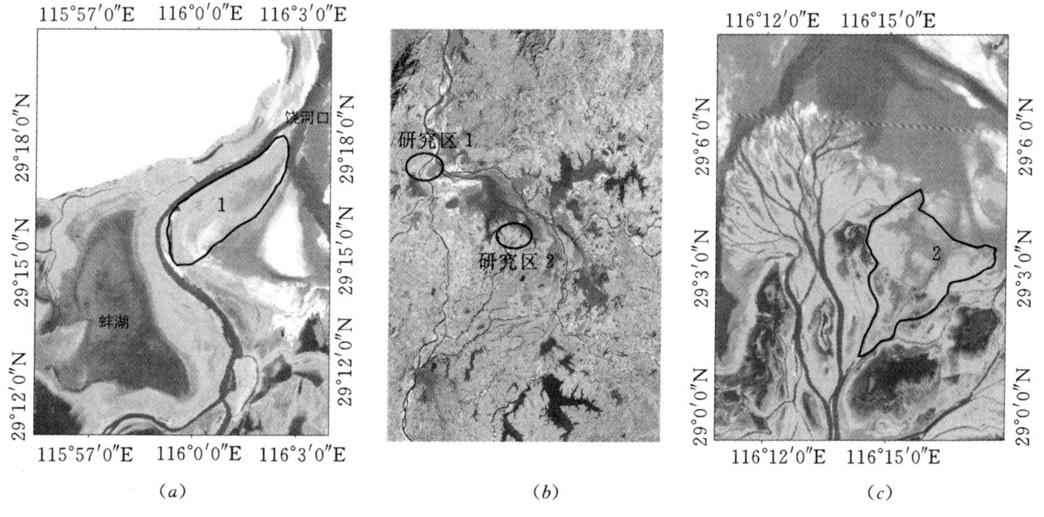

图 5-14　鄱阳湖典型湿地研究区示意图

(*a*) 研究区 1 放大图；(*b*) 研究区分布图；(*c*) 研究区 2 放大图

化均较敏感。赣江主支口湿地位于河道岔口处，而赣江南支口湿地为典型河口三角洲湿地，洲滩淹没—出露过程均较频繁，洲滩出露主要受水位高低影响，进而影响植被群落的发育。此外，两处典型湿地均处于鄱阳湖湖区深部，受人类活动影响较小，湿地发育过程人为干扰较小。研究区鄱阳湖典型湿地见图 5-15。

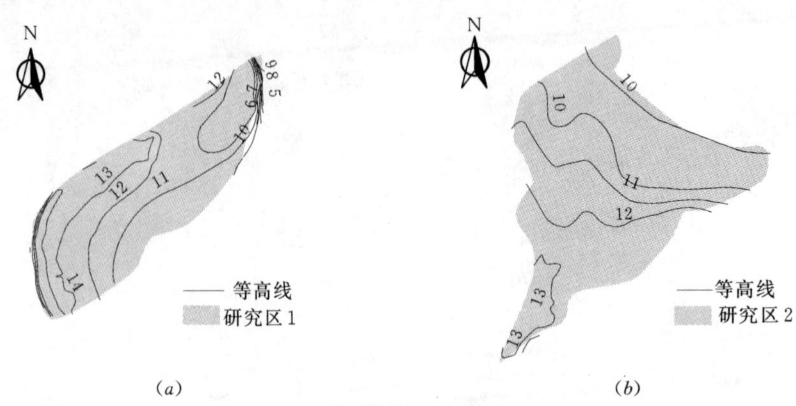

图 5-15 鄱阳湖典型湿地研究区高程示意图

(a) 主支口等高线图；(b) 南支口等高线图

表5-6 为 1989～2009 年赣江主支口湿地与赣江南支口湿地植被分布面积，图 5-16 为 1989～2009 年赣江主支口湿地湿地植被演变示意图。可以看出，赣江主支口湿地在 1989～2004 年都处于稳定扩张趋势，1989 年此处草滩只有 3.02km^2，而到了 2001 年已经增长到了 9.48km^2，平均扩张速度为 0.54km^2/a，之后在 2004～2009 年间面积变化较不稳定，2004～2006 年面积有所减少，而 2008 年面积又增加到了 11.87km^2，2009 年面积进一步增加，达到了 13.21km^2。就空间扩展方向而言，由解译结果可以直观看出，赣江主支口湿地主要是顺赣江主支河道向饶河口方向延伸，同时向东南方向湖区深处呈扇形拓展。但值得注意的是 2004 年的植被面积较 2001 年有了大幅度的增长，平均增长速度达到了 1.39km^2/a。对于 2005 年和 2006 年的植被面积变化情况，受当年特殊水位情况影响较大。其中 2005 年汛期较长，长江洪水期后延，秋季水位较高，植被淹水期过长导致长势受到影响。而 2006 年鄱阳湖出现了罕见的长时间枯水位过程，其中星子水文站自 7 月中旬起实测水位较同期多年平均水位偏低 2m 以上，8～9 月两次出现低于同期历史最低水位的特枯水位，这也在一定程度上导致土壤湿度降低，影响了湿生植被的生长。

表 5-6　1989～2009 年赣江主支口湿地与赣江南支口湿地植被分布面积　单位：km^2

年　份	1989	1991	1996	1999	2001	2004	2005	2006	2008	2009
赣江主支口	3.02	4.06	5.34	9.10	9.48	13.65	10.89	8.09	11.87	13.21
赣江南支口	3.68	6.91	8.26	9.71	11.21	12.31	11.41	11.55	13.80	13.98

赣江南支口湿地 1989～2001 年同样处于稳定扩张趋势，2005 年植被面积有所下降之后，2005～2009 年湿地植被分布面积再次稳定上升。通过遥感解译结果（见图 5-17）可以直观得出，赣江南支口湿地主要是顺沿赣江南支入湖方向向鄱阳湖湖区深部呈扇形扩张。通过计算可以得出，1989～2001 年此处草洲的扩张速度为 0.63km^2/a，2004～2009 年的平均扩张速度为 0.334km^2/a，另外其中 2005～2009 年草洲的扩张速度为

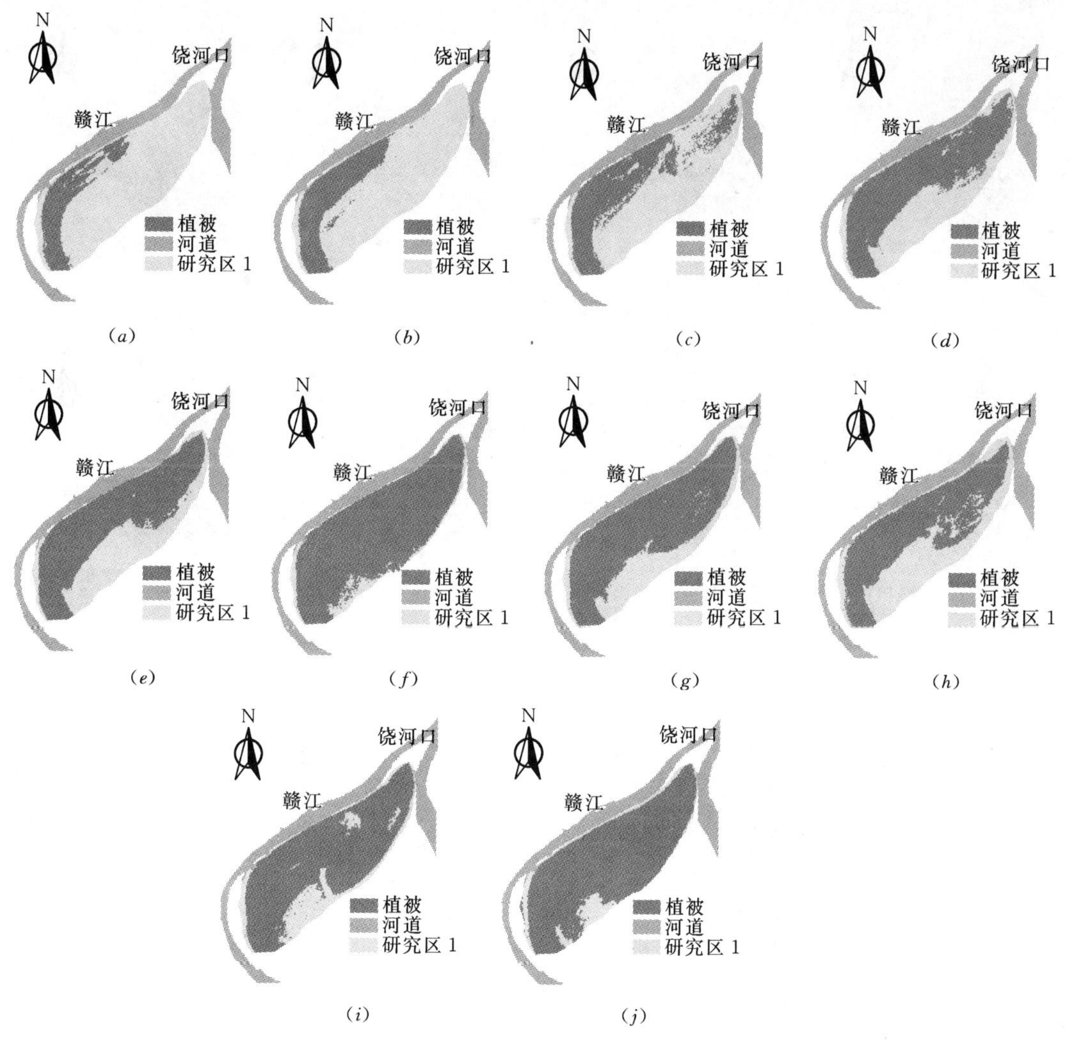

图 5-16 1989～2009 年赣江主支口湿地植被分布示意图

(*a*) 1989 年植被；(*b*) 1991 年植被；(*c*) 1996 年植被；(*d*) 1999 年植被；(*e*) 2001 年植被；(*f*) 2004 年植被；(*g*) 2005 年植被；(*h*) 2006 年植被；(*i*) 2008 年植被；(*j*) 2009 年植被

0.64km^2/a。

(4) 三峡工程对鄱阳湖典型湿地植被演变的影响。鄱阳湖涨落的一般规律为：春季水位开始升高，到夏季达最高值，秋季开始回落，到冬季达最低值，呈明显的季节性变化。在枯水期，湖洲滩地显露，形成以苔草为主体的湿生植物群落和以芦苇、荻为主体的挺水植物群落。鄱阳湖湿生植被和挺水植被的生长特性有很大区别。苔草等湿生植被一年有两个生长期，每年 2 月底 3 月初草甸返青，3～4 月完成第一个季节的营养生长期，并进入生殖生长期，而后 4 月下旬开始逐渐为湖水所浸淹。至 9～10 月，草滩出露，苔草再次萌发，又形成第二个生长期。芦苇 2～4 月为幼株发育时期，5～7 月为营养生长的旺盛时期，8 月以后进入生殖生长期，其植物的生物量已初步形成。且芦苇幼苗期需水量不大，

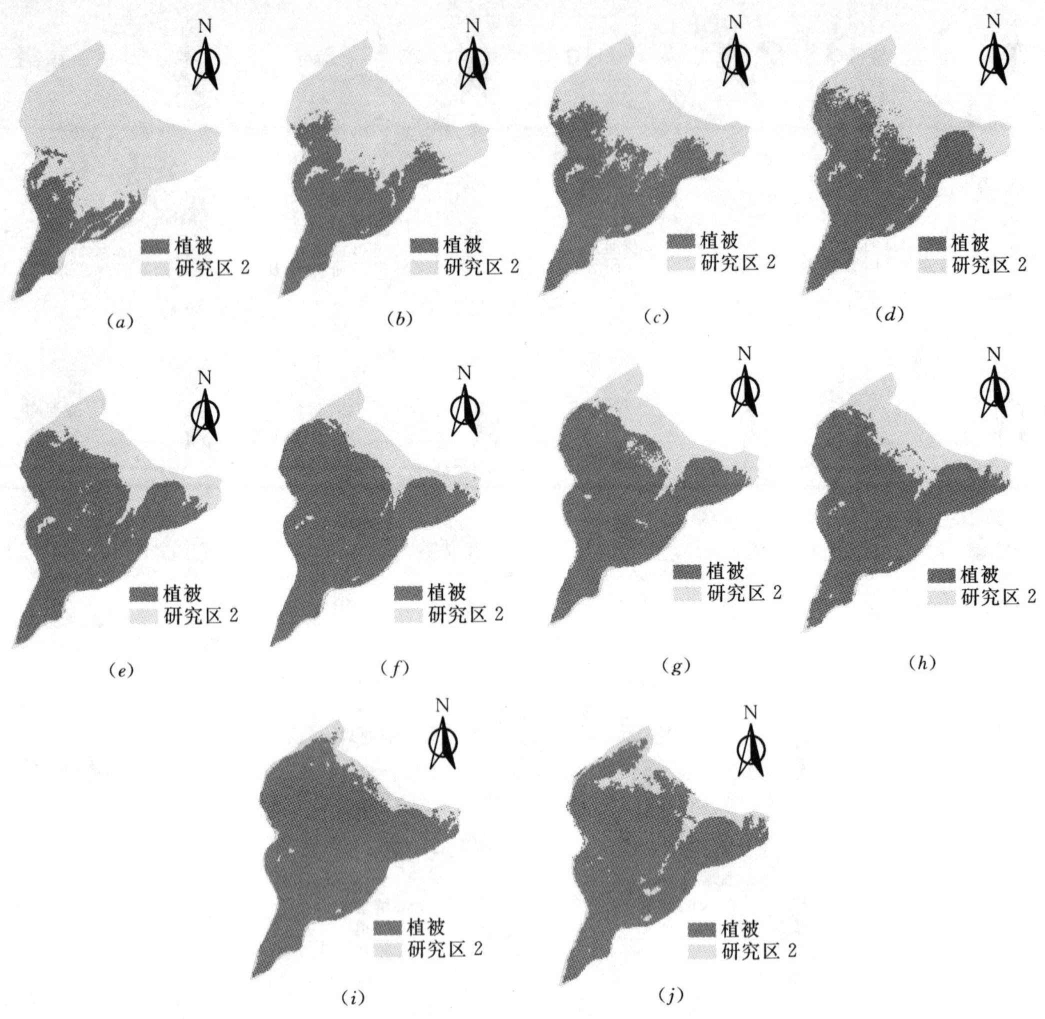

图 5-17　1989～2009 年赣江南支口湿地植被分布示意图

(*a*) 1989 年植被；(*b*) 1991 年植被；(*c*) 1996 年植被；(*d*) 1999 年植被；(*e*) 2001 年植被；(*f*) 2004 年植被；(*g*) 2005 年植被；(*h*) 2006 年植被；(*i*) 2008 年植被；(*j*) 2009 年植被

只要地表保持湿润就行，不能长期淹水，但汛期淹水 1～2 周不会影响其生长，即使水淹没顶 1 周左右也不会死亡。鄱阳湖湿地 20 世纪 90 年代以来演变过程极为明显，随着泥沙不断淤积，浅水区地势逐渐增高，在水位较稳定、水体较清地段逐渐开始生长水生生物，发育成为水生生物基底湿地；也有一些地段泥沙淤积较快，不能生长水生生物，发育成为泥沙滩地；随着泥沙继续淤积，地势进一步增高，蔫草和苔草等草本植物开始侵入，水生生物基底湿地和泥沙滩地逐渐为湖草所占据，演变为湖草滩地；泥沙继续淤积加上湖草残体的堆积，地势继续增高，加上枯水季节的地下水位降低，芦苇侵入湖草群中，并迅速蔓延，随着洲滩进一步增高，洪水泛滥减弱，地下水位降低，芦苇将完全占据整个滩地。上述演替过程是顺向演替的过程，反之则是反向或逆向演替。

水位的季节性变化，对鄱阳湖湿地植被的分布具有决定性的作用，并最终影响湿地的演替趋势。而随着三峡工程的蓄水运行，10 月的水位较天然状态下将有较大的降低，枯水季节（1～4 月）的下泄流量将较天然状态下有所增加，因此必然会影响鄱阳湖湿地的演替。通过分析多年湖口水位数据发现，1991 年、2001 年以及 2004 年枯水期退水较为稳定，且在数值上接近多年平均水位，较为具有代表性，故选择 1991 年、2001 年以及 2004 年的遥感影像进行进一步的解译分析。图 5-18 为此 3 年 9～11 月（共 91 天）的日水位数据，横轴表示进入 9 月后的天数，纵轴表示当日湖口水位。从图 5-18 中可以看出，3 年的水位总体水平以及变化趋势较为一致。已有资料以及实地调查结果表明，鄱阳湖区的湿生植被分布一般位于 13.00m 以上高程洲滩，通过图 5-18 可以看出 10 月中旬左右，这 3 个年份的水位均退到了 13m 以下，且基本稳定在低水位，其中 2004 年水位下降相对较快。

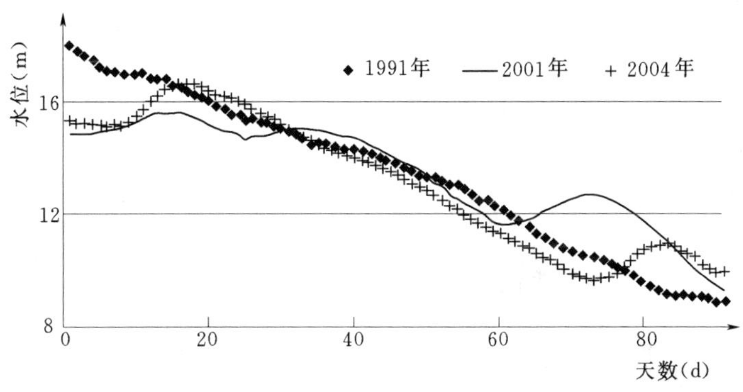

图 5-18　枯水期湖口水文站水位统计（9～11 月）

1）赣江主支口湿地。赣江主支口湿地高程为 12.00～14.00m，随分布高程的不同，苔草长势有所差异。一般而言下缘洲滩由于淹水时间比较长，苔草生长期较短，长势较弱。芦苇、荻等挺水植被主要分布于靠近河道的高位洲滩。如图 5-15（*a*）所示，研究区洲滩的高程由赣江河道向湖中心递减，靠近蚌湖的赣江河道转弯处高程最高。赣江主支口湿地距离湖口水文站较近，水位变化情况与湖口水文站处较为一致。通过分析这 3 年的湖口水位数据可以看出，9～11 月期间鄱阳湖处于退水期，随着三峡工程蓄水运行之后，洲滩出露时间有所提前，苔草群落生长期将会延长。

如图 5-19 所示，将提取的植被覆盖区按照 NDVI 值的高低进一步分为四级，1 级 NDVI 值为 0.05～0.15，2 级 NDVI 值为 0.15～0.3，3 级 NDVI 值为 0.3～0.4，4 级 NDVI 值在 0.4 以上，得到结果如图 5-20 所示（为与近期覆被情况进行对比，加入 2009 年植被分布图）。图中生物量较低的红色区域（NDVI 值为 0.05～0.15）包括了两种植被，靠近河道的高位洲滩上分布的主要是芦苇，由于秋季芦苇已经进入枯萎期，所以生物量较低，而靠近湖心的部分为苔草，由于高程较低，淹水时间长导致长势较差。绿色区域分布的主要是苔草等湿生植被，可以看出苔草长势随高程呈垂直变化，靠近河道的高位滩地苔草长势最好。

就植被面积而言，如图 5-16 所示，可以看出 1991～2004 年草滩向饶河口方向扩展趋势明显。经计算可以得到，1991～2001 年植被面积平均扩展速度为 0.54km²/a，而

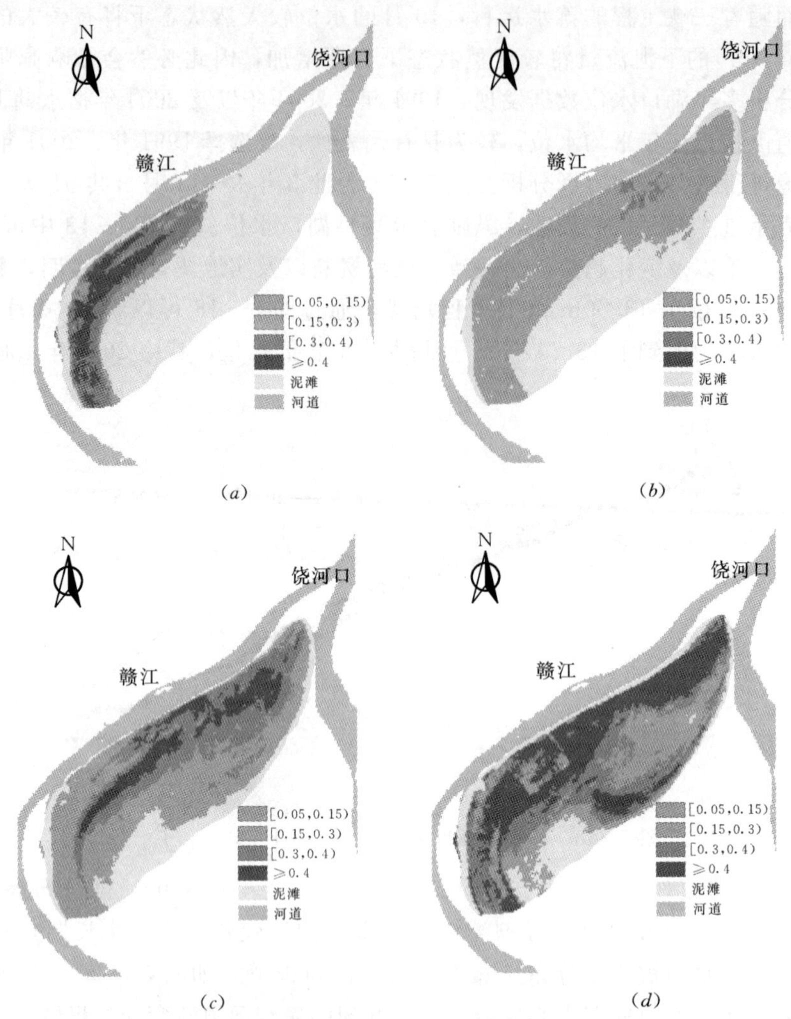

图 5-19 赣江主支口湿地各年份植被分级分布示意图

(*a*) 1991 年植被；(*b*) 2001 年植被；(*c*) 2004 年植被；(*d*) 2009 年植被

2001～2004 年植被面积的平均扩展速度达到了 1.39km²/a，扩展速度明显加快。对比 1991 年和 2001 年两幅植被分布图［图 5-19（*a*）、（*b*）］可以看出，高位洲滩分布的主要植被由苔草转化为了芦苇。分别对苔草和芦苇的面积进行统计分析，可以得到，1991 年赣江主支口湿地植被主要为以苔草为主的湿生植被，总面积为 4.1km²，而到 2001 年有面积约为 3.2km² 的高位洲滩苔草转化为芦苇，另外苔草面积增长为 6.3km² 左右，1991 年靠近饶河口部分的泥滩已经被苔草覆盖，并且泥滩有向湖心扩张的趋势。由此可以看出，在 1991～2001 年泥沙淤积速度较快，地势有所增高，芦苇逐渐入侵湖草滩地，湿地处于正向演替状态。

对比 2001～2004 年植被分布示意图［图 5-19（*b*）、（*c*）］可以发现，高位滩地仍为芦苇覆被，但是面积有所减少，经统计由 3.2km² 减少到了 0.97km²，部分转化为了苔草，而饶河口附近的苔草长势茂盛，且面积有明显扩展。参考 2009 年数据［图 5-

19 (d)] 可以看出，2009 年高位滩地已经重新被苔草覆盖，而且苔草群落向前缘洲滩进一步扩展，面积扩展到了 13.2km^2。考虑三峡工程蓄水调度情况，认为出现这种变化的主要原因是由于研究区湿地芦苇分布高程较低，在枯水季节，尤其是5月左右，水位较以往同期有显著增加，而此时芦苇成长处于旺盛时期，水位的明显增加必然对中低位的芦苇生长带来不利的影响。因此，低位洲滩的芦苇会逐渐退化，这对鄱阳湖湿地的演替是有利的，但是 10～11 月水位较往年同期水位降低速度较快，洲滩提前出露而延长了前缘洲滩苔草的生长期，导致苔草群落进一步向泥滩推进，将会加速湿地的正向演替。2005～2008 年洲滩植被面积变化较不稳定，主要是受当年水文条件影响较大。其中 2005 年汛期较长，长江洪水期后延，秋季水位较高，植被淹水期过长导致长势受到影响。而 2006 年鄱阳湖出现了罕见的长时间枯水位过程，植被分布面积和长势均受到影响。2008 年水位变化很不稳定，整个秋季出现两次水位突然上涨，影响了前缘洲滩植被的长势。可以看出，三峡工程的蓄水运行会进一步降低枯水年份蓄水期洲滩水位，对特枯水年的洲滩植被生长可能会造成不利影响，而且进入枯水期后三峡水库的不定期泄洪会造成鄱阳湖北部湿地的水位不稳定，进而影响植被长势与分布。湿地的演替是一个相对缓慢的过程，对外界条件变化的响应也有一个较长的过程，从 2004～2009 年统计数据来看，受三峡工程蓄水运行的影响，鄱阳湖部分湿地演化进程改变明显，在未来较长时期内可能会逐步达到新的动态平衡。

2）赣江南支口湿地。赣江南支口湿地高程变化比较平缓见图 5－15（b），变幅为 10.00～12.00m，汛期被淹没，10 月退水后洲滩出露，主要植被类型为苔草，除前缘洲滩由于淹水时间较长，植被长势相对较差以外，长势均较好，NDVI 值主要为 0.4～0.5。图 5－20 为 1991～2001 年、2004～2009 年赣江南支口湿地植被分布变化示意图。可以看出 1991～2001 年间草洲分布范围向湖心方向有了较大扩展。1991 年的植被面积为 6.91km^2，2001 年为 11.21km^2，面积扩展速度为 0.43km^2/a。2004～2009 年植被扩展趋势仍然比较明显［见图 5－20（b）]。2004 年的植被面积为 12.31km^2，2009 年为 13.98km^2，面积扩展速度为 0.334km^2/a，扩展较为稳定而略有减缓，其原因可能是水下高程落差变化逐渐增大，以至洲滩淤积速度减慢。总体而言，赣江南支口处湿地泥沙淤积速度比较稳定，苔草等湿生植被群落的生长范围逐渐向外扩展，湿地正处于较为稳定的正向演替状态，三峡工程蓄水运行前后并无明显变化。

总体上，三峡工程蓄水运行之前，1989～2001 年鄱阳湖典型湿地植被分布呈稳定扩展态势，局部湿地有芦苇群落入侵苔草群落的状况，正向演替趋势明显。三峡工程蓄水之后，鄱阳湖典型湿地植被分布扩展速率明显下降，其中北部典型湿地由三峡蓄水前的 0.54km^2/a 下降为－0.07km^2/a，而南部典型湿地则由 0.63km^2/a 下降为 0.334km^2/a，湿地植被扩展态势受水文过程影响更为明显。三峡工程的蓄水运行会进一步降低枯水年蓄水期典型湿地洲滩水位，不利于特枯水年的典型湿地植被生长发育；对鄱阳湖北部湿地植被长势与分布影响尤为明显。相比较而言，鄱阳湖北部湖区湿地受三峡蓄水运行影响更显著，三峡蓄水后湿地植被演替状态变化极为明显；而南部湖区湿地受流域水文过程影响更大，三峡蓄水后湿地植被扩展速率略有减缓，但总体态势较为稳定。湿地演变是一个相对缓慢的过程，对外界条件变化的响应也有一个较长的过程，虽然三峡工程蓄水运行后鄱阳

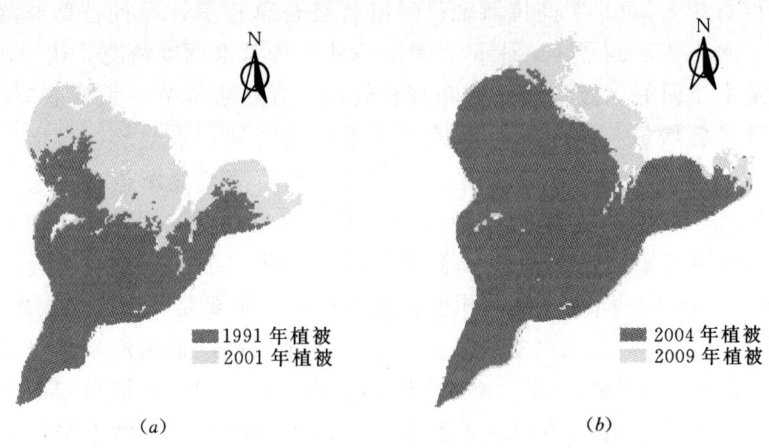

图 5-20　三峡工程运行前后赣江南支口植被分布变化示意图

(a) 1991～2001 年植被；(b) 2004～2009 年植被

湖北部湖区湿地演化进程改变明显，但确定其影响还需要开展更长时期的观测与更为系统的研究。

三、近年来长江中下游重要生态敏感区越冬水鸟变化

长江中下游周期性水位的巨大落差：夏季季风带来的雨水导致江水抬升，湖泊季节性泛滥，而秋冬季节则水位回落。这种水文模式形成了数量众多的季节性湿地，具有很高的生产力。该区域丰富的食物和温和的气候，吸引了众多的水鸟前来越冬。这些水鸟主要在我国东北和蒙古、西伯利亚中部和东部繁殖，每年飞行几千公里，10～11 月抵达长江中下游的湿地越冬，次年 3～4 月返回繁殖地。

2004 年和 2005 年初，WWF（世界自然基金会）和国家林业局合作，在长江中下游的湿地开展了两次水鸟同步调查。结果表明，该区域有 90 余种约 100 万只水鸟，主要在江西省的鄱阳湖、安徽省的升金湖以及安庆沿江湿地自然保护区和湖南省的洞庭湖越冬。其中鸭科鸟类（鸭、雁和天鹅）数量最多，而豆雁和鸿雁等 10 种最常见的水鸟，占总数的 70%；这里也是全球受胁物种东方白鹳、小白额雁、白鹤、白枕鹤和白头鹤等在东亚地区的重要越冬地。长江中下游湿地还是豆雁和小天鹅最重要的越冬地，拥有东亚迁徙路线种群的 75%。综上所述，长江中下游湿地是我国东部水鸟最重要的越冬区，东部雁鸭类和鹤类总数的 80%在此越冬。

20 世纪 90 年代以来，在长江中下游湿地越冬的鸭科鸟类数量下降了 70%，主要原因是该区域经济飞速发展导致的湿地丧失和退化，而偷猎也是一个不容忽视的因素。

一方面，水鸟种群数量呈下降的趋势；另一方面，其栖息地面临的威胁日益严重。三峡蓄水运行将改变长江中下游湿地的水文环境，有研究认为会降低湿地的服务功能。南水北调工程将直接导致长江流域水资源的减少。此外，有研究表明，到 21 世纪末气候变暖将导致全球 85%的内陆湿地丧失，预测中国的温度升高将高于全球平均值，湿地的丧失和退化可能更为严重。已有证据表明，由于气候变化，鸭科鸟类和鸻鹬类在中国东部的分

布正在改变。在这样的背景下，研究越冬水鸟群落的变化特征，并探讨变化的原因成为当务之急。

以 2004 年和 2005 年长江中下游水鸟同步调查的结果表示三峡蓄水运行前水鸟的数量和分布，与 2006 年之后的数据相比较，研究三峡蓄水运行后水鸟的变化及其原因。地点选择在水鸟越冬的重要区域，包括江西省的鄱阳湖、湖南省东洞庭湖国家级自然保护区核心区（大西湖、小西湖、春风湖）和采桑湖、安徽省升金湖国家级自然保护区。这三个位点的水文特征不尽相同，洞庭湖和鄱阳湖与长江相连处没有闸门，为通江湖泊。升金湖在 1965 年修建了黄盆闸，其水位由闸门调控，为非通江湖泊。升金湖与湖北和安徽其他众多中小型湖泊的管理方式相似，这些湖泊都在 20 世纪 50～60 年代修建了闸门。

研究物种如下：①10 种最常见的物种：豆雁、鸿雁、黑腹滨鹬、绿翅鸭、红嘴鸥、小天鹅、白额雁、斑嘴鸭、罗纹鸭和小白额雁；②全球受胁物种（①类中已有的未包括）：东方白鹳、白鹤、白枕鹤、白头鹤、花脸鸭；③其他受关注物种：黑鹳、白琵鹭、普通鸬鹚、赤颈鸭、红嘴鸥和鹤鹬等。

分别选取 12 个不同的物种代表 5 类觅食集团，即将主要的食物相同的鸟类归为一类，分别为：食块茎集团（白鹤、白枕鹤、白头鹤、小天鹅和鸿雁）；草食集团（白额雁和小白额雁）；食鱼集团（普通鸬鹚和东方白鹳）；食种子集团（绿翅鸭）；食无脊椎动物集团（黑腹滨鹬、鹤鹬和白琵鹭）。需要指出的是，有的物种仅分布在某些重要区域，比如白鹤主要分布在鄱阳湖，则仅分析白鹤在鄱阳湖的数量变化。

水鸟依赖湿地生存，不同类群以不同的食物为生。水鸟群落结构的变化，反映了湿地不同营养层次的变化，因此水鸟是湿地生态系统健康的最佳指示生物。鉴于水鸟对环境的重要指示作用，湿地公约采用"鸟类红色名录指数"来衡量湿地质量的变化；2008 年联合国千年发展目标报告的第七条"确保环境的可持续利用"，已将"鸟类红色名录指数"作为一项衡量环境质量的标准。

沉水植被带和莎草带是长江中下游湿地的主要植被带，对水位的变化非常敏感，其变化对食块茎集团和草食集团产生直接的影响。通过分析三峡蓄水运行前后水位的变化，预测水位改变对植被带的影响，进而造成对水鸟的影响；同时，通过分析 5 年来水鸟群落的变化，验证上述假设，并试图分析原因。受食物、水位、人为干扰和竞争等因素影响，水鸟的数量在越冬期有很大变化。为了与 2004 年和 2005 年 2 月的基准数据比较，在分析中仅采用每年 2 月的数据。采用线性回归方法，分析水鸟数量是否存在显著的年度变化。

（一）东洞庭湖国家级自然保护区水鸟群落年度变化特征

表 5－7 显示了每年 2 月东洞庭湖国家级自然保护区核心区（大西湖、小西湖和春风湖）和属于采桑湖，但非核心区监测物种数量和水鸟总数的年度变化。2005 年，以上位点的水鸟数量占东洞庭湖国家级自然保护区水鸟总数的 91.1%，因此这些位点水鸟数量和分布的变化可以代表保护区内水鸟的总体变化趋势。

表 5－7 和图 5－21 表明，2004 年和 2005 年两年的总数都在 7 万只以上，草食集团为优势类群，主要的种类为白额雁和小白额雁。豆雁的数量也很多，而食块茎物种数量很

少。2009 年冬，水鸟总数不到 3 万只，下降显著。各觅食集团数量变化不明显，仍以草食集团为主，但白额雁由 2004 年和 2005 年的 1 万只下降到几乎为零，全球受胁物种小白额雁的数量没有显著变化。同期，豆雁的数量下降显著。

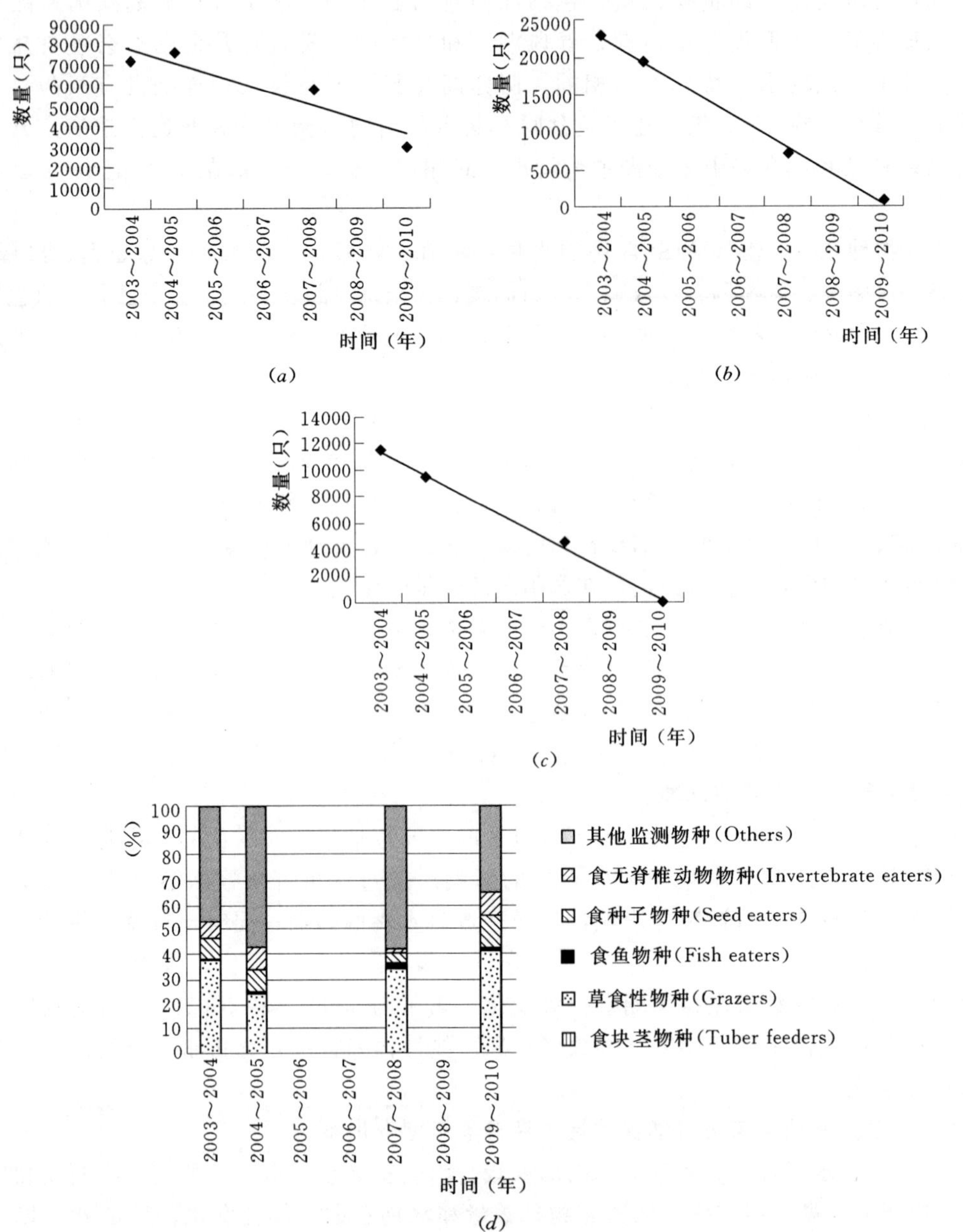

图 5-21　每年 2 月东洞庭湖国家级自然保护区核心区和采桑湖水鸟总数

(*a*) 水鸟总数；(*b*) 豆雁（*Anser fabalis*）；(*c*) 白额雁（*Anser albifrons*）；

(*d*) 不同觅食物种数量变化情况

注：豆雁和白额雁的数量在 2003/2004 年冬～2009/2010 年冬之间变化显著，而草食性物种仍占优势。

表 5-7　　每年 2 月东洞庭湖国家级自然保护区核心区和采桑湖监测物种数量和水鸟总数年度变化

物种		2003～2004 年	2004～2005 年	2007～2008 年	2009～2010 年	P
食块茎物种	小天鹅（*Cygnus columbianus*）	3	331	22	50	NS
	鸿雁（*Anser cygnoides*）	0	48	5	3	NS
	白鹤（*Grus leucogeranus*）	0	0	2	0	NS
	白头鹤（*Grus monacha*）	1	0	0	0	NS
草食性物种	白额雁（*Anser albifrons*）	11650	9477	4603	78	0.002
	小白额雁（*Anser erythropus*）	15699	8620	15234	12257	NS
食鱼物种	普通鸬鹚（*Phalacrocorax carbo*）	533	315	1258	311	NS
	东方白鹳（*Ciconia boyciana*）	10	9	12	7	NS
食种子物种	绿翅鸭（*Anas crecca*）	5678	7263	1975	3539	NS
食无脊椎动物物种	鹤鹬（*Tringa erythropus*）	328	1	127	100	NS
	黑腹滨鹬（*Calidris alpina*）	3592	5564	450	2254	NS
	白琵鹭（*Platalea leucorodia*）	104	529	121	393	NS
其他监测物种	黑鹳（*Ciconia nigra*）	0	9	5	0	NS
	豆雁（*Anser fabalis*）	22974	19313	6853	1239	0.003
	赤颈鸭（*Anas penelope*）	0	350	5604	0	NS
	罗纹鸭（*Anas falcata*）	2007	8840	7388	3740	NS
	花脸鸭（*Anas formosa*）	0	0	0	0	—
	斑嘴鸭（*Anas poecilorhyncha*）	150	215	516	263	NS
	红嘴鸥（*Larus ridibundus*）	24	0	0	12	NS
汇总	水鸟总数	71697	76347	58005	29586	0.07
	食块茎物种（Tuber feeders）	4	379	29	53	NS
	草食性物种（Grazers）	27349	18097	19837	12335	NS
	食鱼物种（Fish eaters）	543	324	1270	318	NS
	食种子物种（Seed eaters）	5678	7263	1975	3539	NS
	食无脊椎动物物种(Invertebrate eaters)	4024	6094	698	2747	NS

注　*P* 值表示变化趋势是否明显（$P=0.1$）。

（二）鄱阳湖水鸟群落年度变化特征

表 5-8 显示了每年 2 月鄱阳湖监测物种的数量和水鸟总数的年度变化。2004 年和 2005 年两年水鸟总数为 13 万～22 万只，波动很大。食块茎集团是鄱阳湖水鸟群落最重要的组成，比例高达 30%以上。

表 5-8 和图 5-22 表明，鄱阳湖越冬水鸟总数近年有增加趋势；食块茎集团仍占优势，且数量显著增长，但单个物种的变化并不显著；除黑鹳数量显著下降外，鹤鹬、赤颈鸭、罗纹鸭和斑嘴鸭的数量显著增加。白额雁的数量很可能也下降了。

表 5-8　　每年 2 月鄱阳湖监测物种数量和水鸟总数年度变化

物　　种		2003～2004 年	2004～2005 年	2008～2009 年	2009～2010 年	*P*
食块茎物种	小天鹅（*Cygnus columbianus*）	14446	42843	49376	43326	NS
	鸿雁（*Anser cygnoides*）	29378	22313	36967	37951	NS
	白鹤（*Grus leucogeranus*）	2760	2683	1627	2638	NS
	白枕鹤（*Grus vipio*）	2713	1491	603	1828	NS
	白头鹤（*Grus monacha*）	221	390	323	467	NS
草食性物种	白额雁（*Anser albifrons*）	12568	15602	10312	6790	NS
	小白额雁（*Anser erythropus*）	9	0	1197	263	NS
食鱼物种	普通鸬鹚（*Phalacrocorax carbo*）	827	1574	5025	879	NS
	东方白鹳（*Ciconia boyciana*）	1491	602	1679	430	NS
食种子物种	绿翅鸭（*Anas crecca*）	8791	20076	9850	21876	NS
食无脊椎动物物种	鹤鹬（*Tringa erythropus*）	5791	7280	28974	21335	0.09
	黑腹滨鹬（*Calidris alpina*）	1235	15556	9390	5960	NS
	白琵鹭（*Platalea leucorodia*）	3623	2051	7380	1402	NS
其他监测物种	黑鹳（*Ciconia nigra*）	29	33	7	2	0.03
	豆雁（*Anser fabalis*）	5200	16340	16707	17159	NS
	赤颈鸭（*Anas penelope*）	2728	4675	13405	15356	<0.001
	罗纹鸭（*Anas falcata*）	0	55	6446	12515	0.05
	花脸鸭（*Anas formosa*）	0	0	164	8	NS
	斑嘴鸭（*Anas poecilorhyncha*）	13657	17512	20566	24481	0.05
	红嘴鸥（*Larus ridibundus*）	4951	1395	395	846	NS
汇总	水鸟总数	138643	226175	288549	310103	0.06
	食块茎物种（Tuber feeders）	49518	69720	88896	86210	0.07
	草食性物种（Grazers）	12577	15602	11509	7053	NS
	食鱼物种（Fish eaters）	2318	2176	6704	1309	NS
	食种子物种（Seed eaters）	8791	20076	9850	21876	NS
	食无脊椎动物物种（Invertebrate eaters）	10649	24887	45744	28697	NS

注　*P* 值表示变化趋势是否明显（*P*=0.1）。

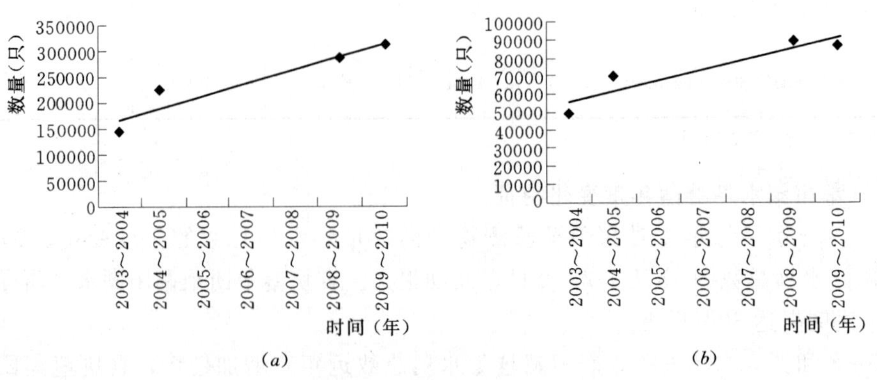

图 5-22　鄱阳湖水鸟总数（一）

(*a*) 水鸟总数；(*b*) 食块茎物种（Tuber feeders）

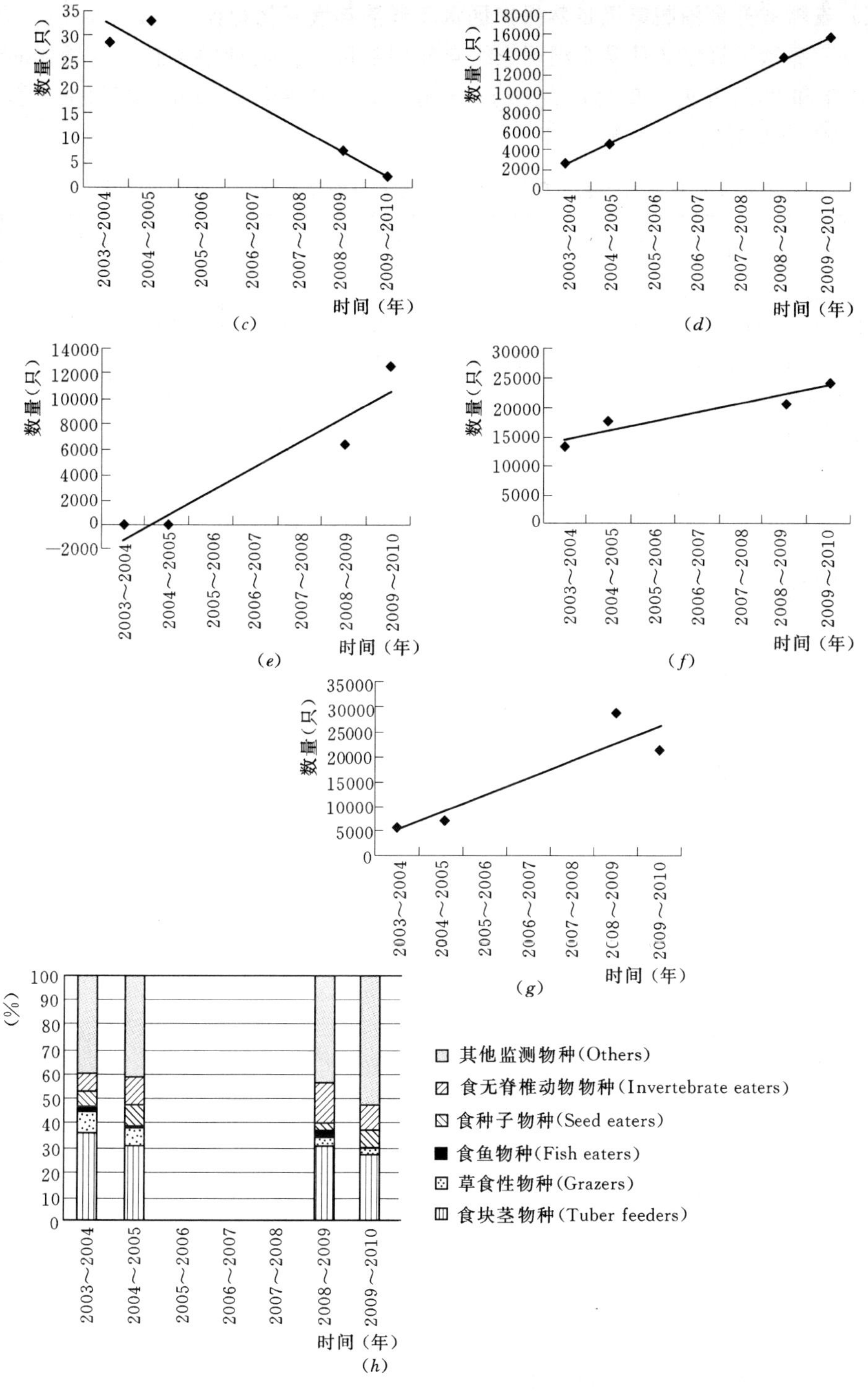

图 5－22　鄱阳湖水鸟总数（二）

(*c*) 黑鹳（*Ciconia nigra*）；(*d*) 赤颈鸭（*Anas penelope*）；(*e*) 罗纹鸭（*Anas falcata*）；(*f*) 斑嘴鸭（*Anas poecilorhyncha*）；(*g*) 鹤鹬（*Tringa erythropus*）；(*h*) 不同觅食物种数量变化情况

注：黑鹳，赤颈鸭，罗纹鸭，斑嘴鸭和鹤鹬的数量在 2003/2004 年冬～2009/2010 年冬之间变化显著，而食块茎集团仍占优势。

（三）安徽省升金湖国家级自然保护区水鸟群落年度变化特征

表 5-9 显示了每年 2 月升金湖国家级自然保护区监测物种数量和水鸟总数的年度变化。2004 年和 2005 年的水鸟总数为 3 万～5 万只，食块茎集团为升金湖的优势类群，比例为 47.6%～62.8%。缺乏草食集团。

表 5-9　每年 2 月升金湖国家级自然保护区监测物种数量和水鸟总数年度变化

物种		2003～2004 年	2004～2005 年	2007～2008 年	2008～2009 年	2009～2010 年	*P*
食块茎物种	小天鹅（*Cygnus columbianus*）	4333	5429	1007	950	2443	NS
	鸿雁（*Anser cygnoides*）	11483	24211	2361	503	255	0.09
	白鹤（*Grus leucogeranus*）	0	0	0	0	0	—
	白头鹤（*Grus monacha*）	269	253	19	306	111	NS
草食性物种	白额雁（*Anser albifrons*）	90	7	5518	3254	11118	0.06
	小白额雁（*Anser erythropus*）	0	0	401	12	1713	NS
食鱼物种	普通鸬鹚（*Phalacrocorax carbo*）	81	330	1043	108	472	NS
	东方白鹳（*Ciconia boyciana*）	0	206	71	1	2	NS
食种子物种	绿翅鸭（*Anas crecca*）	1710	638	1831	29	17	NS
食无脊椎动物物种	鹤鹬（*Tringa erythropus*）	22	119	9	69	64	NS
	黑腹滨鹬（*Calidris alpina*）	0	302	287	2016	856	NS
	白琵鹭（*Platalea leucorodia*）	399	1178	1238	726	1324	NS
其他监测物种	黑鹳（*Ciconia nigra*）	17	0	0	13	2	NS
	豆雁（*Anser fabalis*）	2996	11233	18899	28074	14459	NS
	赤颈鸭（*Anas penelope*）	1091	53	0	1143	0	NS
	罗纹鸭（*Anas falcata*）	8	69	2529	7365	840	NS
	花脸鸭（*Anas formosa*）	0	0	0	3780	0	NS
	斑嘴鸭（*Anas poecilorhyncha*）	1989	222	629	1490	515	NS
	红嘴鸥（*Larus ridibundus*）	205	151	101	1990	128	NS
汇总	水鸟总数	33775	47585	44505	61080	36171	NS
	食块茎物种（Tuber feeders）	16085	29893	3387	1759	2809	0.09
	草食性物种（Grazers）	90	7	5919	3266	12831	0.07
	食鱼物种（Fish eaters）	81	536	1114	109	474	NS
	食种子物种（Seed eaters）	1710	638	1831	29	17	NS
	食无脊椎动物物种(Invertebrate eaters)	421	1599	1534	2811	2244	0.08

注　*P* 值表示变化趋势是否明显（$P=0.1$）。

表 5-9 和图 5-23 与基准数据相比，升金湖的水鸟总数无显著变化趋势，在 3 万～6 万只之间。但食块茎集团总数显著下降，尤其是鸿雁数量急剧下降。草食性的白额雁数量显著增长。食无脊椎动物集团增长显著，但单个物种趋势不明显。同期，尽管表 5-9 显示豆雁的数量无显著性增长，但从均值看，我们仍认为豆雁的数量增长显著。

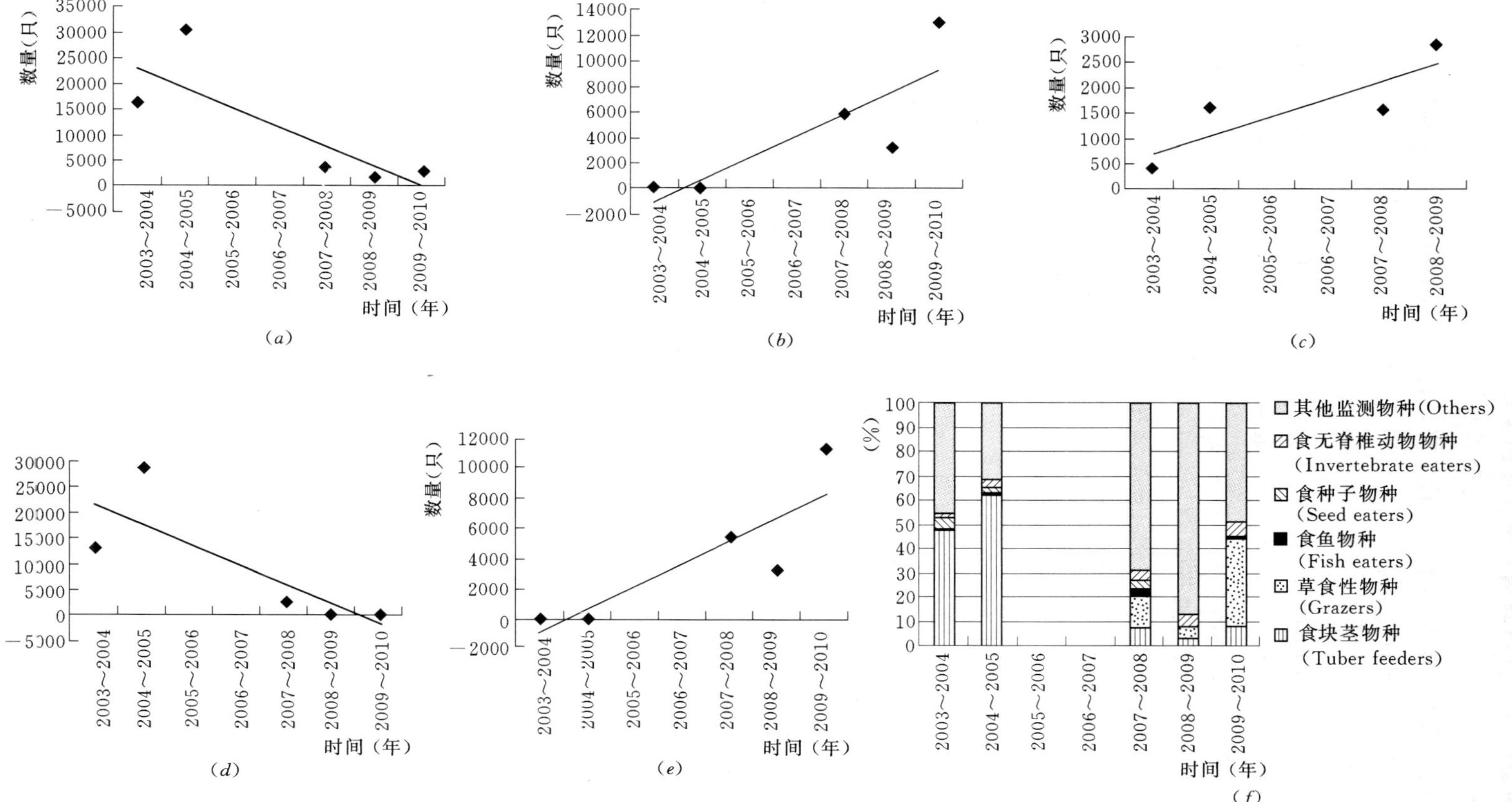

图 5－23　升金湖国家级自然保护区水鸟总数

(*a*) 食块茎物种 (Tuber feeders)；(*b*) 草食性物种 (Grazers)；(*c*) 食无脊椎动物物种 (Invertebrate eaters)；(*d*) 鸿雁 (*Anser cygnoides*)；(*e*) 白额雁 (*Anser albifrons*)；(*f*) 不同觅食物种数量变化情况

注：鸿雁和白额雁的数量在 2003/2004 年冬～2009/2010 年冬之间变化显著，草食性物种成为优势。

（四）水鸟种群数量和分布与栖息地变化的关系

1. 东洞庭湖

上述研究表明，东洞庭湖越冬水鸟总数下降，目前不到 3 万只。其中白额雁几乎全部离开了东洞庭湖，小白额雁的数量相对稳定，同时豆雁数量下降显著。

白额雁和小白额雁都是草食性雁类，外形相似，但食性不尽相同。1991～1994 鄱阳湖 4 个位点的研究表明，白额雁在其中 2 个位点主要以苔草（*Carex* spp.）的叶为食，在其余 2 个位点还取食苔草的根。升金湖的研究表明，白额雁在整个越冬期主要以苔草为食物。采桑湖的研究表明，小白额雁主要的食物为江南荸荠（*Eleocharis migoana*）、看麦娘（*Alopecurus aequalis*）和异鳞苔草（*Carex heterolepis*）。而江南荸荠是小白额雁最喜爱的食物，会引起强烈的集合反应，但江南荸荠在隆冬季节不生长。因此，江南荸荠缺乏时，小白额雁以看麦娘和苔草等为食物。以上研究表明，这两种相似的雁类在觅食生态位上发生了分化。白额雁主要依赖苔草带，其数量急剧下降很可能反映了苔草带的变化。

豆雁曾是洞庭湖的主要物种之一，食性较杂。1991～1994 年鄱阳湖的研究表明，豆雁主要以苔草（*Carex scabrifolia*）的根和种子，马铃薯（*Leptinotarsadec emlineata*）的根和小麦（*Triticum aestivum*）的叶子为食物，后两者在食物中所占的比例为 40%。豆雁在洞庭湖有 2 个亚种，其中 *serrirostris* 亚种的数量较少，仅几百只，它们在保护区及其周边食草，夜栖在保护区内。而 *middendorffi* 亚种中的大多数（近 6000 只）其主要食物来自保护区之外，或至少在某一段时间如此。综上所述，豆雁适应性比较强，除自然系统提供的食物，它们还可以利用农作物；豆雁数量变化的原因比较复杂，有待于进一步研究。

2. 鄱阳湖

鄱阳湖越冬水鸟总数近年有增加趋势，食块茎集团仍为优势集团，且数量显著增长。

目前，鄱阳湖是我国东部水鸟最重要的越冬地，对小天鹅和鸿雁等以块茎为食的物种尤为重要。鄱阳湖水鸟总数增加，很可能与其他地区湿地退化有关。可供水鸟利用的栖息地不断缩小，水鸟的分布不断集中。鄱阳湖食块茎集团总数显著增长，与安徽省湿地的沉水植被不断消失有关。与洞庭湖相似，白额雁数量下降，表明苔草带受到胁迫。

3. 升金湖

前文分析表明，升金湖水鸟的优势类群由食块茎集团转变为草食集团和杂食性的豆雁，鸿雁数量显著下降，白额雁和豆雁的数量显著上升。

鸿雁，在西方也称中国雁。1994 年成为全球受胁物种，保护等级为易危。鸿雁都在中国东部越冬，其中总数的 95%在长江中下游越冬。

鸿雁越冬期主要以沉水植物营养丰富的块茎为食，如苦草（*Vallisneria* spp.）块茎。每年的 4～10 月，湖泊水位上升，苦草生长，并将营养物质贮存在块茎中。秋季鸿雁迁徙回到长江中下游流域越冬。随着水位逐渐回落，它们在湖滩软泥中挖掘苦草的块茎。20 世纪 70～80 年代，沉水植物（如苦草）是该流域湖泊的优势物种。过去 20～30 年中，沉水植物在流域范围内的分布面积和数量显著下降，主要原因是过度的养殖业、水污染、湿地丧失和水体浑浊度增加等。同期，由于食物的消失或不可获得，鸿雁在洞庭湖、江苏湖群和湖北湖群等地的数量下降，目前仅为几百到千余只。

安徽省升金湖国家级自然保护区曾是鸿雁数量最多的湖泊之一，2004 年和 2005 年有 1 万～2 万只越冬。2008 年和 2009 年冬最大数量仅 1000～2000 只。目前，升金湖鸿雁在大部分越冬期以薹草和虉草（*Phalaris arundinacea*）为食，这也许是传统食物资源匮乏，迫使鸿雁以营养欠佳的植物为食。

升金湖鸿雁数量下降的直接原因是沉水植被的消亡，同时水位的粗放管理则会加剧了鸿雁的生存危机。鸿雁其对食物资源（块茎）和合适水位的独特需求，导致该物种对长江中下游湿地的水文变化非常敏感。升金湖冬季的水位通常在 8～10m 之间，随着水位的逐步回落，湖滩软泥中挖掘苦草块茎，坑深约 10～20cm。水位迅速下降，泥滩干涸过硬，鸿雁将无法挖掘；水位反常上升，如 2008 年 11 月由于三峡放水导致水位反常地高达 12m，鸿雁则失去了潜在的觅食地，见图 5-24。

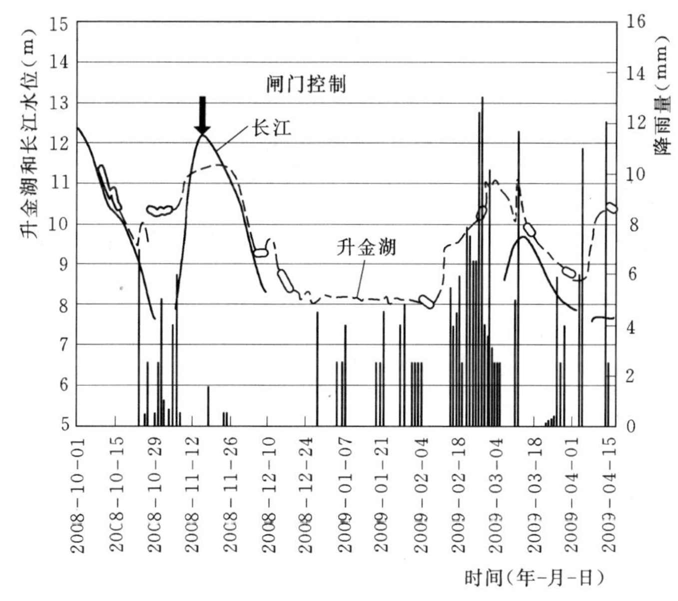

图 5-24　升金湖黄盆闸处长江水位和湖泊水位

注：箭头表示 11 月长江的反常高水位由三峡放水引起。此外，长江水位低于 7.8m 没有测量数据（引自参考文献 [58]）。

升金湖这一重要越冬地的丧失，是过去 20 年鸿雁在长江中下游流域越冬区域不断缩小的延续。在升金湖越冬的白头鹤和小天鹅也被迫改变了食性，白头鹤主要在稻田中觅食，小天鹅主要以沉水植物的地上部分等为食物，而不是传统食物苦草的块茎，这对其适合度的影响尚待研究。

白额雁主要分布在升金湖上湖南部和下湖东北部这两块最大的苔草滩上，在整个越冬期主要以苔草为食物，表明了白额雁对苔草带的高度依赖。

升金湖豆雁的数量增加显著，2008/2009 年冬的最大统计值是 41457 只，是升金湖最常见的物种。升金湖越冬豆雁几乎全部为 *serrirostris* 亚种，拥有该亚种本辽徙路线种群的 60%，是该亚种最重要的越冬地之一。豆雁在升金湖的食性广泛，推测其数量增加与野菱在升金湖的扩张有关，低水位时豆雁以它们的果实菱角为食物。研究同时表明，与洞庭湖的豆雁相似，它们有时以小麦等农作物为食物，而且也会到保护区以外觅食。

（五）长江中下游湿地水鸟群落的变化及其原因

由于缺乏整个流域的同步调查，目前无法判断越冬水鸟总数，以及单个物种的种群数量是否下降。各位点水鸟数量和分布的主要变化如下：

（1）从基准数据看，鄱阳湖和升金湖以食块茎集团为优势类群，东洞庭湖水鸟群落以草食集团为优势类群。4年中食块茎集团数量在升金湖显著下降，目前仅在鄱阳湖仍为优势类群，且数量上升。东洞庭湖水鸟群落仍以草食性物种为主，但近年来白额雁已经很少到东洞庭湖保护区越冬了。

（2）东洞庭湖水鸟总数下降，鄱阳湖水鸟总数上升，升金湖水鸟总数变化不显著。

（3）各种水鸟有向鄱阳湖集中的趋势，尤其是食块茎集团的水鸟类群。如果不采取紧急措施保护水鸟主要栖息地的湿地质量，预测大多数水鸟，尤其是食块茎集团最终只能汇聚在鄱阳湖。

（4）在长江中下游10种常见物种中（上文提及的鸿雁和白额雁除外），豆雁两个亚种分布的变化也很大，在升金湖的数量增加，在洞庭湖的数量减少。罗纹鸭主要分布范围从洞庭湖扩展到鄱阳湖和升金湖。

（5）其他全球受胁物种，如花脸鸭在消失多年后，重回长江中下游流域（升金湖、鄱阳湖和崇明东滩等）越冬，历史上长江流域曾经是他们主要的越冬地。东方白鹳仍主要分布在鄱阳湖和安徽湖群。

（6）关于其他关注物种，黑鹳的数量很可能下降了，原因不明。

分析以上变化的原因，我们认为：

在觅食集团中，变化最大的是食块茎集团，与2004/2005年相比，这类鸟的分布更为狭窄。白鹤和白枕鹤依旧仅仅集中在鄱阳湖；鸿雁、小天鹅和白头鹤曾主要分布在鄱阳湖和安徽湖群，现在安徽湖群的数量大幅下降。升金湖鸿雁的数量显著下降，白头鹤和小天鹅转换了食物，不再依赖苦草的块茎为越冬期的主要食物，是因为当地苦草等沉水植被的消亡。

草食集团分化明显，白额雁主要以苔草为食，分布变化很大，目前集中在升金湖和鄱阳湖。它们在洞庭湖和鄱阳湖数量的下降反映了苔草带受到的胁迫，而在升金湖数量上升的原因有待进一步研究。小白额雁的主要食物是苔草、江南荸荠和看麦娘，仍集中在洞庭湖，种群数量相对稳定。

豆雁在升金湖数量上升，可能与浮叶植物野菱的扩张有关，因为豆雁以它们营养丰富的果实（菱角）为食物。罗纹鸭和花脸鸭主要以稻田中收割后遗留的稻谷为食物。豆雁、罗纹鸭和花脸鸭不仅依赖自然系统提供的食物，也依赖农作物，其变化有待进一步研究。东方白鹳和黑鹳的种群现状需要进一步研究。

大多数水鸟，尤其是食块茎集团向鄱阳湖集中，这表明长江中下游的湖泊处于不断的退化之中，由贫营养型以沉水植被为主向富营养型以浮叶植物为主的转变趋势明显；白额雁分布的变化反映了苔草带的变化。以上变化对生态系统产生的影响值得进一步研究。

(六) 20世纪90年代以来长江及其湿地水位的变化以及影响

根据三峡蓄水运行调控方案，推测长江水位主要变化如下：当三峡蓄水时，10～11月水位低于平均值；当三峡在夏季洪泛前放水时，1～6月放水阶段水位高于多年平均值。图5-25显示三峡蓄水运行对洞庭湖（城陵矶：黄海高程）、鄱阳湖（湖口：吴淞高程）和升金湖黄盆闸处（吴淞高程）长江和湖泊水位的影响。

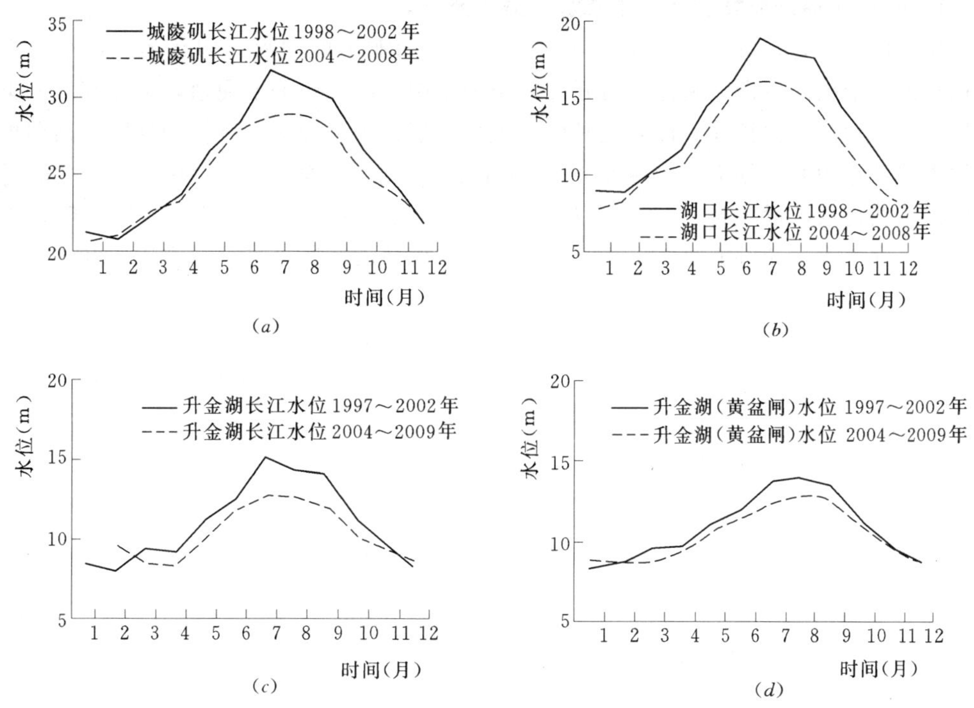

图5-25　三峡蓄水运行对洞庭湖（城陵矶）、鄱阳湖（湖口）和升金湖黄盆闸处长江和湖泊水位（黄盆闸）的影响

在三峡运行之后，4个位点的水位有相似的变化模式，春季泛洪推迟，夏季水位降低，而秋季水位提前回落。值得注意的是，洞庭湖5月开始泛洪推迟，鄱阳湖从4月开始即显示了泛洪推迟，这可能与鄱阳湖集水区域近年来修建了大量的水坝有关。水位变化模式与根据调控方案的推测不完全相符，原因有待进一步研究。每年调控方案细则的公开，以及长江中下游各集水区水情、降雨量等数据的进一步公开，才能区分三峡的影响，以及降水和集水区截留等对长江水位的影响。

莎草带和沉水植被带为长江中下游湖泊主要的植被带，水位的变化必将引起植被群落的变化。推测湖泊水位变化对沉水植被的影响是生长周期缩短，生长区域减小，进而影响食块茎集团的数量和分布。对苔草带的影响是提前露滩，苔草提早生长，当草食性雁类迁徙到达时，苔草生物量过高，不适合草食性雁类啃食，因此可利用面积大大减少。

水鸟研究结果表明，食块茎集团依赖沉水植被生存，其分布范围不断缩小，往鄱阳湖集中，与沉水植被带受影响的推测相吻合。白额雁依赖苔草带生存，它们在鄱阳湖和洞庭湖数量的下降，与苔草带受影响的推测相吻合。

需要指出的是，影响沉水植被带的原因很多，如污染、富营养化和水产养殖等，如何将三峡蓄水运行的影响区分开来，尚待研究。而水位变化对苔草带和白额雁分布变化的影响机制尚待研究。

四、典型鱼类的生态需求研究

（一）中华鲟产卵场变迁及生态水文需求研究

中华鲟（*Acipenser sinensis Gray*）是一种江海洄游的溯河产卵鱼类。曾经是我国出口创汇的重要渔业资源，葛洲坝修建后，阻断了中华鲟繁殖洄游通道，加上其他人类活动的影响，不仅资源量锐减，而且物种陷于濒危，现已列为国家一级保护动物。葛洲坝坝下繁殖群体数量由葛洲坝截流初期的约2000尾/a降到近年的300～500尾/a。中华鲟人工繁殖技术获得成功后，自1984年开始组织中华鲟放流工作。但目前的研究表明，自然繁殖仍然是中华鲟幼鱼补充群体的主要来源，人工繁殖放流数量虽然具有一定规模，但贡献量仍不足10%。

葛洲坝截流前，中华鲟的产卵场分布在长江上游的雷波冒水至重庆木洞之间，绵延约800km。在葛洲坝截流后20世纪80年代，在葛洲坝尾水区至古老背江段形成了长约30km新的产卵场，并每年都有繁殖活动发生。80年代中后期，产卵场仍然存在，只是有逐步压缩于坝下至镇江阁约4.8km的江段的趋势。

葛洲坝截流前，我国有学者曾对原金沙江三块石、偏岩子、金堆子等产卵场的水文状况进行过描述，并认为水温决定着中华鲟产卵季节的上限和下限，水位、含沙量及流速则决定产卵的具体日期，但也有学者认为，刺激中华鲟产卵的外界因素不是水文条件的变化，而是产卵场河床的底质类型。

葛洲坝截流后，有关专家开展了葛洲坝下中华鲟产卵场中华鲟繁殖时期的生态水文学研究。杨德国等分析了1982～2004年中华鲟产卵时5种水文因子的变动范围，认为较适宜中华鲟产卵的水温是18.0～20.0℃，流量是14100m^3/s，水位是42.00～45.00m，含沙量是0.2～0.3kg/m^3，底层流速是1.0～1.7m/s，三峡工程运行后江水含沙量下降对中华鲟产卵繁殖较为有利。张辉等对2004～2006年中华鲟产卵起始日下产卵区内底层流速的研究结果认为中华鲟产卵所需要的最适流速范围可能是1.0874～1.2930m/s，水文状况的变化虽然与中华鲟自然繁殖活动发生的具体时间有一定的关系，但并不显著，适宜的水文条件只是决定了一个大致的产卵时间范围，河床形态在很大程度上决定了河床质和流速场的空间分布特性，而河床质和流速场则与中华鲃的自然繁殖活动直接相关。陈永柏等通过分析三峡水库不同水平年典型调度方式对中华鲟产卵所需生态流量的影响认为，三峡水库按设计调度不会影响中华鲟产卵的生态水文学需求。

水温作为中华鲟产卵生态水文学的一个重要因子，被认为是中华鲟产卵的必备条件。杨德国等研究认为，水温适宜的情况下，水位、流速和含沙量出现逐渐从高位下降的趋势，而且各水文要素值均达到其适宜范围时，中华鲟即产卵繁殖。三峡工程运行后，下游江段水温的变化可能会对中华鲟的性腺发育和产卵繁殖产生不利影响。

常剑波等研究认为，三峡水利枢纽建成后由于其蓄水调节时间与中华鲟产卵季节重叠，将会导致中华鲟产卵场的实际水面缩小，从而对中华鲟的自然繁殖规模产生进一步的直接不利影响。同时，还会间接使人类活动对中华鲟的自然繁殖的干扰以及敌害鱼类对中华鲟卵的捕食压力进一步增加。

在此基础上，陈永柏等研究提出，应提前蓄水，避开中华鲟产卵期，改善枯水年份产卵场流量条件；加强流量过程对中华鲟产卵繁殖的作用研究，保证正常水文年份产卵；研究上游水库群系统的调度对三峡水库下泄流量过程的影响，及时调整三峡水库生态调度方案，尽可能减少对葛洲坝中华鲟产卵场生态流量需求的不利影响。

（二）“四大家鱼”自然繁殖与生态调度需求研究

长江是我国“四大家鱼”的主要天然原产地和栖息地，但20世纪80年代以来，过度捕捞、水质污染，以及河湖隔绝、围湖造田、河道整治、截弯取直、水利等工程的实施等，极大地改变了“四大家鱼”的栖息地环境，导致产卵场的数量和规模较大程度的减小和“四大家鱼”资源量的大幅度下降。1974年长江中游江段青鱼、草鱼、鲢、鳙在渔获重量中占46.15％，而目前仅占渔获总量的10％左右。

“四大家鱼”早期资源监测结果表明，长江干流“四大家鱼”自然繁殖自1964年至今，早期资源量总体呈急剧下降的趋势。三峡水库初期蓄水后，每年5～6月库区江段刺激“四大家鱼”产卵所需的涨水过程、流速等外界水文条件减弱，库区原有的涪陵、忠县、万州—云阳三个“四大家鱼”产卵场已上移至三峡库尾涪陵以上长江上游干流江段，且其早期资源量呈明显的扩大趋势；宜昌至城陵矶长江中游江段“四大家鱼”产卵场位置和数量变化不大，但早期资源量自1997年至今总体上呈明显的下降趋势。

水温和涨水过程是制约“四大家鱼”产卵的重要因素。“四大家鱼”产卵所需要的最低水温为18℃。《长江三峡水利枢纽环境影响报告书》预测及长期监测结果表明，每年4月下旬至7月下旬为长江干流“四大家鱼”繁殖期，长江中游干流水温均高于18℃，也就是说，三峡工程对水温的影响并不会导致“四大家鱼”产卵受到制约。

1997～2002年宜昌站水文特性与监利断面卵苗径流量峰值相关性分析表明，卵苗径流量峰值与涨水持续时间有较好的线性正相关关系，但对2003年数据分析表明，2003年三峡蓄水后监利断面“四大家鱼”卵苗径流量显著减少与各生态水文指标关系不明显。此外，总的涨水日数与宜都江段、监利江段的“四大家鱼”鱼苗发江量成正相关关系。

三峡水库运用及调度对坝下游“四大家鱼”自然繁殖生态水文特性的影响主要体现在涨水次数增加，总涨水时间和平均涨水时间减少。在每年的4月和5月，上游来流相对较小、水库调节作用相对突出，宜昌站的流量过程较天然情况下平滑度和连续性有所降低，涨水持续时间减少，对“四大家鱼”自然繁殖的刺激效果较涨水持续时间长的涨水过程将有所减弱。与多年平均值相比，坝下典型产卵场江口断面的生态水文指标在“四大家鱼”产卵期内无显著变化。

按照三峡水库未来调度方式，“四大家鱼”自然繁殖期在丰水年条件下，三峡水库运行对长江宜昌站涨水次数、总涨水时间和平均涨水时间3个指标影响较小；但是在平水年和枯水年条件下，平均涨水时间较天然情况有明显的减小。因此，建议在平水年和枯水年水文条件下，在“四大家鱼”繁殖期间的5月底至6月初，结合汛前腾空库容，根据上游来水情况，利用调度形成1～2次持续时间较长（10天以上）的涨水过程，以缓解三峡水库调度对荆江江段“四大家鱼”繁殖的不利影响。

对三峡库区江段水文水力学模拟表明，三峡初期蓄水至156m后，库区涪陵以下江段原“四大家鱼”产卵场繁殖所需的水文水力学条件无法满足，其产卵场已经上移至库尾以上江段。在三峡水库156m和175m蓄水调控方案下，库尾的重庆产卵场6月中旬以后的“四大家鱼”产卵生态水文特性与天然情况相近，鱼卵在库区有足够的漂流孵化流程；在175m蓄水调控方案下，6月中旬前在库区没有足够的漂流孵化流程；在156m蓄水调控方案下，当5月的涨水流量大于8000m³/s时，“四大家鱼”的鱼卵在库区有足够的漂流孵化流程。

另外，三峡—葛洲坝梯级泄流弃水将导致坝下水体气体过饱和。蓄水前后三峡坝上坝下的常规监测结果表明：坝上的DO饱和度在蓄水后有所降低，而坝下的DO饱和度在5～9月升高明显。蓄水后葛洲坝以下河段的常规监测表明：葛洲坝下庙嘴的饱和度通常较黄陵庙有所升高，气体过饱和现象主要出现在6～9月，气体过饱和现象沿程衰减，在螺山附近基本恢复正常水平。

水体气体过饱和可能引起鱼类气泡病，但同时静水压力也能够抵消气体过饱和的作用。三峡蓄水初期对渔民暂养鱼难以存活的调查表明，三峡初期蓄水期内，三峡大坝以下长达482km的江段，不同程度的存在表层水体由于气体过饱和难以养活长江天然鱼类，或人工集约化养殖的鱼苗的问题。由于成年鱼类有自动规避能力，能下潜到水的中下层，在“静水压力补偿效应”的作用下，有效避免气泡病的发生，目前为止尚未在天然水域发现一定规模的鱼类因气体过饱和导致“气泡病”或者死亡的现象。但是对于产漂浮性鱼卵的鱼类的鱼苗以及游泳能力不强的幼鱼，由于不能下潜，长期暴露在表层水体中，可能受到气体过饱和的损害，必须避免在“四大家鱼”产卵及鱼苗、幼鱼成长阶段的大坝泄水。

1997～2007年的流量资料分析表明，引起气体过饱和的泄流总体上发生的概率较小，但是主要集中在7～9月，个别年份持续时间较长，目前长江中游以“四大家鱼”为代表的产漂浮性鱼卵的鱼类其产卵期一般在4月底至7月初，气体过饱和对“四大家鱼”鱼苗的影响有限，根据1996～2005年三峡工程坝下流量统计分析表明，坝址流量超过30000m³/s年平均概率不到10%，即使汛期也仅为22%。随着机组的不断投入运行，三峡泄水气体过饱和影响历时和程度是下降的。通过三峡水库以及上游梯级水库的优化联合调度，有效减少三峡大坝的弃水，同时配合葛洲坝电站扩容等措施减少葛洲坝的弃水，减小大坝的泄流量可以更加有效地防止气体过饱和现象。

第四节　推动长江流域环境流管理的建议

一、有关建议

在长江流域，环境流的管理主要通过确定环境流及管理措施来实现。无论是在流域或区域规划、水资源配置，还是在水利工程规划、设计、建设和运行中都有河道内环境流的要求，对于河流湖泊等水体的水质也有具体要求，主要通过水功能区划、设置功能区水质管理目标和水体的纳污能力进行管理。但是目前长江流域的水资源保护管理还是存在仅强调水质和“最低流量”管理、河流生态系统了解不够、管理体制不健全等问题。对于在长江流域推动流域环境流管理，笔者有以下几个方面的建议。

（一）加强宣传，提高认识与公众参与程度

目前，在长江流域对于河流湖泊的保护和生态环境需水，各级水行政主管部门和社会各界逐渐开始重视。目前存在的主要问题在于环境流的确定方法过于简单，计算得到的环境流往往是一个全年的量，在实际管理中一般都采用“最低流量”的管理方式对河流等水体实行保护管理，还没有充分认识到河流生态系统的需水在不同时段有不同的要求是一个流量过程。因此，环境流专家要向各级管理机构和社会各界多加宣传，让大家明白环境流过程的必要性，转变管理思路，调整管理方法，提高河流管理的水平。通过宣传活动，让流域内社会各界和普通民众明白环境流的意义和对河流生态环境的作用，增加对于河流环境问题的关注度和对相关涉水环境保护事业的参与度，让公众和社会各界成为环境流事业的坚定支持者和同盟军。特别是在长江流域这种水资源总量相对丰富的地区，生态环境问题没有北方缺水地区突出，则更是应该激起社会各界和管理机构对于环境流问题的重视，才能为环境流事业提供有力的支持和强有力的推动力。

（二）将环境流纳入相关流域规划

流域规划是进行流域管理的重要工作内容，也是长江水利委员会的重要职责之一。目前，长江水利委员会已经编制了长江流域综合规划（修编）、防洪规划、水资源综合规划、部分河段航运规划等专业规划，以及各支流（如嘉陵江、汉江干流）和地方的规划，电力部门也进行了部分河流和河段的水能资源开发利用规划。在这些规划中，对于河流生态环境需水虽然有一定的考虑，但是由于客观条件和一些因素的影响，目前的生态环境需水基本上还是按照“最小流量”管理的思路确定出一个全年的水量，缺乏对于年内不同时段流量过程的描述，还不是真正意义上的环境流。今后，随着研究的深入和条件的改善，相关的流域规划中必定会将环境流作为重要的内容，确定各河段的保护目标，并通过规划环评以及流域内各建设项目的环评及水资源论证，将环境流管理作为流域管理的重要目标之一。

（三）加强相关技术研究与监测

目前，环境流管理的最大困难在于对于河流生态系统的认识的不足。因此需要加强河流生态系统的研究，提高人类，特别是水资源管理者对于河流生态系统的认识，了解流域不同河段和各支流的生态系统特征，河流水生生物生存繁育等活动对于河流水流过程及其他生境的要求，研究适合于本河流的环境流确定方法，为环境流的管理提供技术支持和依据。为了深入进行河流生态系统的研究和河流环境流域的管理，需要加强水生生物的生态监测，在长江流域不同区域、不同支流、不同河段，特别是水资源开发利用的重要河段、生态环境敏感河段和区域，如重要水利工程的附近和自然保护区内，设立水生生物监测点和监测站，建立起包括长江水利委员会、流域内各地方水行政主管部门、各水利工程管理单位（如三峡公司、乌江水电公司等）、相关科研单位的多层次、多领域的覆盖整个长江流域的水生态监测网络体系，对水生生物和河流生态系统进行长期系统的观测，为河流生态保护和环境流管理提供观测数据和基础资料。

（四）分区进行环境流管理

长江流域面积巨大，涉及多个省级行政区域，跨域多个地理类型和气候类型，流域内河流数量众多，各河流大小和水文特性也千差万别，因此河流管理必须采用分区管理，对流域进行环境流区划，并针对不同的河流或河段的水文特征、生态系统和社会经济发展要求合理设定水体保护目标，选择环境流确定方法，进行环境流管理。目前，在我国所进行的水功能区划就是一种分区管理思路的实践，成效显著。但是水功能区划主要还是从微观的角度，缺乏层次的观念，且水功能区的关注重点在于水质的管理，对于河流生态系统和流量过程的要求重视不够，即使有要求也不具体。通过对流域进行环境流区划，对不同区域的河流或河段分别设定不同的具体保护目标和环境流，进行流量过程的管理，加强河道外用水管理，并结合水库生态调度等措施，保证河流的环境流。

（五）以流域综合管理与适应性管理推动环境流管理

目前我国已经形成了一套较为完整的水资源保护管理体系，包括水利、环保、航运、林业、农业等多部门的各级管理机构都赋有相应的水资源保护管理的职责，各大流域机构也相应地设置有水资源保护管理机构，制定了包括《中华人民共和国水法》、《中华人民共和国水污染防治》等大量与水资源保护相关的法律法规、政策文件、技术规范和管理办法。但是目前的水资源保护管理还是存在认识不足、职能交叉、体制不顺等问题，需要进一步健全相应体制。长江流域的环境流管理，除了要结合全国的管理制度建设外，还需要结合本地区水资源相对丰富、缺水具有季节性和局部性、河流生态环境问题整体相对不是很突出、各地经济社会发展不平衡、生态环境问题各异等特点，研究适合本流域特征的环境流确定方法，制定本流域的环境流管理条例或管理办法。通过建立流域综合管理制度，理顺各部门、各行业之间的关系，首先在长江水利委员会内部建立起由防办为主，包括水资源保护局、水资源局、规计局、水文局等职能部门，以及各科研规划设计所组成的环境流管理体系，同时与委外水利工程管理单位（中国长江三峡集团公司、贵州乌江水电开发有限责任公司等）、各地方政府相关管理部门、科研高校等单位合作，建立起覆盖全流域的多部门、多层次、多学科的完整的环境流管理体系。并通过有关各方通力合作，不断改进，采取适应性管理的方式推动环境流管理，不断改进管理手段，提高管理水平。

二、长江环境流管理的实施步骤和近期重点工作

目前，在整个长江流域尚未建立起真正有效的环境流管理体制，除极个别水利工程曾进行过考虑生态目标调度的尝试外，没有进行过流域层次的生态调度的尝试，更没有形成相应的制度。因此，需要探索在长江流域进行梯级水库联合生态调度的技术、方法和管理措施，建立环境流管理的方法、途径与管理制度。由于目前对于河流生态系统认识的不足，可持续的环境流管理将是一个不断深化认识、不断提高要求、不断修正目标的循环反复过程。水资源管理者需要通过不断修改生态可持续水资源管理计划以回应新的信息。由于未来用水和环境流需求的不确定性，固定的水量分配方案是不科学的。因此，作为我国最重要的河流之一，长江流域的水资源管理需要采用适应性管理方法，并结合实施水量分配方案和相应的管理保障措施来解决河流环境流问题。根据环境流管理的基本框架，长江流域需要通过以下几个关键步骤实现环境流管理：①设定流域环境流管理目标。对长江流域的河流，需要从生态、社会和经济的因素综合考虑，确定明确的目标，弄清楚想让其达到怎样的健康状态，以此来确定各河流或河段环境流管理的具体目标；②加强河流生态系统研究。为了达到保护河流的目标，需要对整个长江流域和流域内不同支流河段的生态系

统加强观测和系统的研究，在对流域内河流生态系统较为清晰认识的基础上，才能达到既要保护河流生态系统，又能发挥河流的社会服务功能的目的，并在河流生态系统的研究和理解的基础上，研究河流健康环境流的评价体系和评价方法；③进行环境流分区。在对长江流域内不同地区和不同大小性质的河流生态系统较为了解的基础上，对流域中的河流进行分区，设定不同区域与河段的环境流管理的具体目标，分区分级进行环境流计算，并在各分区之间设置控制断面，对各断面进行环境流量控制管理；④采取流域综合管理措施。从流域综合管理的角度，从水资源可持续综合利用考虑，采取工程建设、技术手段、政策法律法规等综合措施，建立适合长江流域特点的环境流管理和研究的组织体系，通过水资源的合理配置和使用，保证河流的环境流，保护河流生态系统，维护河流健康；⑤适应性管理。对于长江流域而言，可持续的环境流管理将是一个“设定管理目标—生态观测—环境流研究—确定环境流—采取管理措施—生态评价—加强研究—调整管理目标—改进管理措施—……”的反复循环、不断提高的过程。

根据长江流域的水资源特点、目前在我国国民经济中的重要地位、存在的生态环境问题和现有条件，近期长江流域的环境流管理需要重点开展以下几个方面的工作。

（一）控制性水库联合生态调度

从生态保护的角度，对现有水利工程的运行调度进行调整，通过水库调度，特别是控制性大型水库的生态调度，能在一定程度上满足河流的生态需求，减缓水利工程的生态环境影响，以保障长江流域环境流管理目标的实现。目前长江上游和中游各大支流已经修建或规划建设大量的水库，特别是三峡工程的建成和金沙江梯级水电站的建设与实施，对长江流域水资源的调节能力正在不断加强，这为长江流域的控制性水库联合生态调度创造了条件。因此，通过长江上中游控制性水库联合调度，保障河流的环境流提上了议事日程，目前本项工作的前期研究正在进行中。

长江流域控制性水库联合生态调度的目的是为了避免各水库单独调度造成的无序与低效，在防洪、发电、供水、生态等方面充分发挥梯级水库联合调度的整体利益。将河流健康作为水库调度目标，努力保障“三个安全”：通过水库群联合调洪，保障防洪安全；实施水库群枯季水量统一调度，研究制定应急调度预案，保障供水安全；合理调控水沙，保证入海水量要求，努力实现水沙、水盐平衡，同时充分考虑生态环境重要敏感区及敏感因子的需求，通过合理调控满足其对水位、水量、水质、水温及营养盐的需求，保障生态安全。水库群联合生态调度需要正确处理好水库调度运用中的重大关系，切实做到统筹兼顾，统筹治理开发与保护、兴利与除害、局部与整体，以及综合利用各用水部门之间的利益与矛盾，在满足流域总体需求和整体利益最大化的前提下，努力提高各水库的综合利用效益。长江水利委员会主任蔡其华强调，针对现行水库调度方法的缺陷，需积极探索梯级水库的生态调度运行模式，并在实现防洪、发电、供水、灌溉、航运等经济社会多种目标的前提下，对河流实行生态补偿：①明确生态调度的主体，建立水库上下游和梯级水库群之间的协调机制，以及防洪、发电、灌溉、供水、航运、渔业、旅游等利益相关部门的协作机制；②保证水库下游维持河道基本功能的需水量，避免严重挤占生态用水，给河流健康带来损害；③改变现行水库调度中水文过程均一化的倾向，模拟自然水文情势的水库泄流方式，为河流重要生物的繁殖、产卵和生长创造适宜的水文学和水力学条件；④针对长江泥沙来源和演变规律，特别是以三峡水库为中心的上中游大型水库群的泥沙拦排调蓄特点，通过采用"蓄清排浑"、调整运行水位以及底孔排沙等调度方式，有效减少泥沙淤积和改善变动回水区的航运条件；⑤通过改变水库的调度运行方式，防止水体富营养化；对中下游闸坝群实施水污染防治的调度运用，避免污染水量的聚集，减轻汛期泄洪造成的水污染；⑥通过调整中下游闸坝的调度运行方式，恢复、增强水系的连通性。

（二）主要江河流域水量分配

环境流的确定在本质上是一个水资源配置过程，能够保留在河道内的水量及其流量过程受到流域内人类用水的影响，需要通过协调流域水资源开发利用和生态环境保护两者之间关系的基础上设定河流生态环境保护目标，确定能够保留在河道内的水量及其年内不同时段的水量过程。因此，环境流的管理需要与流域水量分配结合起来，通过编制江河流域水量分配方案，合理确定保留在河道内的水量及其流量过程，并在此基础上将剩余水量在河道外各地区和各部门进行分配，提出有关各方都可以接受的分配方案。通过水量分配方案的编制，提出相应的分配步骤和保障措施，保证流域内各地区的河道外用水和河流的河道内环境流，合理协调上下游、左右岸、各地区各部门之间的利益，平衡水资源开发利用与水生态环境保护之间的关系，实现流域和地区经济社会发展与生态环境保护的和谐与可持续发展。目前，长江水利委员会正在开展"主要江河流域水量分配方案"项目，将编制长江流域的主要干支流和重要区域的水量分配方案，为长江流域的水量分配的实施和环境流的确定与管理提供技术支撑。

（三）主要的环境流控制断面监测

长江流域不同区域、不同的河段具有不同的环境流问题和保护目标，需要采取分区段管理的方式进行保护。根据长江环境流问题的分区，结合各区域水资源开发利用现状及其引起的水生态环境问题，考虑不同河段环境流保护目标，在各区域之间需要设置相应的控制断面，以断面流量控制保证河段的环境流。

为了协调生产、生活用水和环境流的要求，便于环境流管理，环境流控制断面要遵循以下原则：①断面设置应该少而精，选取的断面应该具有很好的代表性，可以反映控制区域的水资源和河段的水文特征、环境流管理目标；②控制断面要尽量利用现有的监测断面（如水文站点），以节约成本，并便于利用历史资料；③断面设置应考虑交通方便，便于日常管理，提高监测时效性。

根据上述原则，结合长江流域现有水文水质监测站点，长江干流和主要支流的控制断面设置如表 5 - 10 所示。

水量分配是对水资源可利用总量或者可分配的水量向行政区域进行逐级分配，确定行政区域生活、生产可消耗的水量份额或者取用水水量份额。为实施水量分配，促进水资源优化配置，合理开发、利用和节约、保护水资源，2008 年水利部颁布了《水量分配暂行办法》。目前，全国正在开展主要江河流域水量分配方案编制工作。为实现全国用水总量的控制目标，2011 年"中央一号文件"要求落实重要江河流域水量分配方案，建立流域、省、市、县四级取用水总量控制指标体系，对全国、各流域和各区域的用水进行总量控制。对于已有水量分配方案的流域或地区，以水量分配方案为依据制定用水总量控制指标，没有水量分配方案的则先制定用水总量控制指标，进行取用水总量控制。

表 5-10　　长江干流和主要支流控制断面设置

序号	控制河段	断面名称	年径流量（亿 m^3）	序号	控制河段	断面名称	年径流量（亿 m^3）
1	干流河源	直门达	122	8	岷江	高扬	861
2	金沙江	屏山	1430	9	嘉陵江	北碚	666
3	川江	宜昌	4515	10	乌江	武隆	497
4	荆江	汉口	7059	11	汉江	皇庄	470
5	长江中下游	大通	9404	12	洞庭湖水系	城陵矶	1949
6	下游河口	徐六泾		13	鄱阳湖水系	湖口	1504
7	沱江	李家湾	124				

第五节　小　结

长江流域面积巨大，流域内河流数量众多，大小悬殊，特点各异，存在各种不同的生态环境问题。因此，长江的环境流需要分区分类管理。将长江分为不同的河流类型，采用不同的计算方法对河道环境流进行计算，在不同的河段分别设定不同的保护目标，各河段之间通过控制断面流量进行管理，并通过水量分配和控制性水库联合生态调度等方法保证河道的环境流。长江的环境流管理需要加强研究，加强制度建设，加强宣传与公众参与程度，将环境流纳入相关流域规划，并与水资源管理相结合，以流域综合管理与适应性管理实现河流的环境流管理。

三峡工程是目前全球最大的水利工程，也是长江流域最为重要的控制性枢纽工程。三峡工程对环境流的影响主要体现在对工程中下游水文情势的调控作用及因此而导致的对水生生态系统的影响。长江及其中下游湖泊组成了世界上独特的江—湖复合型湿地，具有重要的社会服务功能和生态系统功能，维持着令世界瞩目的生物多样性，是我国水鸟最重要的越冬地。由于三峡工程对长江径流的调节作用，长江中下游的主要通江湖泊湿地洞庭湖、鄱阳湖都受其水情调节的影响。目前，国内外的多家科研单位开展了大量的环境流研究工作，三峡公司也十分关注环境流问题，委托科研单位进行研究，取得了初步成果，但具体到能够实施调度的成果还需要进一步的努力。

参　考　文　献

[1] 长江水利委员会．长江流域水资源及其开发利用调查评价简要报告 [R]．2005.
[2] 陈进，黄薇．长江环境流量问题及管理对策 [J]．人民长江，2009 (8)：17-19.
[3] 汤奇成，熊怡．中国河流水文 [M]．北京：科学出版社，1998.
[4] 陈进，黄薇．水资源与长江流域的生态环境 [M]．北京：中国水利水电出版社，2008.
[5] 长江水利委员会长江科学院．健康长江河道生态环境需水满足程度研究报告 [R]．2008.
[6] 徐杨，常福宣．汉江中下游河道内生态需水满足率初探 [J]．长江科学院院报，2009，26 (1)：1-4.
[7] 陈进，黄薇．长江的生态流量问题 [J]．科技导报，2008，26 (17)：32-35.
[8] 中国科学院环境评价部，长江水资源保护科学研究所．长江三峡水利枢纽环境影响报告书 [R]．1992.

[9] 水利部长江水利委员会．三峡水库优化调度方案研究报告［R］．2009．
[10] 中国长江三峡工程开发总公司．环境保护年报［R］．2007．
[11] 中国长江三峡工程开发总公司．环境保护年报［R］．2008．
[12] 中国长江三峡集团公司．环境保护年报［R］．2009．
[13] 国务院三峡建设委员会办公室．长江三峡工程生态与环境监测信息网［EB/OL］．http：//www. tgenviron. org/．
[14] 黄群，姜加虎．近50年来洞庭湖区的内湖变化［J］．湖泊科学，2005，17（3）：202-206．
[15] 黄金国．洞庭湖湿地生物多样性保护及其可持续利用［J］．重庆环境科学，2002，24（6）：18-20．
[16] Wagner I，Zalewski M. Effect of hydrobiologieal patterns of tributaries on processes in lowland reservoir consequences for restoration［J］. Ecological Engineering，2000，16：79-90．
[17] 官少飞，郎青，张本．鄱阳湖水生植被［J］．水生生物学报，1987，11（1）：9-21．
[18] 简永兴，李仁东，等．鄱阳湖滩地水生植物多样性调查及滩地植被的遥感研究［J］．植物生态学报，2001，25（5）：581-587．
[19] 彭映辉，简永兴，李仁东，陈家宽．3S技术在鄱阳湖洲滩植被研究中的应用［J］．中南林学院学报，2003，23（1）：11-14．
[20] 王晓鸿．鄱阳湖湿地生态系统评估［M］．北京：科学出版社，2005．
[21] 谢永宏，王克林，任博．洞庭湖生态环境的演变、问题及保护措施［J］．农业现代化研究，2007，28（6）：678-681．
[22] 中国科学院南京地理与湖泊研究所．鄱阳湖地图集．北京：科学出版社，1993．
[23] 汪怀建，周跃龙，姚丽文，魏雪娇．水利工程对鄱阳湖湿地生物资源的影响［J］．水利与建筑工程学报，2004，2（9）：19-21．
[24] 吴英豪，纪伟涛．江西鄱阳湖国家级自然保护区研究［M］．北京：中国林业出版社，2002．
[25] 李健，舒晓波，陈水森．基于Landsat-TM数据鄱阳湖湿地植被生物量遥感监测模型的建立［J］．广州大学学报（自然科学版），2005，4（6）：494-498．
[26] 李世勤，闵骞，谭国良，潘汉明，等．鄱阳湖2006年枯水特征及其成因研究［J］．水文，2008，12，28（6）：74-76．
[27] 彭映辉，简永兴，李仁东．鄱阳湖平原湖泊水生植物群落的多样性［J］．中南林学院学报，2003，23（4）：22-27．
[28] 赵小敏，袁梦仙，王瑚．鄱阳湖地区湖滩草洲遥感调查与综合利用研究［J］．江西农业大学学报（自然科学版），2003，25（1）：84-87．
[29] 江辉，周光文，刘成林．鄱阳湖区植被覆盖的遥感动态研究［J］．江西农业学报，2007，19（1）：103-106．
[30] 李海彬．三峡工程运行对洞庭湖湿地资源影响研究［J］．长沙理工大学，2008（5）：23-27．
[31] 朱海虹，张本．鄱阳湖［M］．合肥：中国科学技术大学出版社，1997．
[32] Kingsford，R. T.，Jenkins，K. M.，Porter，J. L.．Imposed hydrological stability on lakes in arid Australia and effects on waterbirds［J］. Ecology，2004，85（9）：2478-2492．
[33] Barzen，J.，Engels，M.，Burnham，J.，Harris，J.，Wu，G. F.．Potential impacts of a water control structure on the abundance and distributuion of wintering waterbirds at Poyang Lake［M］. International Crane Foundation，Baraboo，Wisconsin，USA，2009．
[34] Wetlands International. Waterbird Population Estimates - Fourth Edition. Wageningen，The Netherlands，2006．
[35] 马克·巴特，陈立伟，曹垒．长江中下游水鸟调查报告（2004年1～2月）［M］．北京：中国林业出版社，2004．
[36] 马克·巴特，雷刚，曹垒．长江中下游水鸟调查报告（2005年2月）［M］．北京：中国林业出版社，2006．
[37] BirdLife International. Threatened Birds of Asia：International Red Data Book. Birdlife International，Cambridge，UK，2001．
[38] Cao，L.，Barter，M.，Lei，G.．New Anatidae population estimates for eastern China：implications for flyway population sizes［J］. Biological Conservation，2008（141）：2301-2309．
[39] Cao，L.，Y. Zhang，M. Barter，X. Wang. Anatidae in eastern China during the non-breeding season：geographical distributions and protection status［J］. Biological Conservation，2010（143）：650-659．
[40] Hu，H. X.，Cui，Y. B.．The effect of habitat destruction on the waterfowl of lakes in the Yangtze and the Han

River basins, in: G. V. T. Matthews (Ed.), Managing waterfowl populations. IWRB Symposium, Astrakhan 1989. IWRB Publ. No. 12, Slimbridge, UK, 1990: 189-193.

[41] Lu J. J.. The Status and Conservation Needs of Anatidae and their Habitat in China, in: China Ornithological Research. China Forestry Publishing House, Beijing, China. 1996: 129-142.

[42] Kingsford, R. T. Ecological impacts of dams, water diversions and river management on floodplain wetlands in Australia [J]. Austral Ecology, 2000 (25): 109-127.

[43] Chen, X., Zong, Y., Zhang, E., Xu, J., Li, S.. Human impacts on the Changjiang (Yangtze) River basin, China, with special reference to the impacts on the dry season water discharges into the sea [J]. Geomorphology, 2001 (41): 111-123.

[44] Zhao, Y. W., Lee, H. W., Cheng, D. S.. Impacts of the TGP project on theYangtze River ecology and management strategies [J]. International Journal of River Basin Management, 2005, 3 (4): 237-246.

[45] Yang, Z., Wang, H., Saito, Y., Milliman, J. D., Xu, K., Qiao, S., Shi, G.. Dam impacts on the Changjiang (Yangtze) River sediment discharge to the sea: The past 55 years and after the Three Gorges Dam [J]. Water Resources Research, 2006 (42): W0447. DOI 10. 1029/2005WR003970.

[46] Yang, S. L., Zhang, J., Xu, X. J.. Influence of the Three Gorges Dam on downstream delivery of sediment and its environmental implications, Yangtze River. [J] Geophysical Research Letters, 2007 (34): L10401, DOI 10. 1029/2007GL029472.

[47] Zhao, S. Q., Fang, J. Y., Miao, S. L., Gu, B., Tao, S., Peng, C. H, Tang, Z. Y.. The 7-Decade Degradation of a Large Freshwater Lake in Central Yangtze River, China [J]. Environmental Science and Technolog, 2005 (39): 431-436.

[48] Fang, J., Wang, Z., Zhao, S., Li, Y., et al.. Biodiversity changes in the lakes of the Central Yangtze [J]. Frontiers of Ecology and Environment 2006 (4): 369-377.

[49] UNEP. Climate Change and Biodiversity: Ecosystems. UNEP World Conservation Monitoring Centre, Cambridge, UK. Available at http: //www. unep-wcmc. org/climate/impacts. aspx (accessed 3 June 2009).

[50] Anon. China's National Climate Change Programme. National Development and Reform Commission, Beijing, 2007.

[51] Cao, L., X. Wang, M. Barter. Importance of east China for shorebirds during the non-breeding season [J]. The Emu, 2009, 109 (2): 170-178.

[52] Lu, J., Zhang, J. Feeding ecology of three wintering goose species at Lower Yangtze River, China. Chinese Ornithological Research. China Forestry Publishing House, Beijing, China, 1996: 143-152.

[53] 程元启，曹垒，马克·巴特，徐文彬，等. 安徽升金湖国家级自然保护区 2008/2009 年越冬水鸟调查报告 [M]. 合肥：中国科学技术大学出版社，2009.

[54] Cong, P. H., L. Cao, X. Wang, A. D. Fox. Within-winter shifts in Lesser White-fronted Goose Anser erythropus distribution: the role of food depletion, above ground primary production and aggregative responses (Submitted).

[55] Fox, A. D., L. Cao et al.. The functional use of East Dongting Lake, China, by wintering geese [J]. Wildfowl, 2008 (58): 3-19.

[56] BirdLife International 2009 Species factsheet: Anser cygnoides. http: //www. birdlife. org (accessed 15 Aug 2009).

[57] Fox, T, Hearn, R. Cao, L. et al.. Preliminary observations of diurnal feeding patterns of Swan Geese Anser cygnoides using two different habitats at Shengjin Lake, Anhui Province, China [J]. Wildfowl, 2009 (58): 20-30.

[58] Zhang, Y., L. Cao, M. Barter et al.. Changing distribution and abundance of Swan Goose Anser cygnoides in the Yangtze River floodplain: the likely loss of a very important wintering site [J]. Bird Conservation International, 2011 (20): 1-13.

[59] Fox, A. D., Cao, L., Zhang, Y., et al.. Declines in the tuber-feeding waterbird guild at Shengjin Lake National Nature Reserve-a barometer of submerged macrophyte collapse [J]. Aquatic Conservation, 2010, DIO: 10. 1002/acq. 1154.

[60] Cao, L., A. D. Fox, M. Barter et al.. Changing numbers and distributions of Tundra Swan in the Yangtze floodplain since 2005.

[61] Zhao, M. J., L. Cao, A. D. Fox. Changes in within - winter distribution and diet of wintering Tundra Bean Geese Anser fabalis serrirostris at Shengjin Lake, Yangtze floodplain [J]. Wildfowl, 2010 (60): 52 - 63.
[62] Dou, S. T., L. Cao, Y. Q. Chen, A. D. Fox. Functional use of Shengjin Hu National Nature Reserve (Anhui, China) by three species of dabbling ducks - preliminary observations [J]. Wildfowl, 2010 (60): 124 - 135.
[63] 陈永柏. 三峡水库运行影响中华鲟繁殖的生态水文学机制及其保护对策研究 [R]. 2007.
[64] 四川省长江水产资源调查组. 长江鲟鱼类生物学及人工繁殖研究 [M]. 成都：四川省科学技术出版社，1988.
[65] 杨德国，危起伟，等. 葛洲坝下游中华鲟产卵场的水文状况及其与繁殖活动的关系 [J]. 生态学报，2007，27 (3)：862 - 869.
[66] 杨辉. 中华鲟自然繁殖的非生物环境 [R]. 2009.
[67] 长江三峡工程生态与环境监测系统——水生生物流动监测重点站技术报告 (1996—2003) [R]. 2003.
[68] 刘乐和，吴国犀，曹维孝，等. 葛洲坝水利枢纽兴建后对青、草、鲢、鳙繁殖生态效应的研究 [J]. 水生生物学报，1986，10 (4)：353 - 364.
[69] 王尚玉，等. 长江中游四大家鱼产卵场生态水文特性分析 [J]. 长江流域资源与环境. 2008，17 (6)：892 - 897.
[70] 中国水利水电科学研究院，等. 针对四大家鱼自然繁殖需求的三峡工程生态调度方案前期研究 [R]. 2008.
[71] 中国水利水电科学研究院，等. 三峡水库泄水溶解气体过饱和及其对鱼类影响和保护措施研究 [R]. 2009.
[72] 尹正杰，黄薇，陈进. 长江流域梯级水库生态调度管理体制探讨 [J]. 人民长江，2008，39 (20)：15 - 17.
[73] 长江委积极探索生态调度模式 [J]. 水利水电科技，2007，33 (1)：48.

第六章　黄河水量统一调度与环境流实践

第一节　黄河水量统一调度

一、统一调度实施的背景

黄河是我国西北、华北地区的重要水源，以其占全国河川径流总量2%的水资源，承担着全国12%的人口、15%的耕地和50多座大中城市的供水任务，同时还承担着向流域外部分地区远距离调水的任务。黄河水资源在我国国民经济和社会发展中具有重要的战略地位，是黄河流域及相关地区经济社会可持续发展和实施国家西部大开发、中部崛起战略的基础和保障。自20世纪70年代以来，黄河流域水资源供需矛盾不断加剧，下游频繁断流，进入90年代，几乎年年断流。特别是1997年，黄河下游利津水文站断流时间长达226天，断流河段上延至河南开封附近，断流河段长达704km。黄河频繁断流，直接造成沿黄两岸用水危机，影响社会安定，破坏生态系统平衡，并带来巨大经济损失，据不完全统计，1997年仅山东省直接损失工农业总产值达135亿元。

黄河断流问题引起了国内外普遍关注和忧虑，党中央、国务院对此非常重视。1998年1月，中国科学院、中国工程院163名院士联名呼吁“行动起来，拯救黄河!”，党和国家领导人也多次做出指示，要求加强流域水资源统一管理和保护，解决黄河断流、缺水这一重大问题。为缓解黄河流域水资源供需矛盾和黄河下游断流形势，经国务院批准，1998年12月国家计划委员会、水利部联合颁布实施了《黄河可供水量年度分配及干流水量调度方案》和《黄河水量调度管理办法》，授权黄河水利委员会（以下简称黄委）统一管理和调度黄河水资源。

黄河是中华民族的母亲河，在我国历史发展和现代化进程中都占有十分重要的地位。针对当前黄河出现的水资源供需矛盾尖锐、下游河道频繁断流、河道萎缩加剧、河水污染严重等新的重大问题，黄河水利委员会确立了“维持黄河健康生命”的治河新理念，并作为黄河治理的终极目标，即要使黄河为全流域及其下游沿黄地区庞大的生态系统和经济社会系统提供持续支撑。黄河自身必须具有健康的生命，其生命力主要体现在水资源总量、洪水造床能力、水流挟沙能力、水量自净能力、河道生态维护能力等方面。“堤防不决口，河道不断流，污染不超标，河床不抬高”为体现其终极目标的四个主要标志，该标志应通过九条治理途径得以实现，“三条黄河”建设是确保各条治理途径科学有效的基本手段。

二、统一调度的依据

（一）《黄河可供水量分配方案》

20世纪80年代初，黄河流域水资源供需矛盾凸现，省际间、部门间用水矛盾尖锐，黄河下游断流日趋频繁。在此背景下，开展黄河分水工作提到了议事日程。为此，黄委开展了《黄河水资源开发利用预测》研究。研究以1980年为基准年，采用了1919年7月～1975年6月56年系列《黄河天然年径流》成果，对1990年和2000年两个规划水平年进行了供需预测和水量平衡分析，提出了南水北调生效前黄河可供水量分配方案，见表6-1。该方案将370亿m^3的黄河可供水量分配给流域内9省（自治区）及相邻缺水的河北省、天津市，并分配给河道内输沙等生态用水210亿m^3。1987年该方案得到国务院批准，使黄河成为我国大江大河首个进行全河水量分配的河流，该分配方案也成为实施黄河水量统一调度的最为根本的依据之一。

表6-1　　南水北调工程生效前黄河可供水量分配方案

省（自治区）	青海	四川	甘肃	宁夏	内蒙古	陕西	山西	河南	山东	河北、天津	合计
年耗水量（亿m^3）	14.1	0.4	30.4	40.0	58.6	38.0	43.1	55.4	70.0	20.0	370

（二）《黄河水量调度管理办法》及《黄河可供水量年度分配及干流水量调度方案》

黄河可供水量分配方案的局限性加上没有配套的监督管理办法，使1987年批准的黄河可供水量分配方案长期难以落实，部分省（自治区）超指标用水现象严重，黄河河道内输沙等生态用水受到挤占，下游断流现象不但没有得到遏制，反而愈演愈烈。针对上述问题，自1997年开始，黄委开展了枯水年份黄河可供水量分配方案的编制，提出了“同比例丰增枯减”的年度分水原则和年度分水方案的编制办法，并通过对不同年代各地实际引黄过程的变化分析及其与设计引黄过程的对比研究，编制了正常来水年份黄河可供水量年内分配方案，并经国务院同意，由原国家计划委员会、水利部于1998年以计地区［1998］2520号“国家计委、水利部关于颁布实施《黄河可供水量年度分配及干流水量调度方案》和《黄河水量调度管理办法》的通知”颁布实施。

《黄河水量调度管理办法》授权黄委统一调度黄河水量，明确规定了黄河水量的调度原则、调度权限、用水申报、用水审批、用水监督以及特殊情况下水量调度等内容，使黄河水量统一调度工作有章可循。

《黄河可供水量年度分配及干流水量调度方案》提出正常年份年内分配过程，解决了不同来水年份水量分配问题，明确年度水量分配时段为当年的7月至次年6月，年度干流水量调度时段为当年的11月至次年6月。该方案成为编制年度分水方案和干流水量调度预案的基本依据。

（三）《黄河水量调度条例》

2006年7月24日，国务院令第472号颁布了《黄河水量调度条例》，并于2006年8月1日起正式施行。《黄河水量调度条例》共7章43条，主要内容包括：黄河水量调度的适用范围，调度原则，调度管理体制，黄河水量分配和调整的原则和程序，正常情况下黄河水量调度的方式、调度程序、权限划分、控制手段，应急调度的程序和手段，监督管理的类型、措施和程序，违反水量调度的法律责任等。

《黄河水量调度条例》是在国家层面第一次制定的黄河治理开发专门法规，在黄河治理开发与管理的历史上，具有里程碑的意义。它的颁布实施，把《中华人民共和国水法》关于水量调度的基本制度从法规层面具体落在了黄河水量调度和管理的实处，对建立起黄河水量调度长效机制、缓解黄河流域水资源供需矛盾和水量调度中存在的问题，正确处理上下游、左右岸、地区之间、部门之间的关系，统筹协调沿黄地区经济社会发展与生态环境保护、实现水资源的节约、高效、可持续利用，都具有十分重要的意义。标志着黄河水量调度进入了依法调度的新阶段，也成为目前黄河水量统一调度中最根本的法律依据。

（四）《黄河水量调度条例实施细则（试行）》

2007年，水利部出台了《黄河水量调度条例》的配套管理办法——《黄河水量调度条例实施细则》（以下简称《细则》）。该细则对《黄河水量调度条例》中的一些原则性规定进行了细化和必要的补充，使条例的可操作性大为提高。

《细则》根据近年来黄河水量调度的实际情况，对断面流量控制指标和执行标准作出了明确规定，提出了黄河支流水量调度管理模式，明确了县级以上人民政府、水行政主管部门、黄委及其所属管理机构、水库主管部门的水量调度责任人报送制度，要求建立水量调度政务公开制度，每年两次，向全社会公告水量调度执行情况。《细则》还对黄河干流省际和重要控制断面预警流量、黄河重要支流控制断面最小流量指标及保证率作出了具体规定。

三、统一调度的原则和目标

（一）调度范围

在《黄河水量调度条例》出台之前，为缓解关键时段和关键河段黄河水资源供需矛盾，化解黄河下游断流危机，并考虑到调度手段的完善和调度水平的提高需要一个过程，黄河水量调度时段为用水矛盾和防凌与电调矛盾十分突出的非汛期，即当年的11月至次年6月；调度河段局限在黄河干流，其中调度的头三个年度，干流调度河段是上游刘家峡水库至头道拐和下游三门峡至利津两个河段。从2001～2002年度开始，将调度河段扩展到刘家峡以下干流全部河段。

《黄河水量调度条例》颁布后，根据该条例的要求，并考虑黄河水量调度实际，黄河水量调度在时间上和空间上均进行了延伸。在时间上，调度时段由非汛期扩展到全年，汛期用水纳入全年指标总量控制，并分月下达各省（自治区、直辖市）用水指标。在空间上，干流调度河段由刘家峡以下干流河段延伸到龙羊峡以下全部干流河段，并自2006～2007年度开始，启动了洮河、湟水、清水河、大黑河、汾河、伊洛河、渭河、沁河和大汶河等9条重要支流的水量调度。

黄河水量调度涉及的省级行政区域包括拥有黄河分水指标的流域内青海、四川、甘肃、宁夏、内蒙古、陕西、山西、河南、山东等9省（自治区）和流域外的河北省、天津市，共计11个省（自治区、直辖市）。

（二）调度原则

一是确保黄河不断流的原则。防止黄河断流是黄河水量调度所应达到的基本要求，也是黄河水量调度必须遵守的最基本的原则。

二是遵循用水总量和断面流量双控制、分级管理、分级负责的原则。总量控制即各省

（自治区、直辖市）年度引黄耗水量不得超过水利部批复的年度调度计划确定的各省（自治区、直辖市）年度分水指标。年内用水过程控制依据黄委下达的月旬调度方案和实时调度指令，可依据前期用水情况、下阶段黄河来水预估和水库蓄水情况、各省（自治区、直辖市）申报的用水需求计划，对年度调度计划确定的年内分水过程进行适当调整，但不得改变年度分水指标。需要调整年度分水指标，必须由水利部批准。

断面流量控制，即省际控制断面和水库出库断面下泄流量必须达到月旬调度方案和调度指令规定的指标。《黄河水量调度条例实施细则（试行）》第三条又进一步对断面下泄流量执行精度进行了规定。

分级管理、分级负责即指黄委、有关省（自治区、直辖市）水行政主管部门、水库主管部门和单位、河南与山东河务局按照《黄河水量调度条例》规定的权限和职责，做好各自权限范围内的调度工作。

三是遵守《中华人民共和国水法》和《黄河水量调度条例》规定的用水优先顺序的原则。即首先满足城乡居民生活用水的需要，合理安排农业、工业、生态环境用水。

（三）调度目标

黄河水量调度是一个逐步深化的过程，在黄河水量调度的不同发展阶段，所面临的黄河水资源供需矛盾尖锐程度、流域经济社会发展的特点、社会价值取向以及黄河水量调度决策支持水平的不同，黄河水量调度所实现的目标也有所差异。总的趋势是在依法调度的前提下，调度目标逐步提高，最终实现黄河健康生命。

第一阶段，在调度初期，通过统一调度，遏制省（自治区）超计划用水现象，保证河道内一定的生态基流，确保黄河不断流。

第二阶段，建立公平、公正的用水秩序。首先是按照总量控制的原则，从总量上逐步减少省（自治区）超计划用水的额度、归还被挤占的河道内生态用水，实现系列年年均耗水量不超过国务院分配各省（自治区）的耗水指标。然后通过加强用水控制，尽快实现各年度引黄耗水量不超过年度分水指标。

第三阶段，在保证黄河防洪、防凌安全的前提下，优化配水过程，提高调度精度，在满足法定生活、生产和生态用水需求总量的前提下，有效兼顾“三生”用水的过程需求，实现黄河功能性不断流。

第四阶段，通过采取综合措施，实现黄河健康生命，以黄河水资源的可持续利用支撑流域经济社会的可持续发展。

经过10年的发展历程，黄河水量调度已经完成第一阶段的目标，基本实现了第二阶段的调度目标，目前正在为实现第三阶段的调度目标而努力。

四、调度的措施

（一）行政手段

1. 健全组织管理体系

为加强黄河水资源管理，做好黄河水量统一调度工作，在水利部、地方政府和相关部门的重视下，根据《黄河水量调度管理办法》有关规定，黄委及沿黄省（自治区）相应建立起一套健全的组织管理体系。黄委成立了专门的水量调度管理机构，主要由水资源管理与调度局负责，参与单位还有委属水文局、水资源保护局、黄河上中游管理局、三门峡水利枢纽管理局、河南局、山东局等有关单位和部门，并明确了相应单位任务和职责；各省（自治区）也成立了相应水资源管理机构，负责辖区的水量调度管理工作，形成了省、市、县三级水资源管理体系。西北电网有限公司、万家寨枢纽有限公司、陆浑水库管理局、小浪底水利枢纽建设管理局等水利枢纽管理单位也是水量调度管理体系中的重要组成单位，根据水量调度指令，做好水库下泄控制。这套水量调度管理体制的建立，为做好黄河水量统一调度工作提供了保证，使流域管理与区域管理紧密结合在了一起，在黄河水量统一调度工作中发挥了重要作用，实践也证明目前的管理体制是较为有效的。

2. 建立有效的协调协商机制

在黄河水量调度之初，就十分注重协调协商机制建设，建立了具有广泛参与基础的黄河水量调度协调协商机制，并形成制度。目前，每年固定召开年度黄河水量调度工作会和上游、下游分河段水量调度协商会，有时还会根据需要召开临时性的协商会议。参加协商会议的部门和单位有：黄委及其所属有关单位、引黄省（自治区）水利厅、水库主管部门、电力调度部门以及大型灌区用水户代表（宁夏引黄灌溉局、内蒙古巴盟河套灌区灌溉局）。

年度水量调度工作会议一般在每年的 10 月召开，其主要议程包括：回顾总结上年度的水量调度执行情况，安排部署本年度水量调度工作，讨论、协商和完善黄委提交的本年度水量调度计划（征求意见稿）。会后，黄委将根据会议意见修改后的年度调度计划报水利部审批。

上游、下游分河段水量调度协商会，一般在上游、下游用水高峰期前开，其主要会议议程是进一步细化和优化用水高峰期的调度方案，安排部署余留期水量调度工作。

黄河水量调度协调协商机制的建设，最大可能地兼顾了各方利益，真正体现“公开、公平、公正”原则，有效化解了可能出现的矛盾，增强了调度的执行力度，减少了调度过程中的阻力，也进一步优化了调度方案。统一调度以来，共召开了 70 余次黄河水量调度协调会。

确保供水安全是黄河水量统一调度的重要内容，经过多方努力，已初步建立水利与环保、黄委与地方的联合治污、防污机制。黄委水资源保护部门与沿黄有关单位签署了联合治污协议。同时，黄委加强了与地方水利、环保部门的信息沟通，2002 年、2003 年黄河出现水污染事件后，黄委及时向有关省（自治区）水利、环保部门通报污染情况，效果很好。

3. 实行行政首长负责制

结合我国行政管理体制，行政首长负责制是落实黄河水量调度的一项重要行政管理措施。为确保黄河水量调度管理目标的实现，黄河水量调度管理实行用水总量和重要控制断面下泄流量双指标控制，黄河重要控制断面包括省际控制断面和水利枢纽下泄流量控制断面，其中省际控制断面起到控制省（自治区）用水的目的，水利枢纽下泄流量控制断面则起到监督水利枢纽实施水量调度情况的作用。在 2003 年旱情紧急情况下，黄河水量调度工作首次实行了以省（自治区）际断面流量控制为主要内容的行政首长负责制，对确保干旱年份黄河不断流起着非常重要的作用。《黄河水量调度条例》及其实施细则将黄河水量调度责任制上升为法律制度固定下来，自条例颁布实施以来，已由水利部连续两年在媒体上公告了黄河水量调度责任人和有关省（自治区、直辖市）水利厅（局）主管领导名单。

行政首长负责制是指行政首长独立承担行政责任的一种行政领导制度。在我国政府力量较大，通过行政首长负责制可以在重大工作上取得高效的执行力。黄河水量调度采用行政首长负责制不但提高了调度指令执行的力度和效率，有效地保证水量调度管理目标的实现，而且有利于理顺流域机构与地方政府之间的关系，建立流域管理与区域管理相结合的水资源管理制度。

4. 加强监督检查，严格调度纪律

监督检查是实现水资源有效调度的保障，在黄河水量统一调度中都起着非常重要的作用。黄委每年都要检查各地引水及贯彻水调指令情况，并不断加大督查力度，采取普遍督查、突击检查、巡回督查、驻守督查和联合检查等方式和手段，逐渐形成日常督查、全面督查和强化督查三个梯次。还实行督查组现场签发“黄河水调督查通知单”制度，对被督查单位的违规行为，以书面通知形式限期纠正，明确相应处罚，严肃调度纪律，确保调令畅通。统一调度以来，黄委共派出水调督查组百余次，省（自治区）也相应派出了很多水调督查组。为加强对黄河下游滩区用水的管理和控制，还实施了对黄河下游滩区用水的督查，把滩区用水纳入省（自治区）用水控制指标。

黄河水量调度中实行年计划、月旬调度方案和实时调度指令相结合的调度方式。最终调度效果将直接体现在调度方案和指令的执行情况。为此，在黄河水量调度中，确定了调度计划、方案和调度指令的法律地位，对超指标耗水的省（自治区）或达不到控制指标的断面，及时采取电报、指令性文件等行政命令形式，要求改正、通报批评，采取加倍扣除水量、对相关责任人进行处分等处罚措施。《黄河水量调度条例》还特别规定了因省（自治区）际控制断面不达标，对控制断面下游水量调度产生严重影响或者造成其他严重后果的，本年度不再新增该省（自治区）的取水工程项目的处罚措施。

（二）工程手段

1. 发挥控制性水库的调节作用

利用骨干水库调节水量是黄河水量统一调度的关键措施。通过对黄河干流龙羊峡、刘家峡、万家寨、三门峡、小浪底水库和支流陆浑、故县、东平湖水库的联合调度，可以合理地安排水库蓄泄，最大限度满足各种用水需求，确保黄河不断流。

2000 年 6 月下旬，下游沿黄地区旱情发展迅速，三门峡、小浪底水库可调水量基本用尽，为确保下游用水，挖掘了小浪底水库最低发电水位以下库容，停止发电，向下游补水。2000 年 7 月潼关站曾发生 $0.95m^3/s$ 的小流量，濒临断流，立即采取加大万家寨水库下泄等措施，才使黄河中游脱离了断流威胁。2002 年 9 月、10 月，为完成黄河下游及引黄济津应急供水，实施了从上中游到下游的全河大跨度接力式调水，采取了依次挖掘小浪底水库、万家寨水库水量，然后从上游龙羊峡、刘家峡水库向下游补水的措施，既满足了山东的秋种用水，又保证了引黄济津应急供水的要求。2003 年旱情紧急情况下，通过及时加大刘家峡、万家寨水库泄流，为快速处置发生在头道拐和潼关断面的突发事件奠定了基础。2001 年汛期和 2003 年的水量调度过程中，根据降水及来水情况，通过小浪底水库和东平湖水库联合调度，在确保了黄河不断流的前提下，为小浪底水库蓄水创造了条件。

2008年冬至2009年春，我国大部分地区雨雪严重偏少，黄河上游地区出现中度干旱，中下游及下游引黄灌区出现特大干旱。针对干旱预警级别不断升级，在黄河来水偏枯、水库蓄水偏少的情况下，通过适时加大小浪底水库下泄，联合调度万家寨、小浪底、东平湖水库，接力补水，全力抗旱，不仅筹措了抗旱水源、确保了应急抗旱用水需求，还有效保证了黄河下游不断流。据统计，在整个流域应急抗旱期间，小浪底水库下泄水量35.3亿m^3，净补水7.4亿m^3。同时，为后期水量调度筹备水源，在上游内蒙古河段即将开河期间，就加大刘家峡水库泄流，为下游补水10多亿m^3。

黄河小浪底水利枢纽工程位于河南省洛阳市孟津县小浪底，是黄河干流三门峡以下唯一能取得较大库容的控制性工程，是治理开发黄河的关键性工程。1994年9月主体工程开工，2001年竣工，坝址控制流域面积69.42万km^2，占黄河流域面积的92.3%。水库总库容126.5亿m^3，长期有效库容51亿m^3。工程以防洪、减淤为主，兼顾供水、灌溉和发电，蓄清排浑，除害兴利，综合利用，主要包括：①黄河下游防洪和防凌。小浪底水利枢纽与已建的三门峡、陆浑、故县水库联合运用，并利用东平湖分洪，可使黄河下游防洪标准提高到千年一遇；与三门峡水库联合运用，共同调蓄凌汛期水量，可基本解除黄河下游凌汛威胁；②控制黄河下游河道泥沙淤积。小浪底水利枢纽利用淤沙库容沉积泥沙，可使黄河下游河床20年内不淤积抬高；③灌溉供水。黄河下游控制灌溉面积约4000万亩，年引水量80亿～100亿m^3，由于黄河来水丰枯不匀，灌溉用水保证率仅32%，沿河工农业迅猛发展，城市供水需求急剧增长，小浪底水利枢纽可减少下游断流的几率，平均每年可增加20亿m^3的调节水量，满足下游灌溉与城市用水，提高灌溉保证率；④发电。总装机容量180万kW，是河南电网理想的调峰电站。

小浪底等黄河干支流控制性水库是黄河水量统一调度的工程基础。

2. 发挥引（提）水口门的控制功能

黄河干流现有取水口设计引水能力6200m^3/s左右。在情况紧急时，关闭引水口门也是一项重要措施。2000年6月17日14时利津断面流量仅5m^3/s，情况十分危急，立即关闭了夹河滩至孙口河段所有引水涵闸，避免了利津断面即将发生的断流。2003年旱情紧急调度期，潼关、头道拐断面多次出现小流量过程，也采取紧急关闭相应河段的引（提）水口门等措施，才缓解了紧张形势，化解了断流危机。

（三）技术手段

1. 加快水文、水质测报现代化建设步伐

水文信息在黄河水量调度中起着非常关键的作用。长期以来，水文测验仪器设施设备都是以测报大洪水为目的，尤其是黄河干流水文站，几乎没有低水测验设施，为了更加优质地服务于黄河水量统一调度工作，黄河水文与时俱进，坚持自主开发与技术引进相结合，加快水文测报升级活动，先后开发研制了水文吊箱测流缆道流量测验系统、水文测船流量测验系统等，建设了低水测验设施设备，完善了低水测验方案，还积极引进并推广应用国外先进的水文测验仪器，加强水文测验，增加测次和报汛频次，大大提高了水文测报的时效性和精度，提高黄河水文科技水平。在水量调度关键期，对头道拐、潼关等重要断面实行了4段制、8段制和24段制报汛。

同时，还加强基础研究，积极开展非汛期中长期径流预报，引进9210气象系统，为降水预报提供了预报平台，改变了过去只能对年度水量的丰枯趋势做出预估的局面，同时，建立非汛期降水、径流预报模型，并采取多种径流预报方法，努力提高预报精度。统一调度以来，年、月、旬径流预报精度都在规定范围之内；2003年旱情紧急调度期的4月至7月10日，黄河流域主要来水区径流总量预报误差仅1%。

黄河水量和水质统一调度是水资源管理与保护的必然趋势，也是黄河水资源管理的重要环节。从2000年开始结合水量调度方案公布黄河干流12个重要断面水质监测结果和预测结果，为水资源保护和工农业用水提供依据。为保证供水水质安全，水资源保护部门增加了实验设备，购置了移动实验室，提高应付水环境突发性、随机性的水污染事故的信息采集和样品处理能力，加强水质监测和监督管理，增加水质监测次数和站点，及时发布旬水质监测结果和预报。

2. 建立了现代化的黄河水量调度管理系统

水量统一调度涉及众多复杂技术问题，仅靠传统的调度手段远不能满足水量调度时效性和现代化的要求。为此，黄委积极开展黄河水量调度管理系统建设。已建成并投入使用了集信息采集自动化系统、计算机网络系统、决策支持系统及下游涵闸远程自动化控制等于一体的黄河水量调度管理系统一期工程和一座综合功能齐全、科技含量高的现代化水量调度中心。可以监视全河水情、雨情、旱情、引水信息，远程监控、监测和监视黄河下游78座引黄涵闸；黄河水量调度方案编制与管理子系统可以快捷编制年、月、旬水量调度方案，利用黄河下游枯水调度模型可以为下游河道逐日流量演进提供在线预警预报功能，信息采集的时效性和调度决策手段大大提高，为正确决策提供了有力支持和可靠依据，提升了黄河水量调度科技含量，提高了调度管理水平，促进了水量调度的科学化、信息化和现代化发展。

（四）经济手段

1. 利用水价促进节约用水

建立合理的水价机制。原国家计划委员会、水利部多次调整了黄河下游引黄渠首工程水费标准。2000年以前下游引黄渠首水价执行的标准是1989确定的，10多年来一直没变，这一水价标准严重偏离供水成本。据测算，1998年下游水价标准为4.6厘/m^3，仅为供水成本的20%，根本起不到促进节约用水的作用。2000年后，国家两次调整了下游引黄渠首水价。2000年12月1日至2005年6月30日执行的水价是：农业用水价格4～6月为1.2分/m^3，其他月为1分/m^3；工业及城市生活用水价格4～6月为4.6分/m^3，其他月为3.9分/m^3。这一标准也仅相当于农业供水成本的25.42%，工业及城镇供水成本的82.23%。2005年国家发改委再次调整了黄河下游引黄渠首水价，规定：2005年7月1日至2006年6月30日，4～6月6.9分/m^3，其他月6.2分/m^3；2006年7月1日以后，每年4～6月9.2分/m^3，其他月8.5分/m^3。农业供水价格暂不作调整。尽管现行的水价标准仍偏低，特别是农业水价标准偏低，但经过两次调整，对提高人们的节水意识有明显的作用。主要用水大户宁夏回族自治区、内蒙古自治区也调整了引黄水价。2000年4月，宁夏回族自治区出台了新水价政策，按斗口计量水费，自流灌区由0.6分/m^3提高到1.2分

/m^3，固海扬水灌区由5分提高到8分，盐环定扬水灌区由5分提高到1角；内蒙古河套灌区改革了水价政策，实行分段定价，超用水加价，夏灌3.8分/m^3，超出计划4.7分/m^3；秋浇4.7分/m^3，超出计划7分/m^3。

黄河下游还推行了“两水分离，两费分计”的试点制度，将农业用水和非农业用水分开计量、分开收费，改变了以往农业、非农业用水账目不清，水费收缴无法明晰的状况，有效促进了节约用水。

1993年国务院《取水许可制度实施办法》出台后，引黄各省（自治区、直辖市）陆续开征了水资源费，但也存在着征收不全面、不规范和水资源费标准不尽合理等现象。2006年国务院颁布实施《取水许可和水资源费征收管理条例》后，各省（自治区）普遍加大了水资源费征收力度，针对不同行业制定不同的征收标准，进一步促进了节水工作。

2. 初步建立黄河水权水市场

随着市场经济的不断发展和完善，对水权、水市场的建立和完善也提出了更高的要求。为积极探索利用市场手段优化配置黄河水资源的途径，使有限黄河水资源发挥最大效益，为西部大开发和全面建设小康社会提供水资源支撑，黄委制订并发布了《黄河水权转换管理实施办法（试行）》，自2003年4月开始，在宁夏回族自治区、内蒙古自治区开展黄河干流取水权转换试点工作，批准了基础工作较好、具有一定优势的5个试点，将农业节约的水量有偿转让给效益较好的重点工业，促进当地经济发展。促进了水权水市场的建立，已审批宁蒙水权转换项目26个，完成节水投资7.98亿元，向工业项目转换水量1.64亿m^3。

在下游豫鲁两省沿黄地区，普遍实行了引黄供水协议书制度，由用水户和供水户先签协议、后供水，然后按照供水协议，合理调整小浪底水库泄流，逐步改变了引水无序、浪费严重的局面。

3. 采取经济处罚

在黄河下游河段，引黄涵闸虽然由黄委各级河务部门负责管理，但受各种因素制约，农业用水高峰期，无指标引水和超指标引水现象仍时有发生。自1999年黄河水量统一调度以来，为保证水量调度工作正常进行，按照《黄河下游水量调度责任制（试行）》的有关规定，对发生违规行为的责任单位和责任人给予了一定的经济处罚，起到了教育作用，逐步规范水量调度秩序，保证了调度指令的贯彻执行。还实行了“订单供水、退单收费”制度，提高了用水计划的严肃性。

各地普遍推行的阶梯制水价、累进加价、超定额加价和分时段水价的政策，也提高了水资源浪费和超计划用水的成本。

（五）法律手段

1. 健全法律法规

新颁布实施的《中华人民共和国水法》，明确了流域机构的法律地位，对依法行使流域机构的职能提供了法律保障。1987年国务院批准的《黄河可供水量分配方案》和1997年国家计划委员会、水利部联合颁布实施的《黄河可供水量年度分配及干流水量调度方案》和《黄河水量调度管理办法》，是黄委分配年度黄河水量和干流水量调度的重要依据。

黄河水量统一调度仍主要依靠行政手段协调各方关系，缺乏与《中华人民共和国水法》相配套的可操作的法律规定。为加强对黄河水量的统一调度，实现黄河水资源的可持续利用，促进黄河流域及相关地区经济社会发展，依法调度黄河水资源，根据《中华人民共和国水法》，黄委于2006年提出了《黄河水量统一调度条例（征求意见稿）》。该条例包括调度原则、职责、方式、权限、监督检查、惩罚等方面内容。后改为《黄河水量调度条例》，2006年由国务院颁布实施。2007年水利部又颁布实施了《黄河水量调度条例实施细则（试行）》，完善了黄河水量调度的法律法规，为水量调度顺利实施提供了强有力的法律保障。

2. 建章立制

为加强水量调度制度建设，实现水量调度标准化、制度化、科学化，有关单位根据工作需要制定了大量规章制度，规范了水调行为，确保了调度计划和指令的贯彻执行。仅黄委就印发实施了《黄河下游河段水量调度责任制（试行）》、《黄河取水许可总量控制管理办法》、《黄河下游订单调水管理办法》等10余个办法。2004年还首次实行“订单供水，退单收费”和协议供水通知单制度。这些规章制度的实施，明晰了各方责任，使水量调度工作步入规范化管理轨道。

为快速、有效应对黄河水量调度突发事件，维护黄河水量调度秩序，确保黄河不断流，根据《中华人民共和国水法》和《黄河水量调度管理办法》，结合黄河水量调度工作实际，2003年制订并颁布实施了《黄河水量调度突发事件应急处置规定》和《黄河重大水污染事件应急调查处理规定》等，该应急快速反应机制实施以来，在黄河水量调度工作中发挥了重要作用，已快速处理了发生在头道拐、潼关、泺口等断面的21起水量调度突发事件，以及发生在兰州、内蒙古等河段的6次水污染突发事件，及时化解了风险。其中，2003年5月19日兰州河段的污油干管严重漏油事件，从事件发生到核实上报至黄委仅用了十几分钟时间。这些应急快速反应机制的建立，标志着黄委把科学应对突发事件的理念已纳入黄河水量调度工作中，有效提高了水资源管理与保护工作的主动性和快速反应能力。

第二节　水量统一调度的生态环境效益

一、水量调度对黄河水环境质量及水功能的影响分析

河流水质与入河污染物量的多少、水量大小及河流的自净能力等因素有关。黄河水量调度水质监测依托黄河流域水环境监测站网，通过补充少量站点组建水量调度旬测水质监测站网，加密测次，配合黄河水量调度开展水质旬测。主要监测断面有黄河干流的小川、新城桥、下河沿、石嘴山、头道拐、潼关、三门峡、小浪底坝下、花园口、高村、泺口和利津。必测项目为水温、流量、pH值、氨氮、溶解氧、高锰酸盐指数等6项。

对比水量调度前后20年水质总体变化，部分污染较重的城市河段水质有明显改善，比如黄河上游兰州断面满足Ⅲ类水质的比例由水调前的18%提高到64%，黄河下游小浪底以下河段满足Ⅳ类水标准的比例由水调前的61%提高到90%，但黄河上游宁蒙和中游潼关河段水质无明显改善，究其原因，一方面这两个河段污染较重，如宁蒙河段接纳了宁

夏、内蒙古大量工业废水和农灌污水，潼关河段受污染严重渭河、汾河的输污影响；另一方面也和近10年来黄河水量偏枯，以及污染排放影响有关系。

对水量调度前后小浪底以下河段水功能影响进行分析，从图6-1可以看出水量调度前主要饮用水及工农业用水功能区达标率只有61%，水量调度后达标率达到80%以上，最高到94%，对于黄河下游沿黄城市用水安全保障具有重要意义。

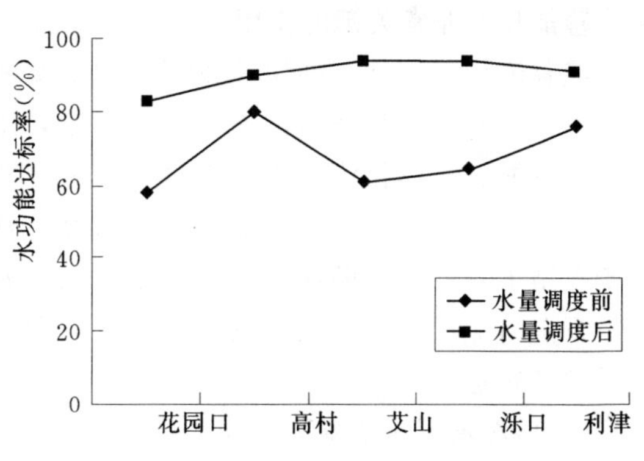

图6-1 小浪以下河段在水量调度前后水功能区达标率变化情况

同时选取水量调度前后典型年分析全年的水功能目标在不同月份变化情况，水量调度前选取1991～1992年，水量调度后选取2004～2005年和2006～2007年。以利津断面水质情况分析东营用水区水功能区目标变化（见图6-2）。可以看出与2004～2005年相比，水量调度前以Ⅳ类和Ⅴ类水质为主，分布在非汛期。水量调度后2004～2005年，利津断面的水质均≤Ⅳ类水质，Ⅳ类水质分布在3月、4月、7月和8月，2006～2007年水质均≤Ⅲ类水质。从年内分布来看，水量调度前Ⅴ类及劣Ⅴ类水质主要分布在非汛期，水量调度后非汛期的水质均≤Ⅳ类，表明由于水量调度改变了非汛期水量的年内分配，非汛期水质得到明显改善，随着水量全年统一调度，减少了Ⅳ类和Ⅴ类水质，全年的水质都得到改善。

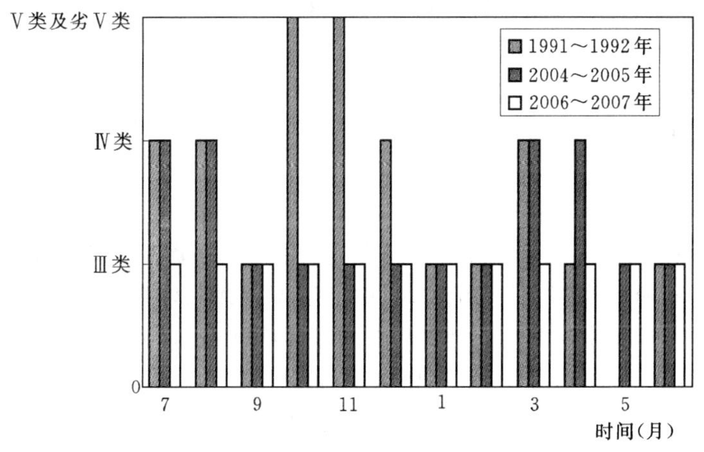

图6-2 东营用水区在水量调度前后水质变化情况

二、水量调度对下游河流生态系统的影响分析

在整个流域生态系统中，河流是流域中其他各种栖息地的连接通道，在整个流域内起到了能够提供原始物质的“源”和通道的作用。黄河作为一个典型的生态系统，是联系黄河流域陆地生态系统与海洋的纽带，是黄河水生生物的通道、源和栖息地，河流纵向和横向的连通性对于许多河流物种种群的生命力是非常必要的，纵向和横向连通性的丧失会导

致种群的隔离以及鱼类和其他生物的局部灭绝。黄河下游保持一定的流量状态对于保持河流生态系统的连通、稳定，对于重要水禽栖息地和生物多样性的保护，对于沿河自然景观的改善都起着非常关键的作用。

随着流域经济社会的快速发展，加上黄河自 20 世纪 90 年代进入枯水时段，天然来水量大幅度减少，导致黄河下游断流频繁，不仅直接限制经济社会发展，还导致了严重的河道萎缩、水体污染、生物多样性衰减、黄河口淡水湿地濒临消亡等严重的生态环境问题，危及黄河健康生命的维持及流域经济社会的可持续发展。黄河水资源的统一调度初步扼制了黄河频繁断流的局面，使黄河下游非汛期保持一定的流量，在一定程度上保证了下游河流生态系统功能的发挥，使黄河真正起到了连通流域内各种生态系统斑块及海洋的“廊道”。

（一）对黄河河道湿地的修复作用

河道湿地是黄河河流生态系统的重要组成之一，它是指由常年浸水湿润的滩地、洪泛区等形成的湿地。黄河下游滩区总面积约为 3544km^2，约占河道总面积的 85％。根据前面界定的河道湿地范围，如黄河不断流，黄河下游天然河道湿地经初步匡算总面积约为 800km^2。由于 20 世纪 90 年代黄河断流严重，泺口、利津断面 1992～1999 年年断流，河道湿地受到很大破坏，阻止了河道湿地生态系统的正常发育。断流程度、断流长度不同，河道湿地受到的受损程度也不一样，根据断流的情况，初步估算下游河道湿地受断流的影响而无法发挥其正常功能的河道湿地面积约有 200 多 km^2，占下游河道湿地总面积的 1/4 多。黄河断流后，由于这些湿地得不到及时的水分补给，湿地生态系统的正常发育受到破坏，系统的稳定性难以维持，物种多样性衰减，河道湿地难以发挥其作为重要水禽栖息地及调节气候、净化黄河水体的正常功能。黄河水量统一调度后，由于黄河下游具备基本正常的水流条件，20 世纪 90 年代受黄河断流破坏的 200 多 km^2 的河道湿地得到修复，加上沿黄各地对河道湿地保护的加强，黄河下游河道湿地能够稳定发育，为各种水禽提供了良好的栖息地、繁殖地。

根据中国科学院地理科学与资源研究所对黄河流域 1986 年和 2006 年的遥感解译成果对比分析，1986 年黄河中上游湿地中河流湿地占中上游湿地总面积的 82.7％，2006 年占中上游湿地总面积的 68.7％，因此黄河中上游湿地以河流湿地为主，对比湿地变化情况可知，水量调度后上中游河流湿地面积减少了 19724hm^2，人工湿地增加了 20890hm^2，其余湖泊湿地和沼泽湿地面积分别增加了 475hm^2 和 3524hm^2，总体湿地面积增加了 5273hm^2。分析原因是水量调度后下游河水不再断流和调水调沙的多次漫滩，引黄灌溉等因素，大堤以内低滩处湿地增加，大堤外湿地总体萎缩，局部湿地恢复扩大或产生新的湿地。1986 年黄河下游湿地中河流湿地占下游总湿地面积的 57.1％，近海湿地占湿地总面积的 27.0％；2006 年河流湿地占总湿地面积的 49.4％，近海湿地面积占总面积的 32.6％。因此黄河下游河道湿地以河流湿地和近海湿地为主。与 1986 年相比，2006 年黄河下游湿地水量调度后滩涂湿地面积增加了 15467hm^2，近海水域减少了 4051hm^2，总体来看近海湿地总体呈增加趋势。由于中下游河道湿地是河道行洪的一部分，与黄河来水来沙量密切相关，水量调度期间的调水调沙，扩大了河道的过流能力，同时携带一定泥沙进入河口地区，河口促淤造陆，滩涂湿地面积显著增长。

（二）对黄河水生生物多样性的影响

黄河水生生物贫乏，鱼类是黄河水生物保护的主体。20 世纪七八十年代，黄河断流主要集中在 5、6 月，进入 20 世纪 90 年代后，断流时段迅速向冬春季节和夏秋季节延伸，甚至汛期也经常发生断流。黄河季节性的断流和水量减少，使黄河下游鱼类产卵场、栖息地受到破坏，20 世纪 60 年代以前存在的伊洛河口天然的鱼类产卵场如今已不复存在，严重影响下游河道鱼类的生存和产卵繁殖。另外，黄河断流及小流量时期主要发生在每年的 3～7 月上旬，而黄河鱼类的繁殖期为 4 月下旬至 7 月中旬，对鱼类来说，实属不利的时间段。鱼类产卵需要一定的水流刺激条件，弱小的鱼苗幼体需要良好的水环境质量。断流、水量减少加上黄河纳污量的持续增加使黄河水质不断恶化，严重影响了鱼类的繁衍和生存，使黄河下游的鱼类资源濒临绝迹。比如黄河下游的主要鱼类有鲤鱼、鲶鱼、鲫鱼、赤眼鳟等，其中具有一定群体，且构成一定捕捞量的是鲤鱼和鲶鱼。1984～1989 年，黄河三门峡以下仍有凤鲚产卵场，少时捕获有鳗鲡。鳗鱼和鲚鱼均为海、河洄游性鱼类，三门峡以上该鱼类已经绝迹。

水量统一调度以来，在 2000 年、2001 年、2002 年连续三个特枯来水年份及 2003 年旱情紧急情况下，有效的水量统一调度确保了黄河下游连续 5 年大旱之年不断流，对黄河下游河流生态系统的恢复起到了积极的作用，河道水流条件的恢复，加之近年来渔业部门每年都在一些重要河段开展黄河鲤鱼、鲶鱼的放流活动，渔业资源量有所增加。

东平湖是黄河刀鲚的产卵场，目前东平湖滞洪区已成为东平湖水库，由于东平湖闸门的建设，正常年份基本失去了与黄河的联系，鳗鲡、刀鲚无法洄游，致使这些鱼类几乎在湖内绝迹，也影响了黄河鱼类资源。随着黄河水量调度条例的颁布与实施，东平湖已被纳入到黄河水资源统一调度与管理系统中，统一调度确保了东平湖防洪安全，同时为东平湖保留必要的生态用水，一些多年不见的洄游鱼类，如海产刀鱼（又名鲚，刀鲚）等，也重新出现在黄河下游。同时湖区的水资源在统一管理实践中加强污染治理，开展增殖放流，湖内鱼类种类恢复至 30 多种，濒临灭绝的鳜鱼等品种数量明显增加。这些现象说明黄河水量统一调度的实施，在一定程度上保证了黄河下游生态环境用水，尤其是鱼类产卵育幼期的生态环境用水，黄河水生态环境得到改善，水生生物的多样性正得到恢复。

三、水量调度对黄河河口湿地生态系统保护的作用分析

（一）黄河三角洲湿地概况

黄河三角洲湿地是因黄河口不断向海域推进和尾闾在三角洲内频繁摆动改道，由新淤陆地的低洼地、河道及浅海滩涂上演变形成。黄河水资源是维持黄河口生态系统发展和稳定的最基本条件。受天然水量减少和流域用水量增加影响，自 20 世纪 90 年代起，黄河最下游的利津断面及三角洲来水量锐减，90 年代黄河下游河道年来水量比 50、60 年代平均值减少 40％以上，其中 1999～2001 年利津以下断面的实测来水量仅是 1976～1998 年系列均值的 23％。连续出现的黄河下游小流量及黄河非汛期的长时期断流，造成湿地的干旱及盐碱化，直接影响到湿地植被的正常生长，使大片的芦苇地退化、消失，土壤的次生盐渍化加剧，同时，黄河的断流也使原来生长于河口的浮游生物、底栖生物等大量减少和死亡。随着黄河排入渤海的水沙量日趋减少，以及黄河口河道渠化和区域城市化进程的加

快，黄河口淡水湿地出现快速萎缩局面。据统计资料，目前河口陆域湿地的萎缩面积已在原有规模基础上削减了70%左右，且湿地生态系统斑块的廊道连通性和生态完整性受到破坏，珍稀鸟类生长和生存所赖以维持的黄河口湿地生境面临消亡，黄河三角洲的生态稳定性受到严重威胁。

黄河三角洲湿地类型多样，根据其水分来源、植被分布和形成特征等分为15种，具体如表6-2所示。黄河三角洲湿地生态系统复杂多样，涵盖了沼泽、草甸、河滩地、盐碱地、潮滩等多种类型，其植被类型有芦苇、翅碱蓬、柽柳、菖蒲、香蒲等多种。

表 6-2　　黄河三角洲湿地类型与分布

湿地类型			分　布
天然湿地	滨海湿地	潮下带湿地	主要分布低潮时水深不超过6m永久性滨海浅水域
		潮间带滩涂湿地	主要分布在沿海高潮位与低潮位之间的潮侵地带
		潮上带重盐碱化湿地	主要分布在潮上带盐碱地
	河流湿地	河道湿地	黄河河道
		古河道口及河口湿地	分布在黄河故道及河流附近
	沼泽湿地	芦苇沼泽	主要分布于河流沿岸及河口、水库、湖泊的河滩地
		灌木沼泽	分布于河湖沿岸、低洼河槽与季节性积水的河滩地
		乔木沼泽	分布于河岸两侧
	草甸湿地	獐茅芦苇草甸	主要分布于黄河河漫滩及滨海河口、滩涂地带
		茅草草甸	主要分布于河滩地
人工湿地	水库湿地		遍布于黄河三角洲
	沟渠湿地		沟渠和排水沟
	坑塘湿地		分布于地势较低的低洼地
	水田湿地		分布于有水源保证和灌溉设施的耕地区域
	盐田		主要分布于沿海区域及近河口地带

（二）三角洲湿地面积变化分析

影响黄河三角洲湿地面积变化的因素很多，其中黄河的水沙资源、自然环境变化及人类活动是最主要的因素。黄河近海沿岸是一泥沙淤积造陆与海岸侵蚀后退的此长彼消的关系。研究表明，造陆面积与年输沙量有较好的正相关关系，且当年来沙量为2.45亿t时，三角洲整体趋于动态冲淤平衡状态。由于小浪底水库的修建及上游水保工程的实施，使黄河入海泥沙与20世纪70年代相比大大减少，黄河三角洲整体处于净蚀退状态。入海泥沙量是对黄河三角洲湿地面积的影响较大，尤其是黄河断流对三角洲新生湿地面积的消长影响甚大。

根据现有的遥感影像数据（见图6-3），选取近10年来的Landsat以及中巴影像，通过遥感影像的解译分类，分析水量调度后黄河三角洲湿地类型的空间分布格局变化。

黄河三角洲内湿地的分布具有明显的地理特征，即咸水湿地主要分布于海岸区域，显示出其受海潮浸湿形成的特征；以芦苇草甸、灌丛等为主要植被的淡水湿地主要分布在黄河两侧、水库周边等区域，显示出其主要受黄河水、水库蓄积淡水补给。从2004年遥感

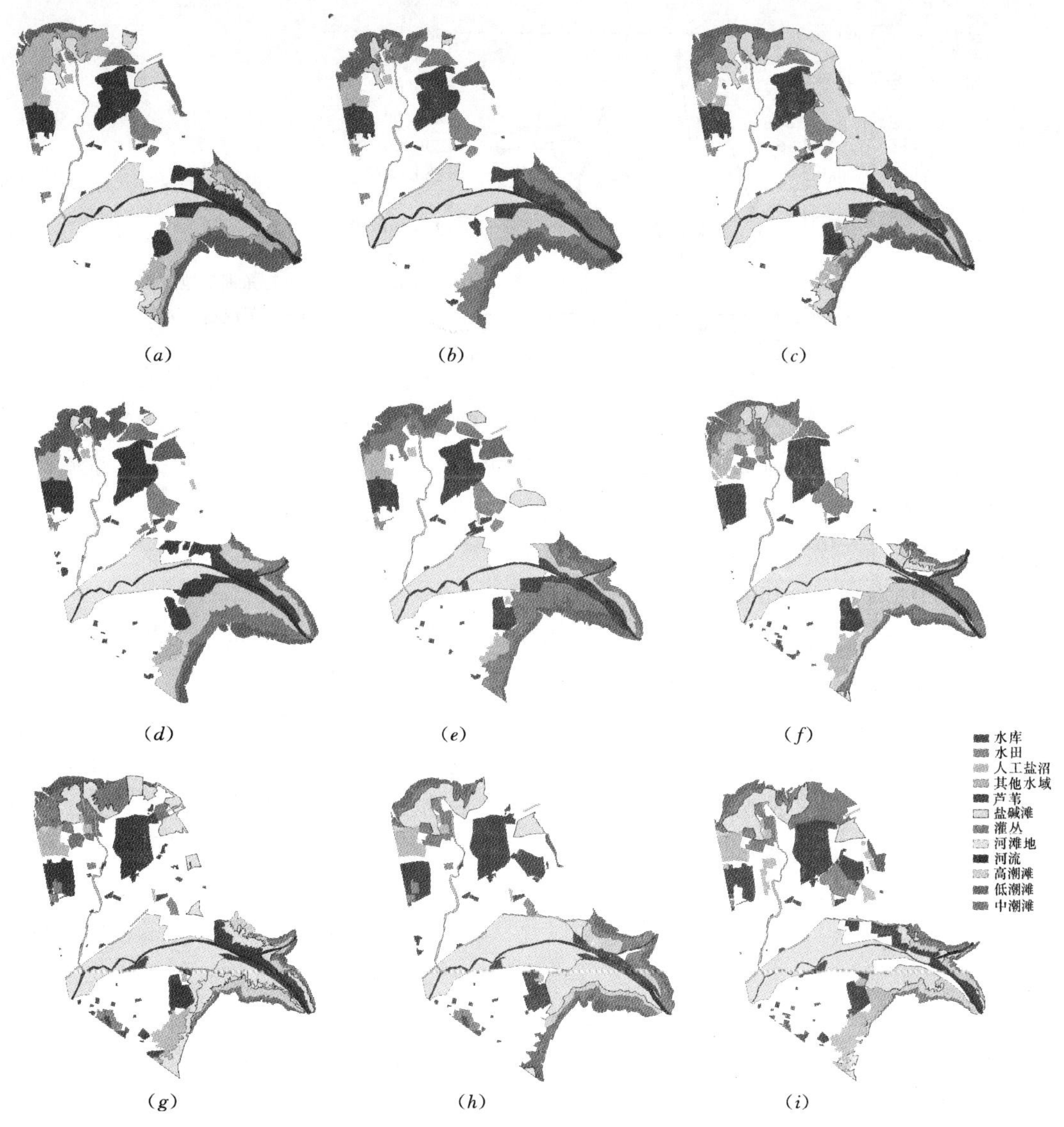

图 6－3　黄河三角洲不同湿地类型遥感影像图

(*a*) 1993 年；(*b*) 1994 年；(*c*) 1996 年；(*d*) 1997 年；(*e*) 1998 年；(*f*) 1999 年；(*g*) 2000 年；(*h*) 2001 年；(*i*) 2004 年

影像资料上可以非常清晰地分辨出恢复后的淡水湿地，较之往年湿地范围内的植被长势明显要好。统计大约面积为 4389hm^2，由原来的稀疏盐碱植被荒草地转变为非常典型的淡水湿地。

图 6－4 显示出 1993～2004 年黄河三角洲内湿地总面积、芦苇湿地总面积的变化情况。1993～1999 年，三角洲内的湿地总面积变化总体呈减少趋势，从 1993 年的 1557km^2 减少到 1999 年的 1503km^2，其中 1997 年面积降至最低达 1256km^2。1999～2004 年，湿地总面积持续增加，仅在 2000 年略有降低。1999～2004 年，黄河三角洲湿地面积增加了

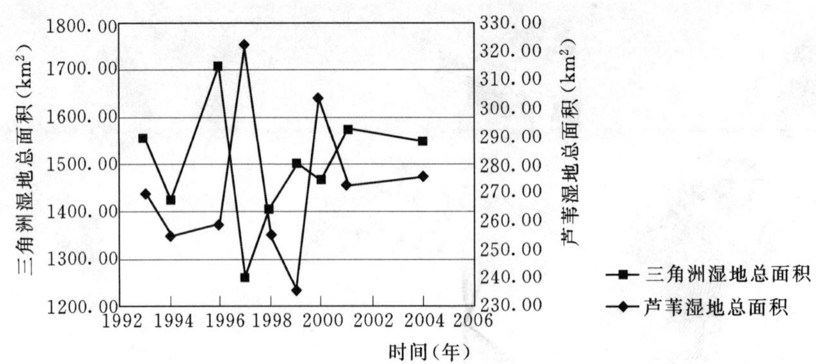

图 6-4　黄河三角洲湿地面积变化图

48.05km^2，芦苇湿地增加至 275.73km^2，表明水量统一调度后防止了下游河道断流，利津断面入海流量增加了 131 亿 m^3 水量，有利于三角洲湿地面积的恢复。

(三）对三角洲湿地演替的影响

1. 黄河三角洲新生湿地自然演替规律

黄河三角洲新生湿地位于 1976 年黄河由刁口河人工改道清水沟至今、现黄河入海口地区。它成陆时间晚，生态演替系列短，土壤成土年幼，时间只有几年至几十年，生态系统结构比较简单，自身存在着先天不稳定性与敏感性，生物作用影响不够深远，自然植被多为耐盐的草本和灌木。在新淤的滩涂上，土壤含盐量高达 3%以上，部分地区分布着盐地碱蓬（翅碱蓬，又名黄须菜）。这些翅碱蓬的生长增加了土壤的有机质、降低了土壤的盐碱度，逐渐顺向演变成以柽柳—翅碱蓬为主的灌林群落。随着陆进海退过程、地势的逐渐抬高，土壤养分的积累和盐分的降低，开始以柽柳、芦草、獐毛为主的由盐生向中生环境进化的过渡群落。经过柽柳群落的泌盐以及枯枝落叶的积累，随着陆进海退过程、地势的继续抬高和降水的淋溶作用，进一步降低土壤含盐量，提高土壤肥力，植被进化为以天然林、白茅为主的中生杂草群落，成为宜林地和宜耕地。而在河道两侧的低洼地上，长年或季节性有积水，土壤含盐量一般为 0.3%～0.6%，土壤多发育为沼泽性盐土，目前多生长高大的芦苇、荻群落。在黄河的河滩地上，潜水埋深在 2m 以下，土壤含盐量低，仅为 0.112%，土壤类型为潮土，土质肥沃，分布着天然柳林。也就是说，在黄河河漫滩及其近河洼地上，以天然柳林、芦苇、荻为主；在近海滩涂，地势低平易受海潮侵蚀，土壤含盐量高，以盐地碱蓬和柽林灌林为主；在地势较高地区，是以獐毛、白茅为主的草地，其中土壤含盐量在 0.3%以下白茅群落分布区，部分被开垦为人工刺槐林地和以小麦、大豆为主的农耕地。

从土地覆被的分布规律来看，各种覆被类型沿河床演替依次发育，大都沿着黄河河床变动，随着河道走向蜿蜒而上。盐生植被演替过程是随着陆进海退自海域向内陆逐渐发育，依次为滨海滩涂、翅碱蓬—柽柳群落、獐毛+白茅等由盐生向中生杂草过渡群落，以及耕地与居民点。而湿生植被的草甸湿地化植被演替过程是以黄河河床为轴，受淡水资源分布和补给的限制，沿着河岸向两侧“扇形”展开，自河床依次为河滩地、芦苇+荻群落、白茅等杂草群落、天然柳林群落、旱耕地。这两个生态演替过程交错分布（见

图 6－5)，形成两个交织在一起的生态演替系列。这两个生态演替系列在没有人类活动影响的条件下，其演替方向都是顺向演替，表示生态环境质量逐渐变好，但是当干扰超过其自身的恢复能力时，向反方向的演替称为逆向演替，表示生态环境质量逐渐恶化。

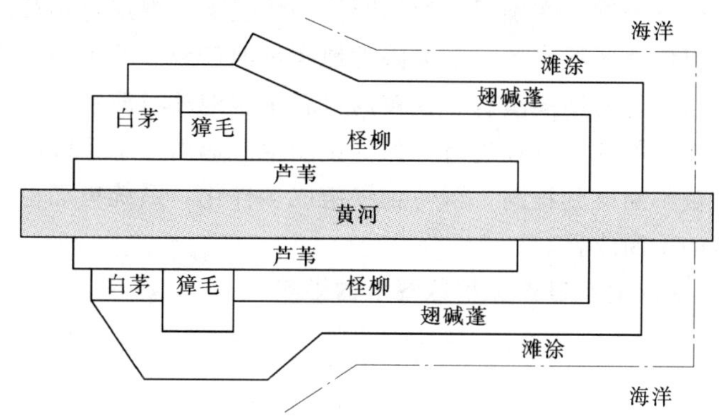

图 6－5　黄河三角洲新生湿地植被类型分布结构图

2. 影响黄河三角洲新生湿地植被演替的因素分析

影响黄河三角洲新生湿地植被演替的因素很多，其中黄河的水沙资源、自然灾害和人类活动是主要的影响因素，它们从不同的方面影响着植被的演替。黄河既是三角洲地貌类型的主要塑造者，又是形成和维持本区水资源的主导因素。黄河的水沙资源是三角洲环境顺向演替发展的根本动力，如果黄河断流，将使这一地区的淡水资源和与其相伴随的泥沙资源的补给量断绝，促使地表盐分积累加重，造成土壤返盐，使三角洲植被分布趋向单一。在海水入侵、土壤盐化等的作用下，生态条件将迅速恶化，从而使森林、旱田片断化，普通草甸植物种群的数量及分布减少，湿地草甸的随机性灭绝概率加大，群落结构更趋于简单，对三角洲的可持续发展极为不利，其恶劣影响是深远和重大的。

3. 水量调度对黄河三角洲新生湿地演替的影响

根据中国科学院地理科学与资源研究所叶庆华、刘高焕等所做的黄河三角洲土地覆被格局变化图谱，1984～1996 年面积减少的覆被类型有三类，按面积大小排序为：一是渤海海域，其减少的面积为 1.0 万 hm^2；二是芦苇＋荻群落，减少了 0.8 万 hm^2，其中 32.6％转变成耕地，27％逆向演替为盐生的柽柳—翅碱蓬群落，26.6％顺向演替为中生白茅群落；三是水体面积减少了 0.4 万 hm^2。湿生的芦苇＋荻群落和淡水水体减少的原因主要有两个：一个是人类活动干扰如垦殖弃荒、放牧等；另一个就是黄河来水的不断减少，尤其是黄河断流的影响。黄河是新生湿地的生命线，它的水沙资源造就了黄河三角洲，形成了它特有的生态演替规律。然而由于人类不合理的利用及黄河水沙资源的减少改变了这种自然演替模式，使黄河口新生湿地发生逆向演替，植物群落不断向盐生灌丛、一年生盐生草本植物群落、盐碱荒地和光板地方向演替，或者大面积消亡。演替的结果是群落的物种组成减少，结构单调化，系统功能降低，进一步恶化了野生动物尤其是鸟类的栖息场所，导致一些动物种类和数量的减少，破坏了黄河口新生湿地作为多种珍稀、濒危鸟类栖息地的生态价值与未来潜在的开发利用价值，影响黄河三角洲生态系统的稳定性乃至黄河健康生命的维持。

黄河利津站1998年11月～1999年6月下泄水量为11.62亿m^3，1999年11月～2000年6月利津站下泄水量为20.58亿m^3，2000年11月～2001年6月利津站下泄水量达46.1亿m^3，2001年11月～2002年6月利津站下泄水量为14.84亿m^3。通过实施有计划的合理的水量统一调度，在确保黄河不断流的情况下，根据每年黄河主要来水区来水情况适时增加进入河口地区的水量，最大限度地满足河口地区的生态环境用水，有效地抑制了黄河口新生淡水湿地的逆向演替，使黄河口新生湿地环境演变朝“纵向演进”过程和黄河冲淤填洼的“扇形展开”过程进行，保证了新生湿地内生态系统的顺向演替方向，使新生湿地的植被质量不断得到提高，群落物种组成多样化，系统更加稳定，有效地促进了河口地区生态环境的不断改善。

（四）对河口淡水湿地及自然保护区湿地的影响

黄河三角洲国家级自然保护区位于山东省东营市东北部黄河入海口处，是以保护黄河口新生湿地生态系统和珍稀、濒危鸟类为主体的湿地类型自然保护区，成立于1992年10月，总面积为$15.3\times10^4hm^2$，其中核心区面积$5.8\times10^4hm^2$，缓冲区面积$1.3\times10^4hm^2$，实验区面积$8.2\times10^4hm^2$。由于泥沙的造陆作用，使本区处于极珍贵的自然界的原始“本底”状态。保护区位置及功能区划。

黄河三角洲湿地补水主要靠黄河大水时人工补给和漫溢补给两种形式。近几年汛期下游很少出现编号洪水，漫溢补给的几率和补给量减少。为此，2003年三角洲内开始实施黄河三角洲淡水湿地的恢复工程。首期工程于2003年开工，在黄河三角洲内建立5万亩的淡水湿地恢复区，建设地点为黄河三角洲国家级自然保护区大汶流管理站范围内。2006年，又建设了10万亩湿地恢复区。工程建设的主要目的是在每年黄河调水调沙及汛期大流量期间，充分利用黄河淡水资源，引水修复、干预和优化湿地生态系统内部结构，增加生物多样性，扩大淡水湿地面积，改善野生生物的栖息环境，增加鸟类种类和数量等。

黄河水量统一调度使黄河三角洲的生态环境不断得到改善，加之自然保护区连续5年的引水恢复实践，三角洲自然保护区内的湿地规模、结构及功能发生了较大的改变。

据2004年最新调查，黄河三角洲国家级自然保护区的鸟类数量由1992年的187种增加到283种；靠引黄充蓄的黄河孤北水库附近已经成为鸟类栖息的天堂，2004年发现了31只世界濒危鸟类白鹳，同时栖息于此的还有草鹭、苍鹭、须浮鸥等10多种数量达几万只的鸟类；位于黄河三角洲上的亚洲最大平原水库——广南水库，近年来以其良好的自然环境，广阔的水面，充足的食物，成为各种候鸟及白天鹅南迁越冬的新乐园。特别是自2000年以来，先后有2000多只白天鹅在此栖息越冬，而且每年来这里越冬的白天鹅数量越来越多。据中国科学院海洋研究所专家2004年最新调查发现，在黄河三角洲第二大自然保护区——贝壳与湿地系统自然保护区内，发现有野生珍稀生物459种，比4年前增加了近一倍，野生珍稀生物众多，有文蛤、四角蛤、扁玉螺等贝类和鱼、虾、蟹、海豹等海洋生物50余种；有落叶盐生灌丛、盐生草甸、浅水沼泽湿地植被等各种植物群落，包含各类植物共350种；湿地动物有豹猫等6种野生动物，有东方铃蛙、黑眉锦蛇等两栖爬行动物8种，有包括国家一级保护动物大鸨、白头鹤，二级保护动物大天鹅等在内的鸟类

45种。特别是湿地恢复工程的实施使湿地植被芦苇质量大大提高，面积扩大，为鸟类取食、栖息提供了良好的场所，保护区内鸟类种类和数量明显增多。2003年冬至2004年春在湿地恢复区内迁徙栖息的鸟类仅雁鸭类就达10余万只。由于环境得到改善，许多珍稀、濒危鸟类在湿地恢复区内成群的出现，如国家一级保护鸟类丹顶鹤、白鹤、白鹳、黑鹳等；国家二级保护鸟类白枕鹤、灰鹤、大天鹅、疣鼻天鹅、黑脸琵鹭、白琵鹭等。其中白鹤、黑鹳、疣鼻天鹅、黑脸琵鹭等15种鸟类是自然保护区近年来新发现的鸟类。并且白鹳在湿地恢复区筑巢繁殖，使黄河三角洲成为白鹳最南的繁殖地。

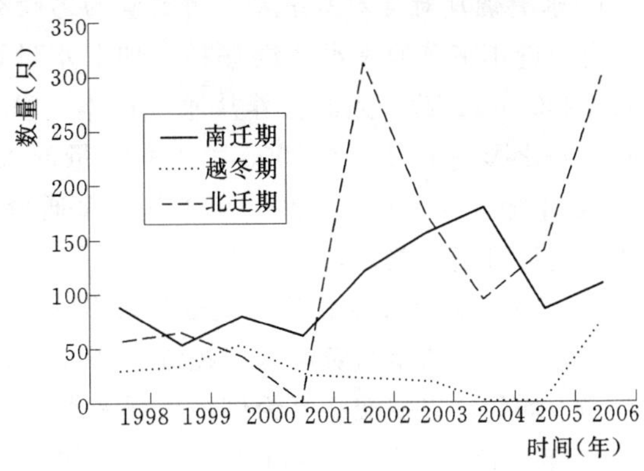

图6-6　丹顶鹤不同时期年度数据监测曲线

为评估水量调度对保护区生态效益的影响，以保护区内鸟类的指示物种丹顶鹤为研究对象，对恢复效果进行分析。由于丹顶鹤作为湿地质量变化的指示物种，对生态质量的变化极为敏感，以其为指标，能直观地反映近几年湿地生态恢复的成效。1998～2006年不同时期（南迁期、越冬期和北迁期）丹顶鹤种群数量监测数据制定的变化趋势曲线说明（见图6-6），在2002年实施调水调沙以后，三角洲湿地得到淡水补给，丹顶鹤栖息生境得到改善，丹顶鹤数量呈明显的增长趋势，进一步证实了水量调度对湿地生态恢复的成效。

四、水量调度对近海生态环境影响分析

黄河河口—近海生态环境系统是一个开放复杂的系统，由于黄河每年给近海水域提供了大量的营养物质，所以河口近海区域水生生物种类繁多，鱼类资源丰富。近年来黄河入海径流量的减少及下游断流的频繁发生，使河口—近海的生态环境遭到了较为严重的破坏。黄河水量统一调度使黄河下游近10年来没有断流，维持了一定的入海流量和沙量，对黄河河口—近海环境生态系统的修复起到了一定的积极作用。

（一）对近海营养盐的影响分析

一方面，营养盐是水生生物所必需的物质基础，是构成河口及近海生态环境的重要化学物质基础。高浓度的营养盐是提高初级生产力的基础，世界著名的渔场多位于沿岸或上升流等有营养盐不断输入的区域；另一方面，高浓度的营养盐集中入海也是发生富营养化和赤潮问题的基础，使渔业遭受巨大损失。黄河每年携带大量营养盐和碎屑入海，为河口及其附近海域的生物提供了大量的营养物质，使河口及近海的渔业资源丰富，种类繁多。因此黄河口及其近海区域成为渤海浮游动植物最丰富的水域和多种鱼类幼体的集中分布区及经济渔场。近年来，由于黄河来水持续偏枯以及沿黄地区用水量大幅增加，黄河入海水量锐减，下游河段断流现象频繁发生。黄河断流不仅破坏了流域本身的生态平衡，而且使入海营养盐通量也大幅降低，直接影响了海域的初级生产力，造成河口海域鱼类种类及数量的大幅度下降，严重破坏了近海的生态环境平衡。

1. 水量调度对营养盐全年入海通量的影响分析

由于近年来黄河来水持续偏枯，加上水量调度对全年入海径流量影响不大，所以自1994～2002年，黄河入海营养盐通量整体上呈下降趋势，水量调度对黄河全年营养盐入海通量变化影响不大。如2005年入海水量的大幅增加，营养盐入海通量也有较大增加，而2006年随着径流量的减少，营养盐入海通量均呈下降趋势。由此可见入海径流量与营养盐的变化有密切关系。

2. 水量调度对营养盐月入海通量的影响分析

营养盐入海通量与黄河入海径流量密切相关，黄河水量统一调度使黄河水量在时空分布上趋于均匀。以硝酸盐氮为例，根据来水量相似原则选取与水量调度前后各两年（1992～1993年、1995～1996年和2005～2006年、2006～2007年）的利津断面监测资料，进行硝酸盐氮入海通量的逐月对比分析，结果见图6-7。

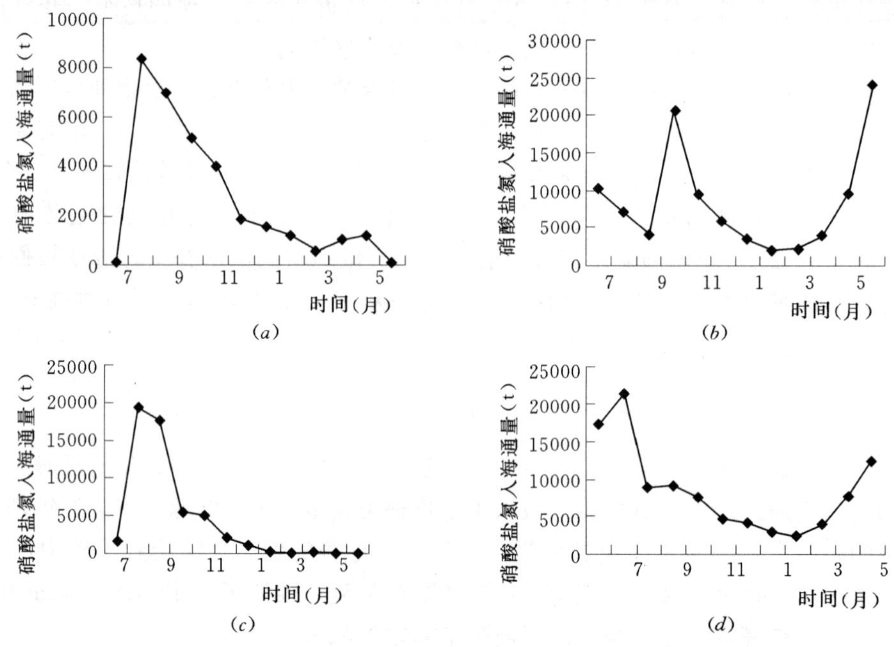

图6-7 水量调度前后典型年硝酸盐氮入海通量变化情况

(*a*) 1992～1993年；(*b*) 2005～2006年；(*c*) 1995～1996年；(*d*) 2006～2007年

由图6-7可以看出，1992～1993年汛期营养盐入海通量占全年入海通量的64.3%，非汛期营养盐入海通量比例为35.7%；1995～1996年汛期营养盐入海通量占全年入海通量的83.6%，而非汛期8个月的营养盐入海通量比例不到全年入海通量的20%。说明水量调度前营养盐入海通量主要集中汛期在8月、9月和10月，其他月营养盐入海通量较小，特别是4～6月，硝酸盐氮的入海通量基本为零。

水量调度实施后，营养盐入海通量年内分布发生了较大的变化：2005～2006年非汛期营养盐所占比例达到了58.8%；2006～2007年非汛期营养盐所占比例为37.8%，同时保证了全年每月都有一定数量的营养盐入海。由此可见，水量调度改变了营养盐入海通量的年内分布，增加了非汛期的营养盐入海通量，对海洋初级生产力产生一定的影响，从而带来河口及近海水域生态环境的变化。

（二）对近海水域浮游植物的影响分析

营养盐是近海水域浮游植物光合作用所必需的营养物质，水量调度实施之前，黄河断流切断了营养盐的入海途径，特别是3～6月，正是浮游植物生长繁殖季节，没有营养盐的输入，浮游植物的生长受到限制，数量大大减少，海洋初级生产力降低。据资料统计，黄河断流以来，年均减少入海无机氮2535t，磷酸盐44t。减少浮游植物生产量约50万t。水量调度将营养盐入海通量在不同时段内进行了均化，增加了3～6月的入海通量，在浮游植物生长繁殖季节提供了丰富的营养物质。水量调度后入海径流量从2002年420亿m^3增加2008年118亿m^3，盐度逐年降低，2005年盐度为27.83mg/L、2006年盐度为26.55mg/L、2007年盐度为25.54mg/L、2008年盐度为25.80mg/L，浮游动物生物量从1298mg/m^3增加至2008年的74129mg/m^3，底栖动物栖息密度从2005年的75个/m^3增加至2008年的95个/m^3，浮游生物和底栖动物密度逐年增加。随着河口区盐度逐年降低，浮游植物密度、浮游动物密度和生物量渐趋于正常，底栖生物栖息密度也略有好转，鱼卵和仔鱼数量也逐年增加。

（三）对近海水域鱼类资源的影响分析

1. 对鱼卵和仔鱼质量的影响

入海径流量的减少同时导致河口区域营养盐入海量的下降，海洋初级生产力水平降低。黄河3～6月出现断流，正是鱼类繁殖和鱼仔生长时期，此时如没有丰富的营养盐输入，将使鱼类索饵难度增大，影响了正常的产卵和鱼仔的生长，使优质卵数量减少。水量调度能够使营养盐适时输入，提高鱼卵和鱼仔的质量，改善鱼类的生态结构。随着水量统一调度，河口生态环境得到逐步改善，鱼卵和仔鱼数量逐渐增加，据统计鱼卵和仔鱼的数量由2003年每百平方米数个增加到2008年每平方米1.5个和1尾。

2. 对河口洄游鱼类的影响

黄河口位于暖温带地区，大多数鱼类种群为季节性的洄游种类。洄游鱼类在整个生命周期中，要经历海水和淡水两种完全不同的生境。从海洋向黄河进行溯河生殖洄游的有刀鲚等鱼类，从黄河向海洋进行降海生殖洄游的有鳗鲡等鱼类。

黄河断流，黄河入海营养盐的减少或切断，使浮游植物数量降低，恶化了海洋洄游鱼类的生境，使大量洄游鱼类游移它处，造成渤海湾海洋生物链的断裂及鱼类种类的减少。既影响了洄游鱼类的捕获量，又影响了其繁殖。水量调度之后，不仅为河道洄游鱼类提供了一定的生态水量，还增加了春季营养盐输入，使海洋洄游鱼类的饵料增多，鱼类的生存环境也相应得到了改善。随着湿地面积增加和淡水水位上涨，2006年在利津刁口港出现了国家二级水生野生保护动物海猪，同时渔业部门监测，除海猪外，也发现了刀鱼和开棱棱等珍稀水生动物，且数量明显增多，渔业专家认为这主要是因为黄河水量统一调度后，入海水量增加，加上当地污染综合治理发挥了主要作用。表明水量调度在一定程度上改善了河口洄游鱼类的生境，有利于洄游鱼类的生长和繁殖。

3. 对渔业生产力的影响

黄河入海径流的变化对河口地区的生态环境和生物资源的影响是明显的。1992年黄河入海径流量为135亿m^3，比1982年减少55%。有资料表明，20世纪80年代黄河河口有鱼类种数114种，根据20世纪90年代的调查资料，该水域鱼类种数明显减少，达氏鲟和日本鳗鲡已成为历史纪录。调查资料还发现，重要经济鱼类带鱼、黄真鲷均成为稀有种，渤海渔业生产力正在逐年下降，从1959年的138.8kg/（网·h）下降到1998年的11.2kg/（网·h），下降的幅度非常大。

水量调度实施以后，虽然没有改变营养盐全年入海总量，但是改变了其时空分布，同时保证了鱼类生长繁殖季节3～6月有一定的营养盐入海，海洋浮游植物增多，相应的鱼类饵料也增加，鱼类的生存环境在一定程度上得到了恢复和改善，有利于渤海渔业生产力的恢复。2004年山东省利津县的海洋管理部门进行近海渔业资源调查发现过去几近绝迹的半舌鳎鱼、鲈鱼等在这一水域成群出没，贝类资源和鱼类资源得到了恢复；2006年刁口和利津港附近渔民捕获了大量的鲈鱼、梭鱼和舌鳎等多年不见的稀有鱼类。根据2006年海洋渔业部门的调查，由于生态环境的改善，黄河口近海的开凌梭、舌鳎、鲈鱼、辫子鱼、文蛤、海猪等稀有贝类和珍稀海洋生物数量明显增加，海洋渔业资源逐渐得到恢复。

第三节　水量调度的经济社会效益

一、实现了黄河连续十一年不断流

自20世纪70年代开始，黄河下游频繁断流，进入90年代，几乎年年断流，且呈愈演愈烈之势，1997年下游断流长达226天，断流河段上延至河南开封附近，长达704km，占下游河长的90%。

实施黄河水量统一调度以来，遏制了黄河断流恶化趋势，增加了河道的输沙用水，有利于维持黄河健康生命。统一调度后，结束了20个世纪90年代黄河持续断流的局面，确保了自1999年8月11日以来连续11年黄河不断流，利津断面最小流量由2000年的3.11m^3/s逐渐增大，2007～2008年在黄河流域主要来水区来水偏少的情况下，利津断面非汛期最小流量达到153m^3/s，小于200m^3/s的天数仅为43天，极大地保证了河道生态基流要求。

二、保证了中游水库调水调沙用水

通过黄河水量统一调度，优化了水资源配置，保证生活和生产用水，合理安排了农业用水，同时通过干流水库联合调度，使小浪底、三门峡、万家寨等水库在汛前留足调水调沙所需水量，水库水位达到调水调沙要求，从而为黄河调水调沙创造了条件，增加了下游河道的输沙用水。

同时，在2002～2009年，先后进行了三次调水调沙试验和六次生产运行，九次调水调沙均实现了下游河道主槽的全线冲刷，下游河道共冲刷泥沙3.56亿t，合计入海水量为331亿m^3，合计入海沙量为5.75亿t，有效地提高了黄河下游河道的输沙输水能力，有效遏制了黄河河道萎缩，在维持黄河健康生命中发挥了重要作用。同时，2008年首次结合调水调沙，有计划地向河口三角洲湿地实施了人工补水，生物多样性明显提高，取得了良好的生态和社会效益。

黄河的含沙量很大，每年它会从黄土高原带走16亿t的黄沙，其中有4亿t泥沙会在水库和下游河道中沉积下来，下游河床由此以平均每年10cm的速度抬升。针对黄河水沙不协调导致河道主河槽日益淤积、严重萎缩等问题，大规模的调水调沙原型试验和实践得到成功开展。“调水调沙”就是调控水库泄水，把淤积在黄河河道和水库中的泥沙尽量多地送入大海，冲刷河床，减缓泥沙的淤积。调水调沙的基本原理则是根据黄河下游河道的输沙能力，在每年7～10月的雨季来临前，利用水库的调节库容，对水沙进行控制和调节，适时蓄存或泄放，人为制造“洪水”，通过调整水沙的比例，确保有足够水量输送泥沙，冲刷河道，输沙入海，改变黄河不平衡的水沙关系，从而减少下游河道淤积甚至达到冲淤平衡。同时，通过调水调沙，在水库、河道泥沙联合调度，实施黄河三角洲生态调水，改善尾闾自然保护区生态环境。

三、保障了国民经济供水安全

统一调度以来，黄委依据《中华人民共和国水法》、《黄河水量调度管理条例》、《黄河水量调度条例实施细则（试行）》等有关规定，依法管水，统筹各地区、各部门用水，使得国务院1987年批准的黄河可供水量分配方案落到实处，水资源开发利用从无序走向有序，超计划用水势头基本得到遏制，统筹了地区用水的合理性，协调了上下游、左右岸用水关系，有效地化解了地区间的用水矛盾，减少了水事纠纷，在一定程度上促进了社会安定和民族团结。统一调度遏制了用水大省（自治区）超定额用水的趋势，兼顾了其他省（自治区）的用水。统一调度也按照同比例丰增枯减的公平分配原则，统筹考虑了各省（自治区）的工业及城市生活、农业灌溉和农村人畜耗水，科学预计了规划的大中型水利工程的调节作用。

统一调度兼顾了各部门用水。首先，优先保障城市生活及工业供水，统一调度后生活及工业年均耗用水量比调度前分别增加8.5亿m^3和4.7亿m^3，工业及城镇生活用水的增加，保证了供水地区正常的生产生活秩序，尤其是河北、天津供水及黄河最下游的胜利油田等缺水的城市及重要工业，为地方经济的发展创造了条件；其次，统一调度合理安排了农业用水。统一调度后，农业地表耗水量较调度前减少了17.7亿m^3，其中宁夏回族自治区、内蒙古自治区、河南、山东等农业用水大户农业耗水量减少幅度较大；对来水不利于灌溉年份，统一调度增加灌溉关键月份供水保证水量，为农业生产丰收创造了条件；第三，统一调度使非汛期下游河道生态环境用水增加14.6亿m^3，遏制了20世纪70～90年代河道生态用水减少的趋势；此外，调度后缓解了白洋淀地区干旱缺水状况。2007年和2008年还实施了引黄济淀应急生态调水，累计调水约12亿m^3，为保护白洋淀地区生态和环境，保障白洋淀地区及周边群众生活、生产用水安全具有重要作用。

1999年以来，黄委结合相关部门按照《调度办法》规定原则以及颁布实施的《黄河水量调度条例》和《黄河水量调度条例实施细则（试行）》等法规，结合来水、水库蓄水和各省（自治区）用水的实际情况，精细调度黄河水量，遏制了超计划用水，促进了水资源的统一配置，保障了各地区各部门的供水安全，体现了公平、公正的用水秩序的建立。

四、促进了节水型社会的发展

统一调度，依法管水，限制了超耗水省（自治区）的用水，促使各省（自治区）在节水措施和产业结构调整上下工夫，提高用水效率，限制高耗水企业的发展，调整农业种植结构，合理调整供水价格，并实行分类水价，有力地促进了节水型社会建设。据测算，黄河流域万元 GDP 用水量由 1990 年的 1672m^3 降至 2006 年的 308m^3，农田实灌定额由 1990 年的 514m^3 降至 2006 年的 420m^3，减少了 94m^3。

水量统一调度还促进了水权水市场的建立。部分省（自治区）面对黄河可供水量分配方案的约束，在统筹地方经济发展时，通过农业节水，将节余水量有偿转让给工业项目，调整工业用水和农业用水的水权，促进了水权的转换和水市场的发展。目前，黄河流域已审批水权转换项目 26 个，完成节水投资 7.98 亿元，向工业项目转换水量 1.64 亿 m^3，取得了一定的社会和经济效果。

五、水量调度的经济效益

水量统一调度经济效益是对比有、无统一调度措施产生的效益之差。黄河水量统一调度经济效益为：黄河水量统一调度后每年由于供水、灌溉、发电和维持生态环境产生的经济效益，与统一调度前产生的经济效益的差值。实施水量统一调度措施的目的是更好地协调流域生产、生活和生态用水，重点解决由于生产用水挤占河道生态环境用水产生的河道断流、淤积等河流生态环境问题，以及工业和生活供水保证程度低等问题。对于具体调度年，有、无水量统一调度措施，工业、生活、灌溉、发电和河道生态环境的供水量，有些是增加的，有些是减少的。一般来说，河道生态环境、工业、生活、发电供水量是增加的，农业灌溉水量是减少的。在水量统一调度效益计算中，重点计算有、无统一调度措施各种供水的变化量产生的经济效益。

黄河水资源短缺，流域水资源供需矛盾非常突出，水量统一调度在协调流域生产、生活和生态用水工作中，增加一个需要保护部门的供水，必须减少另一个部门的供水，也就是说，一个部门获得增加供水效益的同时，另一个部门的供水效益在减少。

从 10 年水量统一调度的效果来看，调度后工业耗水量与调度前相比平均增加 4.7 亿 m^3，农业耗水量平均减少 17.7 亿 m^3，生活和生态耗水量增加 8.5 亿 m^3。为便于进行经济效益估算，现将调度前后耗水变化量转换为供水变化量：首先根据 1999～2008 年《黄河水资源公报》计算出各省（自治区）、各部门平均耗用地表水量占地表总耗水量的比例，将调度前后工业、农业以及生活和生态耗水变化量按照该比例分配至各省（自治区），得出调度前后各省（自治区）、各部门耗水变化量；其次根据历年《黄河水资源公报》各年地表供、耗水量关系计算出调度后各省（自治区）、各部门地表耗水量占供水量的平均比例；最后根据计算出耗水量与供水量比例关系，将各省（自治区）、各部门耗水变化量转换为供水变化量。

从计算结果看，工业、生活和生态供水量是增加的，10 年统一调度工业供水量年均增加 6.3 亿 m^3，生活和生态供水量年均增加 9.7 亿 m^3；农业灌溉水量是减少的，10 年统一调度与调度前相比，年均减少水量 22.0 亿 m^3。

河道内生态环境水量仅考虑非汛期增加量，统一调度后非汛期生态环境供水量增加了14.6亿m^3。

综合上述各项用水经济效益分析，黄河水量统一调度实施10年以来产生的总经济效益为1264.3亿元，年均效益126.43亿元。据中国科学院和清华大学模型测算，1999～2008年10年期间，实行统一调度，黄河流域及供水区累计增加GDP为3504亿元，约占同期GDP的2.27%。

第四节 小　结

黄河水量统一调度经过12个年度实践，调度手段得到全面加强和完善，积累了宝贵的经验，实现了连续多年不断流，不仅取得了巨大社会和经济效益，也改善了黄河下游及河口生态环境，是环境流管理的重要实践。但是由于黄河水资源紧缺以及水资源和生态之间关系等基础研究缺乏，黄河水量调度仍存在诸多问题；如用水高峰期河道基流难以保证，部分河段只是实现了水文意义上的不断流，农业灌溉需水及配水精度不够，生态需水机理及生态效益评估缺乏基础研究等，因此关于黄河水量调度还有很多工作亟待开展。

下一步应在保证黄河防洪、防凌安全的前提下，加强基础研究，优化配水过程，提高调度精度，更加注重生态用水，在满足法定生活、生产和生态用水需求总量的前提下，有效兼顾“三生”用水的过程需求，提高生态基流，实现黄河功能性不断流。近期主要应从以下几个方面加强水量调度工作：

（1）综合考虑各种功能用水需求。黄河水量调度要在保障生活用水的前提下，综合考虑经济、输沙、生态、稀释等各种功能用水需求。春灌期要考虑稀释用水、生产用水和利津断面应保障的生态流量指标，同时还要避免下游卡口河段淤积；凌汛期在满足防凌要求的前提下，统筹考虑稀释用水、生态用水；汛期调度，要考虑输沙水量，同时还要塑造适当的洪峰流量过程。

（2）加强大型水库生态调度，满足水生生物敏感期生态需水过程。在确保黄河防洪安全和供水安全的前提下，黄河干流主要大型水库如龙羊峡、刘家峡、三门峡、小浪底等水库，在调度时应综合考虑供水、灌溉、发电、生态需求，在鱼类产卵繁殖期4～6月，塑造适宜的脉冲洪水过程，以满足鱼类繁殖需要。同时在汛期尽可能制造漫滩洪水，改善黄河沿岸河漫滩湿地的水流条件，修复河流水生生态系统。

（3）进一步提高农业配水的精度。加强土壤墒情信息的获取和利用，建立农作物水分生产函数，根据商情信息及短期天气预报为各灌区科学配置水资源，提高配水的主动性和精度，根据作物水分生产函数优化水资源配置过程，加强农业用水实时优化调度，提高水资源的利用效率和效益。

（4）起步水量水质的联合调度。在污染物不超过限排量条件下，制定水库下泄流量指标时考虑保障各河段水功能标准需要的稀释水量，发布水量调度方案时，同时规定各河段限制排污量、各省界断面流量指标和应达到的水质目标，开展稀释调度试验。

（5）加强水情、墒情和生态信息监测，建立监测评估指标体系。要建立定期的墒情遥感和生态信息监测及获取制度，增加墒情观测点，包括气象要素、土壤含水量和土壤特性、浅层地下水位及农作物种类等。增加重要断面水质自动监测系统，包括基础设施、水样采集、水样处理、监测仪器、数据传输等系统。主要生态监测因子包括湿地监测、河道内水生生态监测和滨海生态监测，包括湿地土地类型、植被、动物种类、种群数量动态变化；河流浮游、底栖动物及鱼类种群；鱼类产卵场监测；近海水生生物及盐度变化。

（6）强化基础研究，建立水量调度评估反馈系统。对下游各种功能用水指标进行深化研究，同时逐步开展上中游重要河段功能用水指标研究。进一步完善污染物输移扩散模型，并向上中游扩展；建立水量调度评估反馈系统，通过利用全面及时的信息监测系统定量评估水量调度和调水调沙对下游生态的影响，并跟踪各项用水指标的合理性，使各项指标在应用中逐渐优化调整和完善，并指导水量调度。

（7）建立健全水量调度管理制度。为保证重要断面流量达到生态流量指标，需要建立保证生态用水的机制和制度；严格执行黄河水量调度条例及其实施细则，加强水量调度公告制度，提高执行水量调度方案的自觉性。

第七章　中国环境流管理建议

中国河流众多，很多河流水资源开发利用程度高，水污染日益严重，河道、湿地及水生态系统退化问题突出，目前河流环境流管理与河流生态系统需水的目标还有较大的距离。还没有认识到每一个流量过程都有一定的生态价值，环境流是一个全水文过程。水资源保护和河道流量管理仅仅强调水质和“最低流量”。虽然目前河流管理者和学者已经认识到河流环境流维持和管理的重要性和迫切性，但并不意味他们对河流生态系统各要素的特性及其相互影响能够充分理解。河流保护与管理涉及政治、经济、文化、水文、生物、工程、环境、管理等各个方面，需要多学科的合作，需要在科学技术研究基础上，通过制度化建设，即需要立法的支持，需要公众的广泛参与，更需要不同部门、不同地区及国际间的合作。我国目前对河流的保护主要是水污染控制和基流的管理，实际上主要目的是保障下游人类生活生产用水需要。随着经济社会发展，人们对良好生活质量的要求不断提高，从而对河流生态系统及环境改善的要求越来越高。河流保护不仅要为人类服务，也要为水生态系统及环境服务。维持良好的河流生态系统最终目的还是能使人类可持续利用河流及水资源。针对我国河流保护与管理的现状，根据国外的经验，未来应重视以下几个方面的工作。

一、充分吸收国际经验与科学研究成果

由于生态系统的复杂性和人们认识的不足，目前我国对于河流生态系统还缺乏系统的研究和了解，从而导致对环境流问题的认识不足、考虑不周。因此，加强环境流的科学研究是我国环境流问题的当务之急。在西方发达国家不仅已经开展了长时间的生态监测和科学研究，提出了许多有价值的环境流计算方法和较为成熟的环境流评价方法，而且开展了大量河流生态修护和环境流管理实践工作，取得了大量的工作经验。而国内对于河流环境流的计算方法则基本上来自国外，针对环境流及生态响应的监测和研究较少，环境流管理则基本处于起步阶段。因此，为了较快地提高我国环境流研究和管理的水平，需要加强国际交流与合作。通过与国际上知名的专家和研究机构开展交流合作，参与国际性的科研团体活动，学习他们先进的方法和管理理念，交流工作经验和教训，切实提高我国的环境流研究和管理水平。

借鉴国外的经验，结合我国环境流研究和管理的现状，当前我国的环境流研究和管理主要从以下几个方面加强：①将生态学、河流动力学和水文学的理论应用于河流保护，借鉴国外的生态水文学、生态水力学发展经验和成果，加强学科间的合作与交流，促进学科交叉与融合，增加应用性研究课题，为河流保护与管理实践提供技术支持；②加强河流分类、资源普查和信息管理工作。借助国外先进的遥感遥测和信息技术，通过资源普查掌握河流水生物种结构、数量以及对水生生态环境的需求，并在各江河的重要河段建立起全国

性的生态监测网络系统，确定河流的保护物种及重要栖息地，为河流保护与管理规划提供基础信息；③研究适合中国河流特点的环境流确定方法。通过对河流的长期观测，在分析河流生态系统特点和需求的基础上，参考国外先进的环境流计算方法，分区分类研究适合我国的环境流确定方法，为环境流管理提供技术方法和依据；④研究和改进环境影响评价方法。在对流域内任何资源的开发利用方案进行环境影响评价时，必须充分考虑河流系统的生态功能，借鉴河流健康的内涵和评价方法，制定并严格执行生态环境保护的标准，通过环境评价为河流保护提供保障。

二、全面制定中国环境流管理战略

我国正处于经济社会高速发展和快速城市化进程的时期，面临着人口增长与资源环境约束之间，经济社会发展的水资源需求与水生态环境保护之间等矛盾。我国目前对于环境流管理还比较粗放，管理的重点主要在于水质和最小流量的管理，没有为河流生态系统所需要水流过程的考虑和具体办法。因此，需要根据河流生态系统的要求和我国经济社会发展的需求，全面制定中国环境流战略。重点从以下几个方面着手实现环境流管理：①加强制度建设，从制定法律法规和政府政策、理顺管理机构体制及其协调机制，编制技术标准和规范规程等方面，为实现中国环境流提供制度保障；②建立水生态监测网络系统，制定全国生态监测规划，建立起覆盖全国的、多层次多领域的水生态监测体系，对水生生物和河流生态系统进行长期系统的观测，为河流生态保护和环境流管理提供观测数据和基础资料；③加强研究和国际交流。各级管理部门和科研单位需要转变观念，提高认识，认识到环境流的重要性，加强对于河流生态系统特征及其水流量过程的研究；通过加强国际交流与合作，充分借鉴国际先进的技术经验，提高研究水平和深度，为实现中国环境流管理提供技术支撑；④加强宣传推广。通过大力宣传环境流的概念和重要性、典型案例示范和技术推广，提高社会各界对环境流的认识，提高公众的关注度和参与热情，建立相应的公众参与制度和渠道，为实现中国环境流提供推动力。

在当前我国环境流研究管理水平相对落后，处于起步阶段的时候，可以在大江大河中选择几个典型河流或河段开展环境流的研究和管理试点，通过研究流域生态系统和河流关键河段水生生物的需求，探索采取工程与非工程措施进行环境流管理，保护河流生态，提高我国环境流管理的水平。

为全面实现环境流管理战略，我国的水生态环境流管理需要实现以下 3 个方面的转变：①水污染治理向水生态环境保护转变，随着经济社会的发展和人们对于生态系统保护认识的提高，将逐步由单纯的水质保护转向河流生态系统健康的综合保护；②最小生态环境需水向环境流管理转变，河流健康生态环境需水需要有一定的水量、水质和持续时间的水流及其年际、年内丰枯规律等天然流模式来保证其自身生命健康，对河流实现环境流过程管理是环境流管理发展的主要趋势；③单一的专业管理向流域综合管理转变，水资源和水环境是一对相互影响、相互制约的共同体，需要从水资源综合管理角度出发，实现水资源的合理利用、配置和水生态环境的改善，从流域整体出发，对流域内的水资源进行综合规划，对水环境进行全过程控制，调动流域内利益相关方的积极性，提供保障性制度安排，充分利用各种手段对利益相关方的行为施加影响，保证流域内的水环境不断改善。

三、搭建各相关利益方共同参与的合作平台

很少有河流不居住人，在人们使用河流的地方，成功的河流保护依靠人们的共同参与。水资源是基础性资源，与人民的生活和经济发展息息相关，水资源的开发利用、保护和管理涉及每个人和许多经济组织的切身利益。流域综合管理已经成为国际上水资源管理的发展方向，流域综合管理强调以流域为单元，综合采取工程、技术、经济、法律等多种手段，各利益相关方共同参与，开发利用、保护和管理水资源。目前在我国对于河流的管理基本处于依靠政府，采用行政手段的方式进行管理，且管理体制和协调机制不顺，水权和排污权市场尚未建立，社会公众的参与度较低。因此，为了提高河流保护的水平，需要搭建各相关利益方共同参与的合作平台。通过在基层成立用水协会，政府各部门间建立协调协同机制，成立各种学术交流组织，绿色团体等非政府组织，畅通各相关利益方的交流对话渠道，协调各方利益，提高大家的认识，共同采取行动保护河流。同时要注重公众教育和参与，要使河流保护具有说服力，公众教育和参与是必不可少的。

四、流域规划中要注重环境流的规划与管理

目前我国正在进行各大流域的综合规划的制定或修编工作，很多河流也已经完成或正在进行流域综合规划、水资源综合规划、水力发电规划、防洪规划、水资源保护规划等专业规划。这些规划为河流资源的开发利用、保护和管理提供了明确指导意见和行动规范。但是，由于各种客观因素和认识的不足的原因，历史上很多规划过多地关注于对河流资源的开发利用，而对河流的保护则相对不足。近年来，随着我国环境问题的日益突出，国家和社会对环境问题日益重视，这种情况在逐渐改善，流域综合规划等各种水利规划中也逐渐重视环境问题和河流保护问题。但是，由于对于河流生态系统的复杂性认识不足和科研滞后，目前对于河流生态环境需水的计算和规划还相对落后，对于河流环境流缺乏明确的规定，所取的生态环境需水流量值偏低，不能满足河流生态系统的需求。因此，需要进一步提高各级规划人员的认识，加强研究，制定相关的规范和标准，在流域规划中更加重视生态环境流问题，使保护河流健康成为流域规划的主要目标和工作内容之一。

五、加强生态调度的适应性管理

对现有水利工程的流量调度管理从生态保护的角度提出具体要求，开展生态调度是目前我国保障河流环境流过程最直接有效的方法。通过几十年来的水利建设，我国在全国各种大大小小的河流上修建了大量水库大坝、堤防、水闸等水利工程，产生了巨大的防洪、灌溉、供水、发电、航运等效益。这些水利工程的建设，一方面可能会对河流的生态环境造成各种各样的影响；另一方面也为河流生态调度提供了实施的条件。需要结合河流生态系统的需求和水利工程的调节能力等现有条件，从保护流域生态的角度，调整现有水利工程的运行调度原则、规范和运行方式，以保护河流生态环境为水利工程运行调度的主要目标或主要目标之一，开展生态调度，保护河流生态。在长江流域等南方河流的中下游地区，由于防洪、航运、供水等方面的需要，在河流两岸修建了大量的堤防闸坝。这些水利工程设施虽然起了巨大的防洪和供水作用，但是由于在全年的很多时间里这些水闸都处于

关闭状态或完全受人类意志的控制，阻断了江河湖泊的水系连通性，阻隔了不同水体之间的水量交换和洄游性生物的洄游通道，产生了很多的生态环境问题。因此，除了要注意开展水库大坝的生态调度外，对于堤防闸坝也要根据河流水系和生物的自然特性，开展生态调度，保持江湖连通性。

由于当前对河流生态系统认识的不足，我国的河流保护工作将不是单一的、一次性的过程，而是一个不断反复、不断完善的长期过程。在这个不断反复的过程中，人类用水需求和生态系统的需水要求被不断地定义、修正、再定义、再修正，从而满足人类和生态系统现在和将来的可持续发展。水利设施的生态调度也是一个不断加强认识，不断修正目标的循环过程。生态环境保护部门和水利工程管理单位应加强对于河流变化的监测，对于那些已经对河流产生不利影响的地方，通过观测与分析研究，因势利导地利用这些改变来调整工程的调度目标、调度规则和运行方式，通过加强认识、不断完善，以适应性管理的方法实现河流的可持续保护。

《生命之河系列丛书》出版书目

书　　名	作　　者	出版时间（年）
鄱阳湖湿地生态系统评估	王晓鸿　主编	2004
流域综合管理导论	杨桂山　于秀波 李恒鹏　高俊峰　等 编著	2006
河流管理新方法	A. J. M. Smits P. H. Nienhuis R. S. E. N. Leuven　编著 姜鲁光　于秀波　李利锋　等 译	2006
绿色水电与低影响水电认证标准	禹雪中　李　翀　唐万林　等 译	2006
河流管理创新理念与案例	周杨明　于秀波 李利锋　张　琛　编译	2007
中国流域综合管理战略研究	陈宜瑜　王　毅　李利锋 于秀波　等 编著	2007
Taking Stock of Integrated River Basin Management in China	WANG Yi，LI Lifeng，WANG Xuejun，YU Xiubo，WANG Yahua	2008
Yangtze Conservation and Development Report 2007	杨桂山　翁立达　李利锋　编著 谷丽雅　马超德　译	2008
自由流淌的河流——经济上的奢侈还是生态上的必需？ Free Flowing Rivers—Economic luxury or ecological necessity?	世界自然基金会　著 谷丽雅　侯小虎　马超德　译 WWF International	2009
国外流域综合规划技术	李原园　马超德　编译	2009
长江流域气候变化脆弱性与适应性研究	徐　明　马超德　著	2009
中国农村饮水安全工程管理实践与探索	倪文进　马超德　等　著	2010
国外流域综合规划技术（续篇）	李原园　马超德　等　编译	2010
中国环境流研究与实践	陈　进　等　著	2011